U0160060

水利水电工程造价基础

孙海兵　编著

中国建筑工业出版社

图书在版编目（CIP）数据

水利水电工程造价基础/孙海兵编著. —北京：
中国建筑工业出版社，2023.10
ISBN 978-7-112-29038-3

Ⅰ.①水… Ⅱ.①孙… Ⅲ.①水利水电工程—工程造
价 Ⅳ.①TV512

中国国家版本馆 CIP 数据核字（2023）第 155224 号

责任编辑：徐仲莉　王砾瑶
责任校对：赵　颖
校对整理：孙　莹

水利水电工程造价基础

孙海兵　编著

*

中国建筑工业出版社出版、发行（北京海淀三里河路9号）
各地新华书店、建筑书店经销
北京建筑工业印刷有限公司制版
建工社（河北）印刷有限公司印刷
*

开本：787 毫米×1092 毫米　1/16　印张：$18\frac{3}{4}$　字数：397 千字
2023 年 10 月第一版　　2023 年 10 月第一次印刷
定价：**68.00** 元（赠教师课件）
ISBN 978-7-112-29038-3
　　　（41777）

前　言

水是生命的源泉，电是社会发展的命脉。迄今为止我国已建成9.8万多座水库和水电站，成为防洪安全、粮食安全、生态安全、能源安全、供水安全等的可靠支撑和有力保障。展望未来，水利水电必将在推进实现现代化目标、"双碳"目标中继续担当重任，为实现中华民族伟大复兴的中国梦作出新的更大的贡献。

本书以水利水电工程造价编制全过程为主线，根据"营改增"后水利水电工程计价的新动态，吸收新方法、新规范、新标准，系统地介绍基本建设程序与工程造价、工程项目划分、项目费用构成、工程定额、基础单价编制、建筑安装工程单价编制、建设征地移民安置补偿费用编制、设计概算编制、投资估算编制、施工图预算编制、施工预算编制、标底编制、投标价编制、竣工结算编制、竣工决算编制、工程经济评价等内容，既注重基础知识，也重视实践应用。本书在知识结构方面细分了水利工程造价与水电工程造价，且融入思政元素与典型案例，还与财务管理交叉，尽可能满足高素质、应用型、创新型、复合型人才培养的需求。

本书由三峡大学孙海兵老师负责编写。对本书出版给予帮助与支持的三峡大学经济与管理学院领导和老师们表示衷心的感谢，对段跃芳老师、赵彪老师、潜小林老师、郭锐老师等给予的指导和关心表示诚挚的谢意，还要向参与本书整理工作的张宁静、李璇、韩文钊、肖哲琦、严霞、宋嵌怡、赵春敏、杨凤娇等研究生表示感谢。

本书可作为工程造价、工程管理、财务管理等专业教学用书，也可作为水利水电行业从事咨询、规划、设计、施工、监理、移民、审计、评估、财会等专业人员的业务参考书。

本书参考和引用了一些相关教材、专业书籍和资料，且已列入参考文献中，特此一并致谢。感谢中国建筑工业出版社编辑的辛勤付出。

本书配有教学用课件（PPT）与各章思考题，可通过发送邮件至邮箱ycshb2012@163.com获取。

由于水利水电工程造价基础知识点多而广，且相关理论研究与实践还在不断丰富和动态发展中，加之编者水平与时间有限，书中难免存在不足之处，恳请读者批评指正，以便进一步修改完善。

编者

2023 年 7 月

目　录

第一章　绪论···001

　第一节　水利水电基本建设简介···001

　第二节　水利水电基本建设程序···006

　第三节　水利水电工程造价概述···011

第二章　工程项目划分··021

　第一节　一般工程项目划分···021

　第二节　水利工程项目划分···022

　第三节　水电工程项目划分···030

第三章　项目费用构成··041

　第一节　水利工程工程部分费用构成··041

　第二节　水利工程移民补偿部分费用构成···049

　第三节　水电工程总费用构成··050

第四章　工程定额··063

　第一节　定额的概念··063

　第二节　定额的编制··066

　第三节　定额的选用··071

第五章　基础单价编制··074

　第一节　人工预算单价编制···074

　第二节　材料预算单价编制···076

　第三节　施工机械台时费编制··084

　第四节　施工用电、水、风单价编制··088

第五节　砂石料单价编制 …………………………………………………092

第六节　混凝土及砂浆材料单价编制 …………………………………101

第六章　建筑安装工程单价编制 ……………………………………………106

第一节　建筑安装工程单价简述 ………………………………………106

第二节　建筑工程单价的计算 …………………………………………115

第三节　设备及安装工程单价编制 ……………………………………155

第七章　建设征地移民安置补偿费用编制 …………………………………163

第一节　编制依据 ………………………………………………………163

第二节　基础价格编制 …………………………………………………163

第三节　项目单价编制 …………………………………………………164

第四节　移民补偿概算编制 ……………………………………………170

第八章　水利水电工程设计总概算编制 ……………………………………178

第一节　水利工程设计总概算编制 ……………………………………178

第二节　水电工程设计总概算编制 ……………………………………192

第三节　工程设计概算编制案例 ………………………………………213

第九章　其他工程造价编制 …………………………………………………230

第一节　投资估算 ………………………………………………………230

第二节　施工图预算与施工预算 ………………………………………234

第三节　工程标底与投标价 ……………………………………………237

第四节　竣工结算与竣工决算 …………………………………………247

第五节　水利水电工程造价电算 ………………………………………249

第十章　水利水电工程经济评价 ……………………………………………250

第一节　财务评价 ………………………………………………………250

第二节　经济费用效益评价 ……………………………………………275

第三节　工程经济评价案例 ……………………………………………281

参考文献 …………………………………………………………………………291

第一章

绪论

第一节　水利水电基本建设简介

一、基本建设的概念

基本建设是指固定资产的建设，包括建筑、安装和购置固定资产的活动及与其相关的工作。根据我国现行的法规规定，凡利用国家预算内基建拨改贷、自筹资金、国内外基建信贷以及其他专项资金进行的，以扩大生产能力或新增工程效益为目的的新建、扩建工程及有关工作，均属于基本建设。如修建水电站、水库、火电、风电、核电、工厂、矿山、铁路、公路、住宅、堤防及病险水库的加固处理，购置机器设备、车辆、船舶等活动，以及与之紧密相连的征用土地、房屋拆迁、勘测设计、培训生产人员等工作。

通过基本建设能为国民经济的发展提供大量新增的固定资产和生产能力，为社会化的扩大再生产提供物质基础，促进工业、农业、国防等实现现代化，提高人们的物质文化生活水平。基本建设通过一系列的投资活动来实现，要使有限的建设资金得以合理有效地利用，充分发挥投资效益，控制工程成本，除遵循客观经济规律与执行国家各项经济政策等外，还必须实行科学的管理和有效的监督。而工程造价预测就是对基本建设实行科学管理、有效监督的强有力的工具。

二、基本建设项目种类

基本建设工程项目，亦称建设项目，是指按一个总体设计组织施工，建成后具有完整的系统，可以独立地形成生产能力或者使用价值的建设工程。一般以一个企业（或联合企业）、事业单位或独立工程作为一个建设项目，例如独立的工厂、矿山、水库、水电站、港口、灌区工程等。企事业单位按照规定用基本建设投资单纯购买设备、工器具，如车、船、勘探设备、施工机械等，虽然属于基本建设范围，但不作为基本建设项目。建设项目可分为多种类型。

1. 按建设性质划分

（1）新建项目。原来没有、现在新开始建设的项目。

（2）扩建项目。在原有基础上为扩大生产效益或增加新的产品生产能力而新建的工程项目。

（3）改建项目。对原有设备或工程进行改造以达到提高生产率、改进产品质量或改变产品方向为目的的项目。

（4）迁建项目。原有的企事业单位，由于改变生产布局或环境保护和安全生产以及其他特别需要，迁往外地建设的项目。

（5）恢复项目。由于某种原因（地震、洪水、战争等）使原有固定资产全部或部分报废，以后又按原有规模恢复建设的项目。

2. 按建设用途划分

（1）生产性建设项目。直接用于物质生产或满足物质生产需要的建设项目，如工业、建筑业、农业、水利、气象、运输、邮电、商业、物资供应、地质资源勘探等建设项目。

（2）非生产性建设项目。用于人们物质生活和文化生活需要的建设项目，如住宅、文教、卫生、科研、公用事业等建设项目。

3. 按建设阶段划分

（1）预备项目（或探讨项目）。按照中长期投资计划拟建而又未立项的建设项目，只作初步可行性研究或提出设想方案供参考。

（2）筹建项目。经批准立项，正在进行建设前期准备工作而尚未开始施工的项目。

（3）施工项目。本年度计划内进行建筑或安装施工活动的项目，包括新开工项目和续建项目。

（4）建成投产项目。年内按设计文件规定建成主体工程和相应配套辅助设施，形成生产能力或发挥工程效益，经验收合格并正式投入生产或交付使用的建设项目。包括全部投产项目、部分投产项目和建成投产单项工程。

（5）收尾项目。以前年度已经全部建成投产，但尚有少量不影响正常生产使用的辅助工程或非生产性工程，在本年度继续施工的项目。

（6）竣工项目。本年内办理完竣工验收手续，交付投入使用的项目。

4. 其他划分

建设项目按隶属关系可分为国务院各部门直属项目、地方投资国家补助项目、地方项目、企事业单位自筹建设项目。水利工程建设项目可以划分为中央项目与地方项目两大类。依据《水利水电工程等级划分及洪水标准》SL 252—2017，水利水电工程按其规模、效益和在国民经济中的重要性划分为五等，如表1-1所示。

水利水电工程分等指标 表1-1

| 工程等别 | 工程规模 | 水库总库容（亿m³） | 防洪 | | | 治涝 | 灌溉 | 供水 | | 发电 |
			保护人口（万人）	保护农田面积（万亩）	保护区当量经济规模（万人）	治涝面积（万亩）	灌溉面积（万亩）	供水对象重要性	年引水量（亿m³）	发电装机容量（MW）
I	大（1）型	≥10	≥150	≥500	≥300	≥200	≥150	特别重要	≥10	≥1200
II	大（2）型	<10, ≥1.0	<150, ≥50	<500, ≥100	<300, ≥100	<200, ≥60	<150, ≥50	重要	<10, ≥3	<1200, ≥300
III	中型	<1.0, ≥0.10	<50, ≥20	<100, ≥30	<100, ≥40	<60, ≥15	<50, ≥5	比较重要	<3, ≥1	<300, ≥50
IV	小（1）型	<0.10, ≥0.01	<20, ≥5	<30, ≥5	<40, ≥10	<15, ≥3	<5, ≥0.5	一般	<1, ≥0.3	<50, ≥10
V	小（2）型	<0.01, ≥0.001	<5	<5	<10	<3	<0.5		<0.3	<10

三、水利水电基本建设情况

我国水资源总量较丰富，但人均占有量贫乏。水量在地区和时间上分布不均，造成水旱灾害频繁，历史上黄河三年两决口、百年一改道，长江、淮河等江河也时常发生水灾，同时旱灾也经常发生。我国劳动人民世世代代为除水害、兴水利而斗争。很早以前就修建了黄河下游堤防、四川都江堰、京杭大运河等一大批水利工程。进入20世纪，我国逐渐有了电力工业。尽管河流众多、径流丰沛、落差巨大，蕴藏着丰富的水能资源，但在中华人民共和国成立以前，工业基础薄弱，水力发电站更是少得可怜。截至1949年底，全国水电装机容量仅36万kW，年发电量18亿kW·h，人均装机容量和发电量仅为0.0007kW、3.3kW·h。中华人民共和国成立以后，历经几十年的不懈努力和艰苦奋斗，党领导下的水利水电事业发生了翻天覆地的变化，取得了辉煌成就，举世瞩目。

1. 改革开放和社会主义现代化建设新时期

改革开放初期，我国逐步明确了"加强经营管理，讲究经济效益"的水利工作方针，提出以"两个支柱（调整水费和开展多种经营）、一把钥匙（实行不同形式的经济责任制）"作为加强水利管理、提高工程经济效益的中心环节，农村水利、水价、水库移民等领域探索出台改革措施。1985年，国务院发布《水利工程水费核订、计收和管理办法》，标志着水利工程从无偿供水转变为有偿供水。1986年，国务院办公厅转发水利电力部《关于抓紧处理水库移民问题的报告》，明确开发性移民的方向。1988年《中华人民共和国水法》颁布实施，这是中华人民共和国成立以来第一部水的基本法，标志着我国水利事业开始走上法制轨道。20世纪90年代，随着我国向市场经济体制转型，水资源的经济资源属性日益凸显，水利对整个国民经济发展的支撑作用越来越明显。1991年，国家"八五"计划提出，要把水利作为国民经济的基础产业，放在重要战略位置。1995年，党的十四届五中全会强调，把水利摆在国民经济基础设施建设的首位。水利投资由国家投资、农民投劳的单一模式转变为中央、地方、集体、个人多元化共同投入。这一时期，大江大河治理明显加快，黄河小浪底、万家寨等重点工程相继开工建设，治淮、治太、洞庭湖治理工程等取得重大进展，农田水利建设蓬勃发展，新增灌溉面积8000多万亩。依法治水加快推进，《中华人民共和国水土保持法》《淮河流域水污染防治暂行条例》相继颁布施行。

世纪之交，我国进入全面建设小康社会、加快推进社会主义现代化建设的关键时期，经济社会发生深刻变化，水利发展进入传统水利向现代水利加快转变的重要时期。1998年，党的十五届三中全会提出"水利建设要实行兴利除害结合，开源节流并重，防洪抗旱并举"的水利工作方针。2000年，党的十五届五中全会把水资源同粮食、石油一起作为国家重要战略资源，提高到可持续发展的高度予以重视。2011年，中央一号文件聚焦水利，中央水利工作会议召开，强调要走出一条中国特色水利现代化道路。这一时期，水利投入快速增长，水利基础设施建设大规模开展，南水北调东线、中线工程相继开工，新一轮治淮拉开帷幕，农村饮水安全保障工程全面推进。水利改革向纵深推进，水务一体化取得重要进展，东阳义乌水权协议开启我国水权交易的先河，农业水价综合改革试点实施。

此时期水电建设脚步明显加快。1980年的政府工作报告中指出："要因地制宜地发展火电和水电，逐步把重点放在水电上。"1984年，鲁布革水电站成为我国第一座引进世界银行贷款建设和面向国际公开招标投标的水电站，在建设过程中艰苦探索并总结形成了宝贵的"鲁布革经验"。从鲁布革水电站开始，我国水电建设开始制度创新，业主制、招标投标制、监理制等引入水电开发。一批水电站由此脱颖而出，广蓄、岩滩、漫湾、隔河岩、水口并称为新"五朵金花"，成为改革开放后完全采用市场机制开发建设初期的实践者和受益者。进入20世纪90年代后，水电开发又迎来了一个"小阳春"：五强溪、李家峡、天荒坪抽水蓄能电站开工建设并投产发电。1994年，世界上最大规模的综合性水利枢纽工程——三峡水电站开工建设，百年梦想终于从宏伟蓝图付诸伟大实践。世纪之交，更有万家寨、二滩、小浪底、天生桥一二级、大朝山等一大批水电站建成投产。截至1999年底，水电装机容量已达7739万kW，年发电量2219亿kW·h，人均装机容量和发电量分别为0.06kW、176.4kW·h。到2000年，水电装机容量超过加拿大，位居世界第二。进入21世纪，国家实施西部大开发战略，开启"流域梯级综合滚动"发展新模式，全面推进金沙江中下游、澜沧江中游、雅砻江中游、大渡河中下游、黄河上游、南盘江红水河等水电基地建设，实施"西电东送"，有力促进了我国东西部区域经济平衡发展。2004年，以公伯峡1号机组投产为标志，水电装机容量突破1亿kW，超过美国成为世界水电第一大国。溪洛渡、向家坝、小湾、拉西瓦等一大批巨型水电站相继开工建设。三峡水电站于 2006 年全面竣工，它是中华民族伟大复兴的标志性工程。2010 年，以小湾 4 号机组投产为标志，我国水电装机容量已突破 2 亿 kW。一批具有"世界之最"的水电工程已经建成投产：世界最大的水电工程——三峡工程，装机容量达 2240 万 kW，三峡水电站还有世界上规模最大的五级船闸，创造了混凝土年浇筑量的世界最高纪录；已建成的世界最高的混凝土拱坝——小湾双曲拱坝，最大坝高 294.5m；世界最高的碾压混凝土坝——龙滩碾压混凝土坝，最大坝高 216.5m；世界最高的混凝土面板堆石坝——水布垭混凝土面板堆石坝，最大坝高 233m。截至 2012 年底，全国水电装机容量 2.48 亿 kW，其中抽水蓄能 2033 万 kW。

2. 中国特色社会主义新时代

习近平总书记高度重视治水工作。党的十八大以来，习近平总书记专门就保障国家水安全发表重要讲话并提出"节水优先、空间均衡、系统治理、两手发力"的治水思路，为水利改革发展提供了根本遵循和行动指南。习近平总书记多次赴长江沿线考察，就推动长江经济带发展召开座谈会，推动沿江省市共抓大保护、不搞大开发。习近平总书记多次考察黄河，主持召开黄河流域生态保护和高质量发展座谈会，强调"让黄河成为造福人民的幸福河"。2021 年，习近平总书记在河南省南阳市主持召开推进南水北调后续工程高质量发展座谈会，为推进南水北调后续工程高质量发展指明了方向，提供了根本遵循。习近平总书记还亲自考察了安徽淮河治理、吉林查干湖南湖生态保护、昆明滇池保护治理和水质改善情况，以及三峡工程等"国之重器"发挥作用情况。

全新的治水思路引领水利改革发展步入快车道。在水利建设方面，三峡工程持续发挥巨大的综合效益，南水北调东线、中线一期工程先后通水，淮河出山店、西江大藤峡、河湖水系连通、大型灌区续建配套、农村饮水安全保障工程等加快建设，进一步完善了江河流域防洪体系，优化了水资源配置格局，筑牢了国计民生根基。2014 年国务院确定 172 项节水供水重大水利工程建设，2020 年国务院部署推进 150 项重大水利工程建设，水利投资为经济高质量发展注入强劲动能。《中华人民共和国长江保护法》颁布实施，开启了流域管理有法可依的崭新局面。全国农田有效灌溉面积从 2012 年的 9.37 亿亩增加到 2022 年的 10.37 亿亩。这一时期，党领导统筹推进水灾害防治、水资源节约、水生态保护修复、水环境治理，解决了许多长期想解决而没有解决的水问题。水旱灾害防御能力持续提升，有效应对 1998 年以来最严重汛情，科学抗御长江、淮河、太湖流域多次大洪水、特大洪水；农村贫困人口饮水安全问题全面解决，83% 以上农村人口用上安全放心的自来水；华北地区地下水超采综合治理全面实施，地下水水位下降趋势得到有效遏制；河长制、湖长制全面建立，上百万名党政领导干部参加到江河治理中，河湖面貌焕然一新。

新时代水电开发贯彻落实"创新、协调、绿色、开放、共享"的新发展理念，被赋予新任务和新使命，明确要求，要在保护生态环境和做好移民安置的前提下，科学有序开发水电，加快建设抽水蓄能电站，加强流域综合管理。先后完成了澜沧江、金沙江、怒江等大中型河流的水电规划，建设了以锦屏一级、溪洛渡、乌东德、白鹤滩为代表的一批300m级高混凝土双曲拱坝，以黄登、向家坝和光照为代表的200m级高碾压混凝土重力坝，以两河口、长河坝和糯扎渡为代表的300m级高黏土心墙堆石坝等重点工程，上述工程均名列同类大坝世界前列。惠州、丰宁、阳江、长龙山等大型高水头抽水蓄能电站工程相继建设投运。2014年，以溪洛渡水电站投产为标志，中国水电总装机规模突破3亿kW。2021年，金沙江白鹤滩水电站首批机组安全准点投产发电。截至2022年6月底，水电装机总容量达4.0亿kW（其中抽水蓄能0.42亿kW），占全国发电装机容量的16.4%。我国不仅是世界水电装机第一大国，也是世界上在建规模最大、发展速度最快的国家，已逐步成为世界水电创新的中心。

水是生命的源泉，电是社会发展的命脉。我国迄今已建成9.8万多座水库和水电站，搬迁安置了2500多万名水库移民，带动了区域经济发展，成为防洪安全、粮食安全、生态安全、能源安全、供水安全等的可靠支撑和有力保障。展望未来，水利水电必将在推进实现现代化目标、"双碳"目标中继续担当重任，为实现中华民族伟大复兴的中国梦作出新的更大的贡献。

第二节 水利水电基本建设程序

基本建设程序是指建设项目从规划、决策、设计、施工到竣工验收和交付使用的各环节以及各环节主要工作内容之间必须遵循的先后顺序规律。严格遵循和坚持按建设程序办事是提高基本建设经济效益的原则。按照我国现行有关规定，基本建设一般由项目决策、项目准备、项目实施和项目验收运营四个大的阶段组成。水利水电基本建设具有规模大、工期长、施工技术复杂、制约因素多等特点，因此水利水电基本建设必须严格按照建设程序办事，否则可能造成难以弥补的严重后果和巨大的经济损失。

水利水电基本建设首先应做好流域开发规划。国家能源局发布的《河流水电规划编制规范》NB/T 11170—2023规定，河流水电规划或水力资源开发规划应根据国民经济和社会发展需求，贯彻可持续发展理念，初步查明河流水力资源（又称水能资源）及开发条件，调查和研究影响河流水电开发的重大工程地质问题，识别河流水电开发在生态环境和经济社会方面的限制性因素，明确河流水资源开发利用方向及开发任务，推荐开发方案，提出河流水电规划实施意见。同时，应开展河流规划的环境影响评价工作，并单独编制河流水电规划环境影响报告书。河流水电规划报告经审批后，可作为该河流水力资源开发的重要依据。若需要修编，应报原审批机关审查批准。如金沙江流域计划梯级开发20余座水电站。

《水利工程建设程序管理暂行规定》（2019年修正）明确了水利工程建设程序，一般分为项目建议书、可行性研究报告、施工准备、初步设计、建设实施、生产准备、竣工验收、后评价等阶段。

1. 项目建议书阶段

项目建议书又称立项报告。它是在国民经济和社会发展长远规划、流域综合规划、区域综合规划、专业规划等的基础上，按照国家产业政策和国家有关投资建设方针，由主管部门（或投资者）对准备建设的项目提出的大体轮廓性设想和建议，主要是从宏观上衡量分析该项目建设的必要性和可能性，即分析其建设条件是否具备，是否值得投入资金和人力。项目建议书应按照《水利水电工程项目建议书编制规程》SL/T 617—2021 编制。项目建议书是开展可行性研究的依据。

项目建议书编制一般由政府或开发业主委托有相应资质的设计单位承担，并按国家现行规定权限向主管部门申报审批。项目建议书被批准后，由政府向社会公布，若有投资建设意向，应及时组建项目法人筹备机构，开展下一阶段建设程序工作。

2. 可行性研究阶段

建设项目在可行性研究阶段应对项目建设的必要性、可行性和经济性进行综合、科学的分析和论证。必要性取决于社会或市场的需求状况，可行性是指项目在建设和运营中的技术难易程度，经济性是指项目投资的经济效果。可行性研究报告是建设项目立项决策的依据，也是项目办理资金筹措、签订合作协议、进行初步设计等工作的依据和基础。可行性研究报告由项目法人（或筹备机构）组织编制。可行性研究报告应按照《水利水电工程可行性研究报告编制规程》SL/T 618—2021 编制。

这一阶段的工作主要是对项目在技术上是否先进、适用、可靠，在经济上是否合理、可行，在财务上是否盈利，做出多方案比较，提出评价意见，推荐最佳方案。具体任务包括：（1）论证工程建设的必要性，确定工程的任务和综合利用工程各项任务的主次顺序；（2）确定工程场址的主要水文参数和成果；（3）评价区域构造稳定性，基本查明水库区工程地质条件；（4）确定主要工程规模和工程总体布局；（5）节水评价，选定工程场址和输水线路等；（6）确定工程等级及设计标准，选定基本坝型，基本选定工程总体布局；（7）基本选定水力机械、电气、金属结构等系统设计方案；（8）选定对外交通运输方案、施工导流方式，基本确定施工总工期；（9）确定建设征地范围，基本确定农村移民生产安置和搬迁安置规划；（10）环境影响预测评价与水土保持评价；（11）基本确定劳动安全、节能措施，确定管理单位，基本确定工程信息化建设任务；（12）编制投资估算；（13）分析工程效益、费用和贷款能力，提出资金筹措方案，分析主要经济评价指标，评价工程的经济合理性和财务可行性；（14）分析社会稳定风险因素，提出防范措施；（15）得出主要结论，综述存在的问题并提出解决措施等。

可行性研究报告，按国家现行规定的审批权限报批。申请项目可行性研究报告，必须同时提出项目法人组建方案及运行机制、资金筹措方案、资金结构及回收资金办法。

可行性研究报告经批准后，不得随意修改和变更，在主要内容上有重要变动的，应经原批准机关复审同意。项目可行性报告批准后，应正式成立项目法人，并按项目法人责任制实行项目管理。

项目的可行性研究是投资项目决策科学化、民主化和规范化的必要步骤和手段，是"防止错误投资的保险单"。

3. 施工准备阶段

项目可行性研究报告已经批准，年度水利投资计划下达后，项目法人即可开展施工准备工作，其主要内容包括：（1）施工现场的征地、拆迁工作；（2）完成施工用水、用电、通信、道路和场地平整等工程；（3）必需的生产、生活临时建筑工程；（4）实施经批准的应急工程、试验工程等专项工程；（5）组织招标设计、咨询、设备和物资采购等服务；（6）组织相关监理招标，组织主体工程招标准备工作。

工程建设项目施工，除某些不适应招标的特殊工程项目（须经水行政主管部门批准）外，均须实行招标投标。水利工程建设项目的招标投标，按有关法律、行政法规和《水利工程建设项目招标投标管理规定》（水利部令第14号）等规章规定执行。

4. 初步设计阶段

初步设计是根据批准的可行性研究报告和必要而准确的设计资料，对设计对象进行通盘研究，阐明拟建工程在技术上的可行性和经济上的合理性，规定项目的各项基本技术参数，编制项目的总概算。初步设计任务应择优选择有项目相应资质的设计单位承担，依据有关初步设计编制规定进行编制。

初步设计报告应按照《水利水电工程初步设计报告编制规程》SL/T 619—2021编制，一般要提出设计报告、初设概算和经济评价三项资料，主要内容包括：（1）复核并确认水文成果；（2）查明水库区及建筑物的工程地质条件，评价存在的工程地质问题；（3）说明工程任务及具体要求，复核工程等级和设计标准；（4）选定水力机械、电工、金属结构、供暖通风等设备的型式和布置，确定消防设计方案和主要设施；（5）复核施工导流方式，确定导流建筑物结构设计、主要建筑物施工方法、施工总布置及总工期；（6）复核工程建设征地的范围、淹没实物指标，提出移民安置等规划设计；（7）确定各项环境保护专项措施设计方案，编制水土保持工程设计方案；（8）确定劳动安全与工业卫生的设计方案；（9）提出工程节能设计；（10）提出工程管理设计；（11）编制工程设计概算；（12）复核经济评价指标。

承担设计任务的单位在进行设计以前，要认真研究可行性研究报告，不仅设计前要有大量的勘测、调查、试验工作，在设计中以及工程施工中都要有相当细致的勘测、调查、试验工作。初步设计文件报批前，一般须由项目法人对初步设计中的重大问题组织论证。设计单位根据论证意见，对初步设计文件进行补充、修改、优化。初步设计由项目法人组织审查后，按国家现行规定权限向主管部门申报审批。

设计单位必须严格保证设计质量，承担初步设计的合同责任。初步设计文件经批准后，主要内容不得随意修改、变更，并作为项目建设实施的技术文件基础。如有重要修改、变更，须经原审批机关复审同意。

5. 建设实施阶段

建设实施阶段是指主体工程的建设实施，项目法人按照批准的建设文件，组织工程建设，保证项目建设目标的实现。项目法人或其代理机构必须按审批权限，向主管部门提出主体工程开工申请报告，经批准后，主体工程方可正式开工。主体工程开工须具备《水利工程建设项目管理规定（试行）》（水利部水建〔1995〕128号）（2016年修正）规定的条件：（1）项目法人或者建设单位已经设立；（2）初步设计已经批准，施工详图设计满足主体工程施工需要；（3）建设资金已经落实；（4）主体工程施工单位和监理单位已经确定，并分别订立了合同；（5）质量安全监督单位已经确定，并办理了质量安全监督手续；（6）主要设备和材料已经落实来源；（7）施工准备和征地移民等工作满足主体工程开工需要。项目法人或者建设单位应当自工程开工之日起15个工作日内，将开工情况的书面报告报项目主管单位和上一级主管单位备案。

施工是把设计蓝图变为具有使用价值的建设实体，必须严格按照设计图纸进行。工程项目要积极推行项目法人责任制、招标投标制、工程建设监理制。

项目法人责任制是项目法人对项目的策划、资金筹措、建设实施、生产经营、债务偿还和资产的保值增值实行全过程负责的制度。

招标投标制是项目法人就拟建工程准备招标文件，发布招标公告或信函，以吸引或邀请承包商购买招标文件和进行投标，直至确定中标者，签订招标投标合同的全过程。

工程建设监理制是指受项目法人委托进行的工程项目建设管理，具体是指具有法人资格的监理单位受建设单位的委托，依据有关工程建设的法律、法规、项目批准文件、监理合同及其他工程建设合同，对工程建设实施的投资、工程质量和建设工期进行控制的监督管理。

项目法人要充分发挥建设管理的主导作用，为施工创造良好的建设条件。项目法人要充分授权工程监理，使之能独立负责项目的建设工期、质量、投资的控制和现场施工的组织协调。监理单位选择必须符合《水利工程建设监理规定》（2017年修正）的要求。

要按照"政府监督、项目法人负责、社会监理、企业保证"的要求，建立健全质量管理体系。重要建设项目，须设立质量监督项目站，行使政府对项目建设的监督职能。

6. 生产准备阶段

生产准备是项目投产前要进行的一项重要工作，是建设阶段转入生产经营的必要条件。项目法人应按照建管结合和项目法人责任制的要求，适时做好有关生产准备工作。

生产准备应根据不同类型的工程要求确定，一般应包括以下主要内容：（1）生产组织准备。建立生产经营的管理机构及相应管理制度。（2）招收和培训人员。按照生产运营的要求，配备生产管理人员，并通过多种形式的培训，提高人员素质，使之能满足运营要求。生产管理人员要尽早介入工程施工建设，参加设备安装调试，熟悉情况，掌握生产技术和工艺流程，为顺利衔接基本建设和生产经营阶段做好准备。（3）生产技术准备。主要包括技术资料的汇总、运行技术方案的制定、岗位操作规程的制定和新技术准备。（4）生产的物资准备。主要是落实投产运营所需要的原材料、协作产品、工器具、备品备件和其他协作配合条件的准备。（5）正常的生活福利设施准备。及时、具体落实产品销售合同协议的签订，提高生产经营效益，为偿还债务和资产的保值增值创造条件。

7. 竣工验收阶段

竣工验收是工程完成建设目标的标志，是全面考核基本建设成果、检验设计和工程质量的重要步骤。竣工验收合格的项目即可从基本建设转入生产或使用。

当建设项目的建设内容全部完成，并经过单位工程验收（包括工程档案资料的验收），符合设计要求并按照《水利部关于印发水利工程建设项目档案管理规定的通知》（水办〔2021〕200号）的要求完成了档案资料的整理工作；在完成竣工报告、竣工决算等必需文件的编制后，项目法人按《水利工程建设项目管理规定（试行）》（2016年修正）规定，向验收主管部门提出申请，根据国家和部颁验收规程组织验收。

竣工决算编制完成后，须由审计机关组织竣工审计，其审计报告作为竣工验收的基本资料。

对于工程规模较大、技术较复杂的建设项目可先进行初步验收。不合格的工程不予验收；有遗留问题的项目，对遗留问题必须有具体处理意见，且有限期处理的明确要求并落实责任人。在办理竣工验收前，如对水电站、抽水站来说，一般要进行试运转和试生产，检查考核其是否达到设计标准和竣工验收的质量要求。

8. 后评价阶段

后评价是建设项目竣工投产后，一般经过1~2年生产运营后，对项目的立项决策、设计、施工、竣工验收、生产运行等全过程进行系统评估的一种技术经济活动，是基本建设程序的最后一环。主要内容包括：（1）影响评价。项目投产后对各方面的影响进行评价。（2）经济效益评价。对项目投资、国民经济效益、财务效益、技术进步和规模效益、可行性研究深度等进行评价。（3）过程评价。对项目的立项、设计、施工、建设管理、竣工投产、生产运营等全过程进行评价。

项目后评价一般按三个层次组织实施，即项目法人的自我评价、项目行业的评价、计划部门（或主要投资方）的评价。

项目后评价报告的编写应遵循《水利建设项目后评价报告编制规程》SL 489—2010等的规定。建设项目后评价工作必须遵循客观、公正、科学的原则，做到分析合理、评价公正。通过建设项目的后评价以达到肯定成绩、总结经验、研究问题、吸取教训、提出建议、改进工作、不断提高项目决策水平和投资效果的目的。

上述八项内容基本上反映了水利系统的水利水电工程（以下简称水利工程）基本建设工作的全过程。电力系统中的水力发电工程（以下简称水电工程）与此基本相同，区别在于：

（1）增加预可行性研究阶段，相当于水利工程的可行性研究阶段。在江河流域综合利用规划及河流（或河段）水电规划选定的开发方案的基础上，根据国家与地区电力发展规划的要求，依据《水电工程预可行性研究报告编制规程》NB/T 10337—2019编制水电工程预可行性研究报告。

（2）将可行性研究和初步设计两阶段合并，统称为可行性研究报告阶段。取消原初步设计阶段，加深原有可行性研究报告深度，使其达到初步设计编制的要求，并以《水电工程可行性研究报告编制规程》NB/T 11013—2022编制可行性研究报告。

水利水电之外的其他基本建设项目除没有流域（或区域）规划外，其余建设程序也大体相同。

基本建设过程大致上可以分为三个时期：前期工作时期、工程实施时期、竣工投产时期。

根据《水利工程建设项目管理规定（试行）》（2016年修正），建设前期依据国家总体规划以及流域综合规划，开展前期工作，包括提出项目建议书、可行性研究报告和初步设计（或扩大初步设计）。

与我国基本建设程序相比，国外通常也把工程建设的全过程分为三个时期：投资前时期、投资时期、投资回收时期。内容包括投资机会研究、初步可行性研究、可行性研究、项目评估、基础设计、原则设计、详细设计、招标发包、施工、竣工投产、生产阶段、工程后评估及项目终止等步骤。从国内外的基本建设经验来看，前期工作最为重要，一般占整个过程50%～60%的时间，前期工作做好了，其后各阶段的工作就容易顺利完成。

第三节　水利水电工程造价概述

一、建筑产品的属性及其价格特点

1. 建筑产品的属性

建筑产品是指由建筑安装企业建造的，具有一定使用功能或满足某一特定要求的建筑物和构筑物以及所完成的机械设备等安装工程。

建筑企业生产的建筑产品是为了满足建设单位或使用单位需要。由于建筑产品的固定性、多样性、庞大性、综合性四大主要特点，决定了建筑产品生产的特点与一般工业产品生产的特点相比有其自身的特殊性，具体包括：（1）建筑产品生产的流动性；（2）建筑产品生产的单件性；（3）建筑产品生产的地区性；（4）建筑产品生产周期长；（5）建筑产品生产的露天作业多；（6）建筑产品生产组织协作的综合复杂性。建筑企业（承包者）必须按使用者（发包者）的要求（设计）进行施工，建成后再移交给使用者。这实际上是一种"加工定做"的方式，先有买主，再进行生产和交换。因此，建筑产品是一种特殊的商品，它有着特殊的交换关系。

2. 建筑产品的价格特点

劳动价值论是阐明商品价值决定于人类无差别的一般劳动的理论。商品具有二重性，即价值和使用价值，其中使用价值是商品的自然属性；价值是一般人类劳动的凝结，是商品的社会属性，它构成商品交换的基础。价值规律要求商品的价值量决定于社会必要劳动时间，商品按照价值量相等的原则进行交换，价格围绕价值上下浮动是价值规律的表现形式。

建筑产品作为商品，也有使用价值和价值。其使用价值表现在它能满足用户的需要，价值是由直接导致该商品生产的工人的活劳动和间接凝结在商品中的物化劳动构成的。建筑产品的价格与所有商品一样，是价值的货币表现，是由成本、税金和利润组成的。但是，建筑产品又是特殊的商品，其价格有其自身的特点，其定价要解决两个方面的问题：一是如何正确反映成本；二是盈利如何反映到价格中。

承包商的基本活动是组织并建造建筑产品，其投资及施工过程就是资金的消费过程。工程成本按其经济实质来说，就是用货币形式反映的已消耗的生产资料价值和劳动者为自己所创造的价值。工程成本可能还包括一些非生产性消耗，如由于企业经营管理不善造成的支出、企业支付的贷款利息和职工福利基金等。因此，实际工作中的工程成本，就是承包商在投资及工程建设过程中，为完成一定数量的建筑工程和设备安装工程所发生的全部费用。

关于盈利问题有多种计算方法。一是按预算成本乘以规定的利润率计算；二是按法定利润和全部资金比例关系确定；三是按利润与劳动者工资之间的比例关系确定；四是利润一部分以生产资金为基础，另一部分以工资为基础，按比例计算。

建筑产品的价格主要有以下两个方面的特点：一是建筑产品的价格不能像工业产品那样有统一的价格，一般都需要通过特殊的计划程序，逐个编制概预算进行估价。建筑产品的价格是一次性的。二是建筑产品的价格具有地区差异性。建筑产品坐落的地区不同，特别是水利水电工程所在的河流和河段不同，其建造的复杂程度也不同，由此所需的人工、材料和机械的价格就不同，最终决定建筑产品的价格具有多样性。

从形式上看，建筑产品价格是不分段的整体价格，在产品之间没有可比性。实际上，它是由许多共性的分项价格组成的个性价格。建筑产品的价格竞争也正是以共性的分项价格为基础进行的。

二、工程造价的含义

工程造价是建设工程造价的习惯用语（或简称），即工程的建造价格。目前较公认的观点认为工程造价的含义有两种。

第一种含义是指建设项目的建设成本（或称工程投资），即完成一个建设项目预期开支或实际开支的全部费用的总和，包括建安工程费、设备费以及其他相关的必须费用。显然，工程造价与建设项目投资中的固定资产投资等量，但不同义。工程造价不像建设项目那样具有明确的主体性和目标性，它只表示建设项目所消耗资金的数量标准。

第二种含义是指建设项目承发包工程的价格（或称工程价格），即发包方与承包方签订的合同价。它包括生产成本、利润、税金三个部分。随着经济的发展、技术的进步、分工的细化，这里的工程既可以是整个建设工程，也可以是一个或几个单项工程或单位工程，或一个或几个分部工程，如建筑工程、安装工程等。随着市场的不断完善，工程建设中的中间产品会越来越多，商品交易也会越来越频繁，工程价格的种类和形式也会越来越多。

工程造价的两层含义之间既存在区别，又相互联系。首先，建设成本是对应于投资者（业主）而言的，即"购买"项目的成本，也是投资者作为市场的主要供给者"出售"项目时确定价格、衡量投资效益的标尺。工程承发包价格是对应于发包方、承包方双方而言的，即建筑市场上需求主体（投资方或建设单位）和供应主体（承包方）通过合同交易（主要是招标投标）共同认可的价格。其次，建设成本的范围涵盖建设项目的费用，而工程承发包价格的范围却只包括建设项目的局部费用，即承发包工程的部分费用。在总体数额及内容组成上，建设成本总是大于工程承发包价格的。最后，建设成本中不含业主的利润和税金，它形成了投资者的固定资产；工程承发包价格中含有承包方的利润和税金。

无论工程造价的哪种含义，它强调的都只是工程建设所消耗资金的数量标准。

三、工程造价的职能

1. 预测职能

由于工程造价具有大额性和动态性的特点，无论是投资者还是承包商，都要对拟建工程造价进行预先测算。投资者预先测算工程造价，不仅作为项目决策依据，同时也是筹集资金、控制造价的需要。承包商对工程造价的测算，既为投标决策提供依据，也为投标报价和成本管理提供依据。

2. 控制职能

工程造价一方面可以对投资进行控制，即在投资的各个阶段，根据对造价的多次性预估，对造价的全过程进行多层次的控制；另一方面可以对以承包商为代表的商品和劳务供应企业的成本进行控制。在承包价格确定的条件下，企业的成本开支决定其盈利水平，企业利用工程造价提供的信息资料作为控制工程成本的依据。

3. 评价职能

工程造价是评价投资合理性和投资效益的主要依据；工程造价是评价土地价

格、建筑安装工程产品和设备价格合理性的依据；工程造价是评价建设项目偿还贷款能力、获利能力和宏观效益的重要依据；工程造价是评价承包商管理水平和经营成果的依据。

4. 调控职能

由于工程建设直接关系到经济增长、资源分配和资金流向，对国计民生会产生重大影响，因此政府依据发展状况，在不同时期要对建设规模、结构进行不同的宏观调控，这些调控可用工程造价作为经济杠杆，对工程建设中的物质消耗水平、建设规模、投资方向等进行调控和管理。

四、水利水电工程造价确定的形式

水利水电工程造价的预测就是对水利水电工程在未实施前所要花费的费用进行的预先测算。由于水利水电工程生产周期长、程序多、涉及面广，为较准确地反映工程造价，往往需要进行多次性计价。水利水电工程在不同的建设阶段其预先测算的具体内容是不同的，其作用也是不同的。

对水利水电工程造价进行预测必须坚持按照国家现行有关的法律法规、基本建设的基本程序、行业主管部门现行的有关规定、工程所在地造价主管部门的有关规定等进行编制。

水利水电工程造价预测的基本依据，除了上述提到的国家有关部门，尤其是工程造价管理部门发布实施的法律、法规、部门规章和规范外，与工程造价预测有关的指标、定额、取费文件、工程量计算规定以及设计部门在各阶段提供的设计图纸等也是工程造价预测的基本依据。

水利水电工程造价编制在不同建设阶段有各自的名称，其对应关系见表 1-2。

水利工程建设阶段与对应的造价　　　　　　　　表 1-2

序号	建设阶段		工程造价	依据	用途
1	规划阶段	河流水电规划	投资匡算	估算指标	河流水力资源开发的重要依据
2	决策阶段	项目建议书	投资估算	估算指标	投资决策
3		可行性研究	投资估算	估算指标	
4	实施阶段	初步设计	设计概算	概算定额	控制投资及工程造价
5		施工准备	招标投标文件	预算定额、清单计价规范等	编制招标投标文件、确定工程合同价
6		建设实施	施工图预算		
			施工预算	施工定额	企业内部成本、施工进度控制
			中间结算	合同及签证	
7		生产准备			

序号	建设阶段		工程造价	依据	用途
8	实施阶段	竣工验收	竣工结算	合同及签证	确定工程项目建造价格
			竣工决算	合同及签证	确定工程项目实际投资
9	运营阶段	项目后评价			

注：水电工程在预可行性研究阶段编制投资估算，在可行性研究阶段编制设计概算，无初步设计阶段，其余基本相同。

需要说明的是，竣工结算与竣工决算是工程完工后对实际造价的计算，可能不具有造价预测的含义。下面对各种预测形式作具体说明。

1. 投资匡算

投资匡算是根据规划阶段设计成果、国家有关政策规定及行业标准，按编制期价格水平编制的规划范围内各水电站（站址）所需的投资文件，是水电工程河流（河段）规划或抽水蓄能选点规划报告的组成内容。它也是规划范围内各水电站（站址）进行经济比选、推荐近期开发工程的依据之一。

2. 投资估算

投资估算是指在项目建议书阶段、可行性研究阶段（或预可行性研究阶段）对建筑工程造价的预测。它应考虑多种可能的需要、风险、价格上涨等因素，要满足投资，不留缺口，适当留有余地。它是工程项目兴建决策最主要的技术经济参考指标，也是设计文件的重要组成部分，是编制基本建设计划、实行基本建设投资大包干、进行建设资金筹措的依据；也是考核设计方案和建设成本是否科学合理的依据。投资估算是工程造价全过程管理的"龙头"，抓好这个"龙头"具有非常重要的意义。

投资估算主要依据国家现行政策法规，选用合理的估算指标、概算指标或类似工程的预（决）算资料进行编制。投资估算控制初步设计概算，一经上级主管部门批准，即作为工程投资的最高限额，不得任意突破。

3. 设计概算

设计概算是指在初步设计（或可行性研究）阶段，设计单位为确定拟建项目所需要的投资额或费用而编制的工程造价文件。它是设计文件的重要组成部分。设计概算必须完整地反映工程初步设计的内容，严格执行国家有关的方针、政策和制度，实事求是地根据工程所在地的建设条件，正确按照有关依据和资料，在已经批准的投资估算的控制下进行编制，设计概算一般不得突破投资估算。

设计概算是编制基本建设计划、控制基建项目投资、筹措资金的依据；也是考核工程项目建设成本、设计方案经济合理性的依据。设计单位在报批设计文件的同时，要报批设计概算；设计概算经过审批后，就成为国家控制该建设项目总投资的主要依据，不得任意突破。大中型水利水电工程常采用设计概算作为编制施工招标标底、利用外资概算和执行概算的依据。显然，概算比施工图预算重要；而对于一般建筑工程，施工图预算更重要。水利水电工程到了施工阶段其总预算还未做，只做局部的施工图预算，而一般建筑工程常用施工图预算代替概算。

工程开工时间与设计概算所采用的价格水平不在同一年份时，按规定由设计单位根据开工年的价格水平和有关政策重新编制设计概算，这时编制的概算一般称为调整概算。调整概算仅是在价格水平和有关政策方面的调整，工程规模及工程量均与初步设计保持不变。

4. 业主预算

业主预算是在已经批准的设计概算的基础上，对已经确定实行投资包干或招标承包制的大中型水利水电工程建设项目，根据工程管理与投资的支配权限，按照管理单位及分标项目的划分，对投资的切块分配进行编制，以便于对工程投资进行管理与控制，并作为项目投资主管部门与建设单位签订工程承包合同的主要依据。它是为了满足业主控制和管理的需要，按照总量控制、合理调整的原则编制的内部预算，也称为执行概算。一般情况下，业主预算的价格水平与设计概算的人、材、机等基础价格水平应保持一致，以便与设计概算进行对比。

5. 标底、投标报价和中标价

标底是业主或其委托人对招标项目市场价格的预测。它主要是以招标文件、图纸，按有关规定，结合工程的具体情况，计算出的合理工程价格。它是由业主委托具有相应资质的设计单位、社会咨询单位编制完成的。根据价值规律理论，标底应当反映招标项目的合理价值。根据市场经济的竞争规律，标底同时反映了市场的供求关系。标底的主要作用是招标单位在一定浮动范围内合理控制工程造价、明确自己在发包工程上应承担的财务义务。标底也是投资单位考核发包工程造价的主要尺度。

投标报价是承包商响应招标文件的自主定价，具有商品价格的性质。中标价是业主经过评标、决标、定标，和承包商共同商议的成交价格。因此，中标价有市场成交价的性质。它反映了一定时期、特定工程市场的供求状况。

6. 施工图预算

施工图预算是指在施工图设计阶段，根据施工图纸、施工组织设计、国家颁布的预算定额和工程量计算规则、地区材料预算价格、施工管理费标准、企业利润率、税金等，计算每项工程所需人力、物力和投资额的文件。它应在已批准的设计概算控制下进行编制。它是施工图设计的组成部分，由设计单位负责编制。当某些单位工程施工图预算超过设计概算时，设计单位应当分析原因，考虑修改施工图设计，力求与批准的设计概算达到平衡。

施工图预算是确定单位工程项目造价、编制固定资产计划的依据；是进一步考核设计经济合理性的依据；是签订工程承包合同，实行建设单位（施工单位）投资包干和办理结算的依据；是实行经济核算，考核工程成本的依据。一般建筑工程以施工图预算作为编制施工招标标底的依据。

7. 施工预算

施工预算是指在施工阶段，施工单位为了加强企业内部经济核算、节约人工和材料，合理使用机械，在施工图预算的控制下，通过工料分析，计算拟建工程工、料和机具等需要量，并直接用于生产的技术经济文件。它是根据施工图的工程量、施工组织设计或施工方案和施工定额等资料进行编制的。

8. 工程结算

工程结算是施工单位与建设单位清算工程款的一项日常管理工作。按工程施工阶段的不同，工程结算有中间结算和竣工结算之分。中间结算是承包商在工程施工过程中，按监理工程师确认的当期已完成的工程实物量（一般须经监理单位核定认可），以合同中的相应价格为依据，向建设单位（业主）收取工程价款的经济活动。它是整个工程竣工后作全面结算的基础。竣工结算是承包商与业主对承建工程项目的最终结算，它所确定的工程费用是该工程的实际价格，是支付工程价款的依据。

9. 竣工决算

竣工决算是建设项目全部完工后，在工程竣工验收阶段，由建设单位编制的从项目筹建到建成投产全部费用的技术经济文件。竣工决算是整个建设工程的最终实际价格，是工程竣工验收、交付使用的重要依据，也是进行建设项目财务总结、银行对其实行监督的必要手段。

建设项目估算、概算、预算及决算，从确定建设项目，确定和控制基本建设投资，进行基本建设经济管理和施工企业经济核算，到最后核定项目的固定资产，它们以价值形态贯穿于整个基本建设过程之中。其中，设计概算、施工图预算和竣工决算，通常简称为基本建设的"三算"，是工程建设中必不可少的经济工作。它们各自的作用虽然不同，但相互有着密切的内在联系，即前者控制后者，后者补充前者。具体体现为：设计要编制概算，施工要编制预算，竣工要编制决算。一般情况下，决算不能超过预算，预算不能超过概算，概算不能超过估算。此外，竣工结算、施工图预算和施工预算一起被称为施工企业内部的"三算"，是施工企业内部进行管理的依据。

设计概算和施工图预算的区别主要有以下几点：

（1）编制费用内容不完全相同。设计概算包括建设项目从筹建开始至全部项目竣工和交付使用前的全部建设费用，施工图预算一般包括建筑工程、设备及安装工程、施工临时工程等。设计概算除包括施工图预算的内容外，还应包括独立费用、移民和环境部分的费用等。

（2）编制阶段不同。设计概算是在初步设计阶段由设计单位编制，施工图预算是在施工图设计阶段由设计单位编制。

（3）审批过程及其作用不同。设计概算是初步设计文件的组成部分，由有关主管部门审批，作为建设项目立项和正式列入年度基本建设计划的依据。只有在初步设计图纸和设计概算经审批同意后，施工图设计才能开始，因而它是控制施工图设计和预算总额的依据。施工图预算先报建设单位初审，然后再送交建设银行经办行审查认定，即可作为拨付工程价款和竣工结算的依据。

（4）采用定额与分项大小不同。设计概算具有较强的综合性，采用概算定额，而施工图预算采用预算定额，且预算定额是概算定额的基础。二者采用的分级项目也不一样，设计概算一般采用三级项目，施工图预算一般采用比三级项目更细的项目，精确度高。

竣工结算与竣工决算也是完全不同的两个概念，其主要区别在于：

（1）范围不同。竣工结算的范围只是承建工程项目，是工程建设的部分，而竣工决算的范围是整个建设项目，竣工结算是竣工决算的组成部分。

（2）成本不同。竣工结算对施工企业而言，是承包合同内的总收入，可看作该承包合同的预算成本；对建设单位而言，是该发包合同的付款总额。竣工决算是整个项目的全部实际成本。竣工结算是竣工决算的基础，只有先办理竣工结算才有条件编制竣工决算。

（3）编制主体不同。结算报告一般由承包商编制；建设项目的竣工决算则由建设单位（业主）编制。

五、水利水电工程计价的方法

1. 综合指标法

在河流梯级电站规划或项目建议书阶段，由于设计深度不足，只能提出概括性的项目，匡算出部分主要项目的工程量，在这种条件下，编制投资匡算或估算时常常采用综合指标法。综合指标法的特点是概括性强，不需要作具体分析，可直接采用。综合指标中包括人工费、材料费、机械使用费及其他费用（包括其他直接费、间接费、利润、税金），并考虑一定的扩大系数。此外，在编制概算、估算时，由于设计深度受限时，水利水电工程中的有关专业或专项工程，如铁路、公路、桥梁、供电线路、房屋建筑等，也可采用综合指标法编制相应项目投资。

2. 定额法

也称单价法。将各个建筑安装单位工程按工程性质、部位划分为若干个分部分项工程（划分的粗与细应与所采用的定额相适应），各分部分项工程的造价由各分部分项工程数量分别乘以相应的工程单价求得，即：价×量＝费。工程单价由所需的人工、材料、机械台班的数量乘以相应的人、材、机价格，求得人、材、机的金额，再按规定加上相应的有关费用（其他直接费、间接费、企业利润）和税金后构成。工程单价所需的人、材、机耗用量，按工程性质、部位和施工方法选取有关定额确定。

3. 实物法

指按工程具体施工条件和施工规划要求，为主要工程和费用项目进行资源配置而编制投资文件的一种方法。实物法预测工程造价，是根据确定的工程项目、施工方法及劳动组合，计算各种资源（人、材、机）的消耗量，用当地各资源的预算价格乘以相应资源的数量，求得完成确定项目的基本直接费用，并按一定标准加计分摊在直接费项目中的间接费用，以及计算在直接成本和间接成本基础上的合理加价、风险等费用。实物法的计算比较麻烦、复杂，针对每个具体工程"逐个量体裁衣"，但结果相对较合理、准确。

六、水利水电工程造价的编制程序

1. 了解工程概况，确定编制依据

（1）向各有关专业了解工程概况，包括工程规划、地质勘测、枢纽布置、主要建筑物结构形式及技术数据、施工导流、施工总布置、施工方法、总进度、主要机电设备技术数据和报价等。

（2）确定编制依据

1）国家及省、自治区、直辖市颁发的有关法律、法规、规章、行政规范性文件等。

2）行业主管部门发布的标准、规范、规定等。

3）行业定额和造价管理机构及有关行业主管部门颁发的定额、项目划分、费用构成及计算标准等。

4）水利水电工程设计工程量计算规定。

5）设计文件及图纸。

6）有关合同协议及资金筹措方案。

7）其他。

2. 调查研究，搜集资料

（1）深入现场，实地踏勘，了解工程和施工场地布置情况、现场地形、天然建筑材料料场开采运输条件、开采运输的方式、运输距离等情况。

（2）了解上级主管部门和工程所在地省、自治区、直辖市的劳资、物资供应、交通运输和电力供应等。到有关部门及施工单位、制造厂家等收集编制造价的各项基础资料，如材料设备价格、主要材料来源地、运输方式、距离与运杂费计费标准和供电价格等。

（3）对新技术、新工艺、新机械、新定额资料的收集与分析，为编制补充施工机械台时费和补充定额收集必要的资料。

3. 工程项目划分

参照水利水电工程项目划分表进行工程项目划分，详细列出各级项目内容。

4. 基础单价的编制

基础单价是编制工程单价时计算人工费、材料费和机械费所必需的最基本的价格资料，是编制工程造价最重要的基础数据，必须按实际资料和有关规定认真、慎

重地计算确定。水利水电工程的基础价格有：人工预算单价，材料预算价格，施工用风、水、电预算价格，施工机械台时费，砂石料价格，混凝土价格，砂浆价格等。

5. 计算工程量

工程量的计算在工程造价编制中占有相当重要的地位，其精度直接影响造价质量的高低。计算时必须按项目划分的子目、按施工规范和《水利水电工程设计工程量计算规定》SL 328—2005、《水电工程设计工程量计算规定》（2010 年版）进行计算，并列出相应的工程量清单。为确保工程量计算的准确性，防止漏项少算或重复多算，必须建立和健全检查复核制度。

6. 编制工程单价

按照估算、概预算的计算种类，根据工程项目的施工组织设计、基础单价和相应取费标准，计算工程估算、概预算单价。必要时可编制补充定额。

7. 编制分部工程估算、概预算和工程总估算、概预算

根据工程估算、概预算单价和相应工程量，编制各分部工程估算、概预算。在计算分年度投资和资金流量的基础上，计算预备费、利息、总投资等，编制工程总估算、概预算等。

8. 编制各种估算、概预算表、说明书及附件等

编制工程估算、概预算表、编制说明和相应的附件等，资料整理，审查修改，资料归档。

第二章

工程项目划分

第一节 一般工程项目划分

一个建设项目往往规模大，建设周期长，影响因素复杂。为了能精确编制造价，通常采用将其分解为若干个易于计算工料消耗量的基本构成项目，再逐级汇总的办法。按建设项目自身的内部组成，可划分为单项工程、单位工程、分部工程和分项工程来进行计价。

1. 单项工程

单项工程是建设项目的组成部分。单项工程是具有独立的设计文件，建成后可以独立发挥生产能力或使用效益的工程。如工厂内能够独立生产的车间、办公楼、住宅；学校中的教学楼、食堂、宿舍；水电站中的大坝工程、泄洪道、船闸、发电厂房等。

2. 单位工程

单位工程是单项工程的组成部分，一般是指不能独立发挥生产能力或使用效益，但具备独立施工条件的工程。如车间的厂房建筑、设备安装等是单位工程；水电站引水工程中的进水口、调压井以及灌区工程中的进水闸、分水闸等都可以作为单位工程；完整的道路、桥梁通常是一个设施，可称为单项工程，但若道路或桥梁划分标段的话，每个标段就是单位工程。

3. 分部工程

分部工程是单位工程的组成部分，指不能独立发挥能力或使用效益，又不具备独立施工条件，但具有结算工程价款条件的工程。通常按单位工程的结构形式、工程部位划分，如房屋建筑单位工程，可划分为土石方工程、砖石工程、钢筋混凝土工程、屋面工程、装饰装修工程等。

4. 分项工程

分项工程是指分部工程的细分，是构成分部工程的基本项目，它是通过较为简单的施工过程就可以生产出来并可用适当计量单位进行计算的建筑工程或安装工程。如砖石工程可划分为砖基础、砖墙、砖柱等，土石方工程可划分为挖土方、回填土、余土外运等分项工程。这种以适当计量单位进行计量的工程实体数量就是工程量，不同的分项工程单价是工程造价最基本的计价单位（即单价）。每一分项工程的费用即为该分项工程的工程量和单价的乘积。

它们之间的关系如图 2-1 所示。

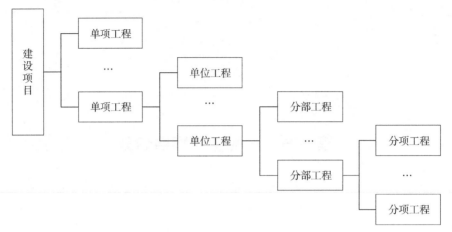

图 2-1　建设项目分解图

第二节　水利工程项目划分

一、项目划分

由于水利水电工程是一个复杂的建筑群体，同其他工程相比，包含的建筑群体种类多，涉及面广、影响因素复杂，难以严格按单项工程、单位工程、分部工程和分项工程来确切划分。因此，现行的水利工程项目划分按照 2014 年水利部颁布的《水利工程设计概（估）算编制规定》有关项目划分的规定执行，该规定对水利建设项目进行了专门的项目划分。水利工程按工程性质划分为三大类，具体划分见图 2-2。水利工程概算项目划分为工程部分、建设征地移民补偿、环境保护工程、水土保持工程四部分，具体划分如图 2-3 所示。

水利水电工程的形式、结构、尺寸千差万别，其建设施工包含许多复杂的工作内容，而且随工程特性的不同差异很大。若要比较准确地计算工程造价，还应将其再细分成可以计算的单元。工程计量的单元可以划分得很粗，如一座大坝、一座电站；也可以划分得很细，如混凝土浇筑工序中的凿毛、冲洗、养护工序。但是划分得过粗，无法准确确定其消耗量；划分得过细，工作量太大，可能没有必要。因此，规范工程项目划分既有利于准确估算投资，又不致使工作量太大。另外也为编制定额时确定定额的子目提供了依据，使二者能有机地结合起来。

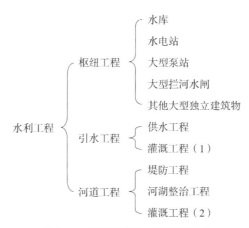

图 2-2 水利工程按工程性质划分

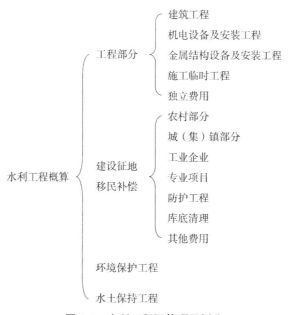

图 2-3 水利工程概算项目划分

根据《水利工程设计概（估）算编制规定》，工程部分下设一、二、三级项目。其中一级项目相当于具有独立功能的单项工程；二级项目相当于不一定具有独立的功能作用，但可以单独组织施工的单位工程，相对一级项目来说，外延更小，属性更加具体；三级项目相当于可按一定的方法分析计算完成一个单元所需消耗的资源数量的分部分项工程。三级项目单位消耗资源的数量是有共性和规律的，通过收集整理一定数量的工程资料，总结出在各种施工条件下完成一个工程单位的资源消耗数量的数据库，就是通常所说的定额。

编制水利工程概预算时，各个部分以及一级项目的顺序和名称不能随意改变。二级、三级项目中，仅列示了代表性子目，编制造价时可根据工作深度和工程情况进行增减。

限于篇幅，表 2-1 仅列出了部分建筑工程的项目划分，完整的划分详见《水利工程设计概（估）算编制规定》（工程部分）。

水利工程部分项目划分　　　　　　　　　　　　　表 2-1

I	枢纽工程			
序号	一级项目	二级项目	三级项目	经济技术指标
一	挡水工程			
1		混凝土坝（闸）工程		
			土、石方开挖	元/m³
			土、石方回填	元/m³
			模板	元/m²
			混凝土	元/m³
			钢筋	元/t
2		土（石）坝工程		
		……		
二	泄洪工程			
		……		
II	引水工程			
序号	一级项目	二级项目	三级项目	经济技术指标
一	渠（管）道工程			
	……			
III	河道工程			
序号	一级项目	二级项目	三级项目	经济技术指标
	……			

征地移民补偿投资概算包括农村部分、城（集）镇部分、工业企业、专业项目、防护工程、库底清理、其他费用以及预备费和有关税费，应根据具体工程情况分别设置一级、二级、三级、四级、五级项目。表 2-2 仅列出了部分农村部分的项目划分，完整的项目划分详见《水利工程设计概（估）算编制规定》（建设征地移民补偿）。

征地移民补偿部分项目划分　　　　　　　　　　　表 2-2

序号	一级项目	二级项目	三级项目	四级项目	五级项目	技术经济指标
1	征地补偿补助					
1.1		征收土地补偿和安置补助				
1.1.1			耕地			
				水田		元/亩
				水浇地		元/亩

续表

序号	一级项目	二级项目	三级项目	四级项目	五级项目	技术经济指标
				旱地		元/亩
				……		
1.1.2			园地			
			……			
1.1.3			林地			
			……			
1.2		征用土地补偿				
		……				
2	房屋及附属建筑物补偿					
2.1		房屋补偿				
		……				

二、项目组成

（一）建筑工程

1. 枢纽工程

指水利枢纽建筑物、大型泵站、大型拦河水闸和其他大型独立建筑物（含引水工程中的水源工程）。包括挡水工程、泄洪工程、引水工程、发电厂（泵站）工程、升压变电站工程、航运工程、鱼道工程、交通工程、房屋建筑工程、供电设施工程和其他建筑工程。其中，挡水工程等前七项为主体建筑工程。

（1）挡水工程。包括挡水的各类坝（闸）工程。

（2）泄洪工程。包括溢洪道、泄洪洞、冲砂孔（洞）、放空洞、泄洪闸等工程。

（3）引水工程。包括发电引水明渠、进水口、隧洞、调压井、高压管道等工程。

（4）发电厂（泵站）工程。包括地面、地下各类发电厂（泵站）工程。

（5）升压变电站工程。包括升压变电站、开关站等工程。

（6）航运工程。包括上下游引航道、船闸、升船机等工程。

（7）鱼道工程。根据枢纽建筑物布置情况，可独立列项。与拦河坝相结合的，也可作为拦河坝工程的组成部分。

（8）交通工程。包括上坝、进厂、对外等场内外永久公路，以及桥梁、交通隧洞、铁路、码头等工程。

（9）房屋建筑工程。包括为生产运行服务的永久性辅助生产建筑、仓库、办公、值班宿舍及文化福利建筑等房屋建筑工程和室外工程。

（10）供电设施工程。包括工程生产运行供电需要架设的输电线路及变配电设施工程。

（11）其他建筑工程。包括安全监测设施工程，照明线路，通信线路，厂坝（闸、泵站）区供水、供热、排水等公用设施，劳动安全与工业卫生设施，水文、泥沙监测设施工程，水情自动测报系统工程及其他。

2. 引水工程

指供水工程、调水工程和灌溉工程（1）（指设计流量≥5m³/s的灌溉工程）。

（1）渠（管）道工程。包括明渠、输水管道工程，以及渠（管）道附属小型建筑物（如观测测量设施、调压减压设施、检修设施）等。

（2）建筑物工程。指渠系建筑物、交叉建筑物工程，包括泵站、水闸、渡槽、隧洞、箱涵（暗渠）、倒虹吸、跌水、动能回收电站、调蓄水库、排水涵（槽）、公路（铁路）交叉（穿越）建筑物等。建筑物类别根据工程设计确定。工程规模较大的建筑物可以作为一级项目单独列示。

（3）交通工程。指永久性对外公路、运行管理维护道路等工程。

（4）房屋建筑工程。包括为生产运行服务的永久性辅助生产建筑、仓库、办公用房、值班宿舍及文化福利建筑等房屋建筑工程和室外工程。

（5）供电设施工程。指工程生产运行供电需要架设的输电线路及变配电设施工程。

（6）其他建筑工程。包括安全监测设施工程，照明线路，通信线路，厂坝（闸、泵站）区供水、供热、排水等公用设施工程，劳动安全与工业卫生设施，水文、泥沙监测设施工程，水情自动测报系统工程及其他。

3. 河道工程

指堤防修建与加固工程、河湖整治工程以及灌溉工程（2）（指设计流量＜5m³/s的灌溉工程和田间工程）。

（1）河湖整治与堤防工程。包括堤防工程、河道整治工程、清淤疏浚工程等。

（2）灌溉及田间渠（管）道工程。包括明渠、输配水管道、排水沟（渠、管）工程、渠（管）道附属小型建筑物（如观测测量设施、调压减压设施、检修设施）、田间土地平整等。

（3）建筑物工程。包括水闸、泵站工程，田间工程机井、灌溉塘坝工程等。

（4）交通工程。指永久性对外公路、运行管理维护道路等工程。

（5）房屋建筑工程。包括为生产运行服务的永久性辅助生产建筑、仓库、办公用房、值班宿舍及文化福利建筑等房屋建筑工程和室外工程。

（6）供电设施工程。指工程生产运行供电需要架设的输电线路及变配电设施工程。

（7）其他建筑工程。包括安全监测设施工程，照明线路，通信线路，厂坝（闸、泵站）区供水、供热、排水等公用设施工程，劳动安全与工业卫生设施，水文、泥沙监测设施工程及其他。

（二）机电设备及安装工程

1. 枢纽工程

指构成枢纽工程固定资产的全部机电设备及安装工程。

（1）发电设备及安装工程。包括水轮机、发电机、主阀、起重机、水力机械辅助设备、电气设备等设备及安装工程。

（2）升压变电设备及安装工程。包括主变压器、高压电气设备、一次拉线等设备及安装工程。

（3）公用设备及安装工程。包括通信设备，通风供暖设备，机修设备，计算机监控系统，工业电视系统，管理自动化系统，全厂接地及保护网，电梯，坝区馈电设备，厂坝区供水、排水、供热设备，水文、泥沙监测设备，水情自动测报系统设备，视频安防监控设备，安全观测设备，消防设备，劳动安全与工业卫生设备，交通设备等设备及安装工程。

2. 引水工程及河道工程

指构成该工程固定资产的全部机电设备及安装工程。

（1）泵站设备及安装工程。包括水泵、电动机、主阀、起重设备、水力机械辅助设备、电气设备等设备及安装工程。

（2）水闸设备及安装工程。包括电气一次设备、电气二次设备及安装工程。

（3）电站设备及安装工程。其组成内容可参照枢纽工程的发电设备及安装工程、升压变电设备及安装工程。

（4）供变电设备及安装工程。包括供电、变配电设备及安装工程。

（5）公用设备及安装工程。包括通信设备，通风供暖设备，机修设备，计算机监控系统，工业电视系统，管理自动化系统，全厂接地及保护网，厂坝（闸、泵站）区供水、排水、供热设备，水文、泥沙监测设备，水情自动测报系统设备，视频安防监控设备，安全监测设备，消防设备，劳动安全与工业卫生设备，交通设备等设备及安装工程。

（6）灌溉工程。包括首部设备及安装工程、田间灌水设施及安装工程等。

（三）金属结构设备及安装工程

指构成枢纽工程、引水工程和河道工程固定资产的全部金属结构设备及安装工程。包括闸门、启闭机、拦污设备、升船机等设备及安装工程，水电站（泵站等）压力钢管制作及安装工程和其他金属结构设备及安装工程。金属结构设备及安装工程的一级项目应与建筑工程的一级项目相对应。

（四）施工临时工程

指为辅助主体工程施工所必须修建的生产和生活用临时性工程。

（1）施工导流工程。包括导流明渠、导流洞、施工围堰、蓄水期下游断流补偿设施、金属结构设备及安装工程等。

（2）施工交通工程。包括施工现场内外为工程建设服务的临时交通工程，如公路、铁路、桥梁、施工支洞、码头、转运站等。

（3）施工场外供电工程。包括从现有电网向施工现场供电的高压输电线路（枢纽工程 35kV 及以上等级；引水工程及河道工程 10kV 及以上等级；掘进机施工专用供电线路）、施工变（配）电设施设备（场内除外）工程。

（4）施工房屋建筑工程。指工程在建设过程中建造的临时房屋，包括施工仓库、办公及生活、文化福利建筑及所需的配套设施工程。

（5）其他施工临时工程。指除施工导流、施工交通、施工场外供电、施工房屋建筑、缆机平台、掘进机泥水处理系统和管片预制系统土建设施以外的施工临时工程。主要包括施工供水（大型泵房及干管）、砂石料系统、混凝土拌和浇筑系统、大型机械安装拆卸、防汛、防冰、施工排水、施工通信等工程。

凡永久与临时结合的项目列入相应永久工程项目内。

（五）独立费用

本部分由建设管理费、工程建设监理费、联合试运转费、生产准备费、科研勘测设计费和其他六项组成，详见表 2-3。

水利工程的独立费用　　　　　　表 2-3

序号	一级项目	二级项目	三级项目
一	建设管理费		
二	工程建设监理费		
三	联合试运转费		
四	生产准备费		
1		生产及管理单位提前进厂费	
2		生产职工培训费	
3		管理用具购置费	
4		备品备件购置费	
5		工器具及生产家具购置费	
五	科研勘测设计费		
1		工程科学研究试验费	
2		工程勘测设计费	
六	其他		
1		工程保险费	
2		其他税费	

（六）建设征地移民补偿

1. 农村部分

（1）征地补偿补助。包括征收土地补偿和安置补助、征用土地补偿、林地园地林木补偿、征用土地复垦、耕地青苗补偿等。

（2）房屋及附属建筑物补偿。包括房屋补偿、房屋装修补助、附属建筑物补偿。

（3）居民点新址征地及基础设施建设。包括新址征地补偿与基础设施建设。其中新址征地补偿应包括征收土地补偿和安置补助、青苗补偿、地上附着物补偿等；基础设施建设包括场地平整和新址防护、居民点内道路、供水、排水、供电、电信、广播电视等。

（4）农副业设施补偿。包括行政村、村民小组或农民家庭兴办的榨油坊、砖瓦窑、采石场、米面加工厂、农机具维修厂、酒坊、豆腐坊等项目。

（5）小型水利水电设施补偿。包括水库、山塘、引水坝、机井、渠道、水轮泵站和抽水机站，以及配套的输电线路等项目。

（6）农村工商企业补偿。包括房屋及附属建筑物、搬迁补助、生产设施、生产设备、停产损失、零星林（果）木等项目。

（7）文化、教育、医疗卫生等单位迁建补偿。包括房屋及附属建筑物、搬迁补助、设备、设施、学校和医疗卫生单位增容补偿、零星林（果）木等项目。

（8）搬迁补助。包括移民及其个人或集体的物资，在搬迁时的车船运输、途中食宿、物资搬迁运输、搬迁保险、物资损失补助、误工补助和临时住房补贴等。

（9）其他补偿补助。包括移民个人所有的零星林（果）木补偿、鱼塘设施补偿、坟墓补偿、贫困移民建房补助等。

（10）过渡期补助。包括移民生产生活恢复期间的补助。

2. 城（集）镇部分

包括房屋及附属建筑物补偿、新址征地及基础设施建设、搬迁补助、工商企业补偿、机关事业单位迁建补偿、其他补偿补助等。

3. 工业企业

包括用地补偿和场地平整、房屋及附属建筑物补偿、基础设施和生产设施补偿、设备搬迁补偿、搬迁补助、停产损失、零星林（果）木补偿等。

4. 专业项目

包括铁路工程、公路工程、库周交通工程、航运工程、输变电工程、电信工程、广播电视工程、水利水电工程、国有农（林、牧、渔）场、文物古迹和其他项目等。

5. 防护工程

包括建筑工程、机电设备及安装工程、金属结构设备及安装工程、临时工程、独立费用、基本预备费（防护工程建设中不可预见的费用）。

6. 库底清理

包括建（构）筑物清理、林木清理、易漂浮物清理、卫生清理、固体废物清理等。

7. 其他费用

包括前期工作费、综合勘测设计科研费、实施管理费、实施机构开办费、技术培训费、监督评估费等。

8. 预备费

包括基本预备费和价差预备费。

9. 有关税费

包括与征地有关的国家规定的税费，如耕地占用税、耕地开垦费、森林植被恢复费和草原植被恢复费等。

第三节　水电工程项目划分

一、项目划分

水电工程项目划分为枢纽工程、建设征地移民安置补偿、独立费用三部分。枢纽工程包括施工辅助工程、建筑工程、环境保护和水土保持专项工程、机电设备及安装工程、金属结构设备及安装工程五项；建设征地移民安置补偿包括农村部分、城市集镇部分、专业项目、库底清理、环境保护和水土保持专项五项；独立费用包括项目建设管理费、生产准备费、科研勘察设计费、其他税费四项，如图 2-4 所示。

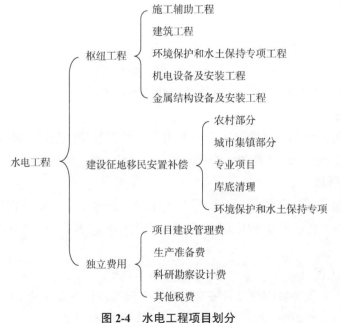

图 2-4　水电工程项目划分

项目划分各项下设一级（扩大单位工程）、二级（单位工程）、三级（分部工程）项目，各级项目可根据工程需要设置，但一级项目和二级项目不得合并。未细化的项目可根据水电工程设计工作量计算规定和工程实际需要列项。

项目划分第三级项目中，仅列示有代表性的子目。编制设计概算时，对下列项目应作必要的再划分。

（1）土方开挖工程，应将明挖与暗挖、土方开挖与砂砾石开挖分列。

（2）石方开挖工程，应将明挖与暗挖、平洞与斜井、竖井开挖分列。

（3）土石方填筑工程，应将土方填筑与石方填筑分列。

（4）混凝土工程，应按不同的工程部位、不同强度等级、不同级配分列。

（5）砌石工程，应将干砌石、浆砌石、抛石、铁丝（钢筋）笼块石分列。

（6）钻孔灌浆工程，应按用途及使用不同钻孔机械分列。

（7）灌浆工程，应按不同灌浆种类，如接触灌浆、固结灌浆、帷幕灌浆和回填灌浆等分列。

（8）锚喷支护工程，应将喷钢纤维混凝土和喷素混凝土、锚杆和锚索及不同的规格分列。

（9）机电设备及安装工程和金属结构设备及安装工程，应根据设计提出的设备清单，按分项要求逐一列出。

（10）钢管制作及安装工程，应按一般钢管、叉管和不同管径、壁厚分列。

限于篇幅，表2-4、表2-5中仅列出部分枢纽工程、部分建设征地和移民安置补偿的项目划分，完整的项目划分详见《水电工程设计概算编制规定（2013年版）》。

部分枢纽工程项目划分　　　　　　　　表 2-4

第一项	施工辅助工程			
序号	一级项目	二级项目	三级项目	技术经济指标
一	施工交通工程			
1		公路工程		元 /km
2		铁路工程		元 /km
			土方开挖	元 /m³
			石方开挖	元 /m³
			混凝土	元 /m³
			……	
二	施工期通航工程			
	……			
第二项	建筑工程			
序号	一级项目	二级项目	三级项目	技术经济指标
一	挡（蓄）水建筑物			
1		混凝土坝（闸）工程		

续表

第二项	建筑工程			
序号	一级项目	二级项目	三级项目	技术经济指标
			砌石	元/m³
			钢筋制作安装	元/t
			……	
2		土（石）坝工程		
			……	

部分建设征地移民安置补偿项目划分　　　　　表 2-5

第一项	农村部分		
序号	一级项目	二级项目	备注
一	土地的征收和征用		
1		农用地征收	
2		未利用地征收	
		……	
二	搬迁补助		
		……	
第二项	城市集镇部分		
序号	一级项目	二级项目	备注
一	搬迁补助		
1		人员搬迁补助	
2		物资设备运输补助	
		……	
二	附着物拆迁处理		
		……	

二、项目组成

（一）枢纽工程

1. 施工辅助工程

指为辅助主体工程施工而修建的临时性工程。本项由以下扩大单位工程组成：

（1）施工交通工程。指施工场地内外为工程建设服务的临时交通设施工程，包括公路、铁路专用线及转运站、桥梁、施工支洞、水运工程、桥涵及道路加固、架空索道、斜坡卷扬机道，以及电站建设期间永久交通工程和临时交通工程设施的维护与管理等。

（2）施工期通航工程。包括通航设施、助航设施、电站建设期货物过坝转运费、航道整治维护费、临时通航管理费、断碍航补偿费等。

（3）施工供电工程。包括从现有电网向场内施工供电的高压输电线路、施工场内 10kV 及以上线路工程和出线为 10kV 及以上的供电设施工程。其中供电设施工程包括变电站的建筑工程、变电设备及安装工程和相应的配套设施等。

（4）施工供水系统工程。包括为生产服务的取水建筑物，水处理厂，水池，输水干管敷设、移设和拆除，以及配套设施等工程。

（5）施工供风系统工程。包括施工供风站建筑，供风干管敷设、移设和拆除，以及配套设施等工程。

（6）施工通信工程。包括施工所需的场内外通信设施（含交换机设备）、通信线路工程及相关设施线路的维护管理等。

（7）施工管理信息系统工程。指为工程建设管理需要所建设的管理信息自动化系统工程。包括管理系统设施、设备、软件等。

（8）料场覆盖层清除及防护工程。包括料场覆盖层清除、无用层清除及料场开挖之后所需的防护工程。

（9）砂石料生产系统工程。指为建造砂石骨料生产系统所需的场地平整、建筑物、钢构架、配套设施，以及为砂石骨料加工、运输专用的竖井、斜井、皮带机运输洞等。

（10）混凝土生产及浇筑系统工程。指为建造混凝土生产（包括混凝土拌和、制冷、供热）及浇筑系统所需的场地平整、建筑物、钢构架以及缆机平台等。

（11）导流工程。包括导流明渠、导流洞、导流底孔、施工围堰（含截流）、下闸蓄水及蓄水期下游临时供水工程、施工导流金属结构设备及安装工程等。

（12）临时安全监测工程。指仅在电站建设期需要监测的项目。包括临时安全监测项目的设备购置、埋设、安装以及配套的建筑工程，电站建设期对临时安全监测项目和永久安全监测项目进行巡视检查、观测、设备设施维护及观测资料整编分析等内容。

（13）临时水文测报工程。主要包括施工期临时水文监测、施工期水文测报服务、专用水文站测验、截流水文服务专项、水库泥沙监测专项等项目的监测设备、安装以及配套的建筑工程，此外还包括水文测报系统（含永久）在施工期内的运行维护、观测资料整理分析与预报等。

（14）施工及建设管理房屋建筑工程。指工程在建设过程中为施工和建设管理需要兴建的房屋建筑工程及其配套设施，包括场地平整、施工仓库、辅助加工厂、办公及生活营地、室外工程，以及电站建设期永久和临时房屋建筑的维护与管理。

场地平整包括在规划用地范围内为修建施工及建设管理房屋和室外工程的场地而进行的土石开挖、填筑、圬工等工程。

施工仓库包括一般仓库和特殊仓库，一般仓库指设备、材料、工器具仓库等，特殊仓库指油库和炸药库等。

辅助加工厂包括木材加工厂、钢筋加工厂、钢管加工厂、金属结构加工厂、机械修理厂、混凝土预制构件厂等。

办公及生活营地指为工程建设管理、监理、勘测设计及施工人员办公和生活而在施工现场兴建的房屋建筑和配套设施工程。

施工期间为工程建设管理、监理、勘测设计及施工人员办公和生活而在施工现场发生的房屋租赁费用在此项中计列。

（15）其他施工辅助工程。指除上述所列工程之外，其他所有的施工辅助工程。包括施工场地平整，施工临时支撑，地下施工通风，施工排水，大型施工机械安装拆卸，大型施工排架、平台，施工区封闭管理，施工场地整理，施工期防汛、防冰工程，施工期沟水处理工程等。其中，施工排水包括施工期内需要建设的排水工程、初期和经常性排水措施及排水费；地下施工通风包括施工期内需要建设的通风设施和施工期通风运行费；施工区封闭管理包括施工期内封闭管理需要的措施和投入保卫人员的营房、岗哨设施及人员费用等。

其他施工辅助工程包含的项目中，如有费用高、工程量大的项目，可根据工程实际需要单独列项。

2. 建筑工程

指枢纽建筑物和其他永久建筑物。本项由以下扩大单位工程组成，其中挡（蓄）水建筑物至近坝岸坡处理工程前八项为主体建筑工程：

（1）挡（蓄）水建筑物。包括拦河挡（蓄）水的各类坝（闸）、基础处理工程。

（2）泄水消能建筑物。包括宣泄洪水的岸坡溢洪道、泄洪闸、冲砂孔（洞）、放空（孔）洞等建筑物和进出水口边坡、溢洪道沿线边坡及岸坡和坝后泄水设施之后的消能防冲建筑物等。

（3）输水建筑物。包括引水明渠、进（取）水口（含闸门室）、引水隧洞、调压室（井）或压力前池、压力管道、尾水调压室（井）、尾水隧洞（渠）、尾水出口等建筑物。

（4）发电工程。包括地面、地下等各类发电工程的发电基础、发电厂房、灌浆洞、排水洞、通风洞（井）等建筑物。

（5）升压变电建筑物。包括升压变电站（地面或地下）、母线洞、通风洞、出线洞（井）、出线场（或开关站楼）等建筑物。

（6）航运过坝建筑物。包括上游引航道（含靠船墩）、船闸（升船机）、下游引航道（含靠船墩）及河道整治等。

（7）灌溉渠首建筑物。根据枢纽建筑物布置情况，可独立列项。与拦河坝相结合的，也可作为拦河坝工程的组成部分。

（8）近坝岸坡处理工程。主要包括对水工建筑物安全有影响的近坝岸坡及泥石流整治，以及受泄洪雾化、冲刷和发电尾水影响的下游河段岸坡防护工程。

（9）交通工程。包括新建上坝、进场、对外等场内外永久性的公路、铁路、桥梁、隧洞、水运等交通工程，以及对原有的公路、桥梁等的改造加固工程。

（10）房屋建筑工程。指为现场生产运行管理服务的房屋建筑工程。包括场地平整、辅助生产厂房、仓库、办公用房、值班公寓和附属设施及室外工程等。

（11）安全监测工程。指为完成永久安全监测工程所进行的所有土建工程。

（12）水文测报工程。包括水情自动测报系统、专用水文站、专用气象站和水库泥沙监测等项目的所有土建工程。

（13）消防工程。包括消防工程中需要单独建设的土建工程。

（14）劳动安全与工业卫生工程。指专项用于生产运行期为避免危险源和有害因素而建设的永久性劳动安全与工业卫生建筑工程设施等。主要包括安全标志、安全防护设施、作业环境安全检测仪器、噪声专项治理、应急设施。

（15）其他工程。包括动力线路，照明线路，通信线路，厂坝区供水、供热、排水等公用设施工程，地震监测站（台）网工程及其他。

3. 环境保护和水土保持专项工程

指水电工程建设区内，专为环境保护和水土保持目的兴建或采取的各种保护工程和措施。

（1）环境保护专项工程

1）水环境保护工程。指防治水污染，维护水环境功能，保护和改善水环境，保证河道生态需水量等工程或措施。

2）大气环境保护工程。主要针对大气环境敏感对象，维护工程地区大气环境功能要求所采取的粉尘消减与控制措施。

3）声环境保护工程。指以维护工程影响区内敏感对象区域声环境功能要求所采取的措施。

4）固体废物处置工程。指为施工区生活垃圾的收集、临时储存及处置、危险废物的处置等采取的措施。

5）土壤环境保护工程。指水电工程建设对土壤环境所采取的保护措施。

6）陆生生态保护工程。指水电工程对野生珍稀、濒危、特有生物物种及其栖息地和古树名木，森林、草原、湿地等重要生态系统、自然保护区、森林公园、地质公园、天然林等所采取的保护措施。

7）水生生态保护工程。指对珍稀、濒危和特有水生生物，具有生物多样性保护价值和一定规模的野生鱼类产卵场、索饵场、越冬场，洄游鱼类及洄游通道，以水生生物为主要保护对象的各类保护区所采取的保护措施。

8）人群健康保护工程。指为保护所有受工程影响人员健康，防治工程引起的环境变化带来的传染病、地方病，防止因交叉感染或生活卫生条件引发传染病流行而采取的措施。

9）景观保护工程。指对具有观赏、旅游、文化价值等特殊地理区域和由地貌、岩石、河流、湖泊、森林等组成的自然、人文景观、风景名胜区、森林公园、地质公园等采取的优化工程布置、避让、景观恢复与再塑等保护措施。

10）环境监测（调查）。指为掌握评价区施工期和试运行期环境要素的动态变化而建设的环境监测（调查）站网或开展的环境监测（调查）。

11）其他。指上述环境保护措施以外的其他环境保护措施。

（2）水土保持专项工程

包括永久工程占地区、施工营地区、弃渣场区、土石料场区、施工公路区、库岸影响区等水土流失防治区内的水土保持工程措施、植物措施、水土保持监测工程及其他。

4. 机电设备及安装工程

指构成电站固定资产的全部机电设备及安装工程。本项由以下扩大单位工程组成：

（1）发电设备及安装工程。包括水轮发电机组（水泵水轮机、发电电动机）及其附属设备、进水阀、起重设备、水力机械辅助设备、电气设备、控制保护设备、通信设备及安装工程。

（2）升压变压设备及安装工程。包括主变压器、高压电气设备、一次拉线等设备及安装工程。如有换流站工程，其设备及安装工程作为一级项目与升压变电站设备及安装工程并列。

（3）航运过坝设备及安装工程。包括升船机、过木设备，货物过坝设备及安装工程。

（4）安全监测设备及安装工程。指为完成各项永久安全监测工程所需的监测设备及安装工程。

（5）水文测报设备及安装工程。包括为完成工程水情自动预报、水文观测、工程气象和泥沙监测所需的设备及安装等。

（6）消防设备及安装工程。指专项用于生产运行期为避免发生火灾而购置的消防设备、仪器及其安装、率定等。

（7）劳动安全与工业卫生设备及安装工程。指专项用于生产运行期为避免危险源和有害因素而购置的劳动安全与工业卫生设备、仪器及其安装、率定等。

（8）其他设备及安装工程。包括电梯，坝区馈电设备，厂坝区供水、排水、供热设备，流域梯级集控中心设备分摊，地震监测（台）网设备，通风供暖设备，机修设备，交通设备，全厂接地等设备及安装工程。抽水蓄能电站还包括上下水库补水、充水、排水、喷淋系统等设备及安装工程。

5. 金属结构设备及安装工程

指构成电站固定资产的全部金属结构设备及安装工程。

金属结构设备及安装工程扩大单位工程，应与建筑工程扩大单位工程或分部工程相对应，包括闸门、启闭机、拦污栅、升船机等设备及安装工程，压力钢管制作及安装工程和其他金属结构设备及安装工程。

（二）建设征地移民安置补偿

1. 农村部分

指项目建设征地前属乡、镇人民政府管辖的农村集体经济组织及地区迁建的相关项目。进入集镇、城市安置的农村集体经济组织的成员，其基础设施建设部分纳入相应的城市集镇部分，其他项目仍纳入农村部分。包括土地的征收和征用、搬迁补助、附着物拆迁处理、青苗和林木的处理、基础设施建设和其他等项目。

（1）土地的征收和征用。指建设征地红线范围内农村集体经济组织所有土地中的农用地、未利用地的征收和征用。

（2）搬迁补助。指列入建设征地影响范围的农村搬迁安置人员的迁移，包括人员搬迁补助、物资设备的搬迁运输补助、临时交通设施的配置等项目。

（3）附着物拆迁处理。指房屋及附属建筑物拆迁、农副业及个人所有文化宗教设施拆迁处理、农村行政事业单位的迁建和其他等项目。

（4）青苗处理。是指对项目枢纽工程建设区范围占用耕地的一年生农作物的处理。

（5）林木处理。指征用或征收的林地及园地上的林木，房前屋后及田间地头零星树木等的处理。

（6）基础设施建设。指安置地农村移民居民点场地准备、场内的道路工程建设、供水工程建设、排水工程建设、供热工程建设、电力工程建设、电信工程建设、广播电视工程建设、防灾减灾工程等。

（7）其他项目。指上述项目以外的农村部分的其他项目，可包括建房困难户补助、生产安置措施补助、义务教育和卫生防疫设施增容补助、房屋装修处理等。

2. 城市集镇部分

指列入城市集镇原址的实物指标处理和新址基础设施恢复的项目，包括搬迁补助、附着物拆迁处理、林木处理、基础设施恢复和其他项目等。已纳入农村部分的内容，不在城市集镇部分中重复。

（1）搬迁补助。指列入建设征地影响范围的城市集镇人员的迁移，包括人员搬迁补助、物资设备的搬迁运输补助、搬迁过渡补助、临时交通设施等项目。

（2）附着物拆迁处理。指列入建设征地影响范围的城市集镇房屋及附属建筑物拆迁、企业的处理、行政事业单位的迁建和其他等项目。

（3）林木处理。指列入建设征地影响范围的集镇范围内零星树木的处理。

（4）基础设施恢复。指迁建城市集镇新址的场地准备、道路建设、供水工程建设、排水工程建设、广播电视工程、电力工程建设、电信工程建设、绿化工程建设、供热工程建设、防灾减灾工程建设等，可根据迁建规划设计增减。

（5）其他项目。指上述项目以外的城市集镇范围内需处理的其他项目，包括建房困难户补助、不可搬迁设施处理、特殊设施处理、房屋装修处理等。

3. 专业项目

指受项目影响的迁（改）建或新建的专业项目，包括铁路工程、公路工程、水运工程、水利工程、水电工程、电力工程、电信工程、广播电视工程、企事业单位、防护工程、文物古迹以及其他专业项目等。

（1）铁路工程。指按照原有的等级和标准拟定的复建方案恢复其原有功能的铁路工程，包括铁路路基、桥涵、隧道及明洞，轨道、通信及信号、电力及电力牵引供电、房屋、其他运营生产设备及建筑物以及其他等项目。

（2）公路工程。指按照原有的等级和标准拟定的复建方案恢复其原有功能的工程，包括等级公路工程、乡村道路。

（3）水运工程。指按照拟定的复建方案恢复其原有功能的工程，包括渡口、码头等。

（4）水利工程。指按照原有的等级和标准拟定的复建方案恢复其原有功能的水利工程，包括水源工程、供水工程、灌溉工程和水文（气象）站等。

（5）水电工程。指按照原有的等级和标准拟定的迁建、改建的不同等级的水电站工程，包括不同等级的水电站，划分为迁建工程、改建工程和补偿处理。

（6）电力工程。指按照原有的等级和标准拟定的复建方案恢复其原有功能的电力工程，包括火力发电工程、输变电工程、供配电工程、辅助设施等。

（7）电信工程。指按照原有的等级和标准拟定的复建方案恢复其原有功能的电信工程，包括传输线路工程、基站工程等。

（8）广播电视工程。指按照原有的等级和标准拟定的复建方案恢复其原有功能的广播电视工程，分为广播工程和电视工程，前者包括节目信号线、馈送线，后者包括信号接收站、传输线。

（9）企事业单位。指列入专业项目中的企业、事业单位，可分为企业单位、事业单位和国有农（林）场。

（10）防护工程。指完成防护工程设计方案所需的工程，包括筑堤围护、整体垫高、护岸等工程。

（11）文物古迹。指对涉淹文物古迹的保护和处理，包括迁建恢复、工程措施防护和发掘留存项目等。

（12）其他专业项目。指农村、城市集镇范围未包括在上述专业项目范围的其他类型或种类的专业项目。

4. 库底清理

指在水库蓄水前对库底进行的清理，包括建筑物清理、卫生清理、林木清理和其他清理等。

5. 环境保护和水土保持专项

指农村移民安置区、城市和集镇迁建区内所采取的各种环境保护和水土保持工程。

（1）环境保护专项工程

1）水环境保护工程。指农村移民安置区、迁建集镇和迁建城市的生活污水处理工程、饮用水源保护和其他水质保护措施。生活污水处理工程包括生活污水处理厂、成套污水处理设施、户用沼气池等。

2）大气环境保护工程。指建设征地和农村移民安置区、迁建集镇和迁建城市施工期为防治环境空气质量下降而采取的洒水降尘以及其他大气污染防治措施。

3）声环境保护工程。指针对农村移民安置区、迁建集镇和迁建城市施工期噪声污染源类型、源强、排放方式及敏感对象特点，采取的噪声源控制、阻断传声途径和敏感对象保护等措施。

4）固体废物处置工程。指农村移民安置区、迁建集镇和迁建城市的生活垃圾收运和处置工程，危险废物的处置及其他垃圾处理设施等。

5）土壤环境保护工程。指农村移民安置区内对土壤环境所采取的保护措施，包括土壤浸没防治、土壤潜育化防治、土壤盐碱化防治、土壤沙化治理、土壤污染防治等措施。

6）陆生生态保护工程。指为保护移民安置区内的野生动物和陆生植物而采取的就地保护和异地保护等措施。

7）人群健康保护措施。指对移民安置区内的传染病传播媒介及滋生地进行治理等病媒防治措施，移民的卫生抽检和人群检疫传染病预防等。

8）景观保护工程。指移民安置区对具有观赏、旅游、文化价值等特殊地理区域和由地貌、岩石、河流、湖泊、森林等组成的自然、人文景观、风景名胜区、森林公园、地质公园等采取的优化工程布置、避让、景观恢复与再塑等保护措施。

9）环境监测（调查）。指针对移民安置区主要环境要素的动态变化而开展的环境监测工作，包括水质监测、陆生生物调查和人群健康调查。水质监测划分为新址饮用水水源监测和废水排放监测。

10）其他环境保护工程。指上述环境保护措施以外的其他环境保护措施。

（2）水土保持专项工程

包括农村移民搬迁水土保持工程、土地开发整理水土保持工程、集镇迁建水土保持工程、城市迁建水土保持工程、专项复建水土保持工程。各分项水土保持工程又可分为工程措施和植物措施。

（三）独立费用

包括项目建设管理费、生产准备费、科研勘察设计费、其他税费等（一级项目）。

1. 项目建设管理费

包括工程前期费、工程建设管理费、建设征地移民安置补偿管理费、工程建设监理费、移民安置监督评估费、咨询服务费、项目技术经济评审费、水电工程质量检查检测费、水电工程定额标准编制管理费、项目验收费和工程保险费（二级项目）。

工程前期费包括前期管理费、规划费用分摊、预可行性研究费用（三级项目）；建设征地移民安置补偿管理费包括移民安置规划配合工作费、实施管理费、技术培训费（三级项目）；移民安置监督评估费包括移民综合监理费、移民安置独立评估费（三级项目）。

2. 生产准备费

包括生产人员提前进场费、培训费、管理用具购置费、备品备件购置费、工器具及生产家具购置费、联合试运转费。抽水蓄能电站还包括初期蓄水费和机组并网调试补贴费。

3. 科研勘察设计费

包括施工科研试验费和勘察设计费。

4. 其他税费

包括耕地占用税、耕地开垦费、森林植被恢复费、水土保持补偿费和其他等。

第三章

项目费用构成

第一节　水利工程工程部分费用构成

水利工程工程部分费用组成如图 3-1 所示。

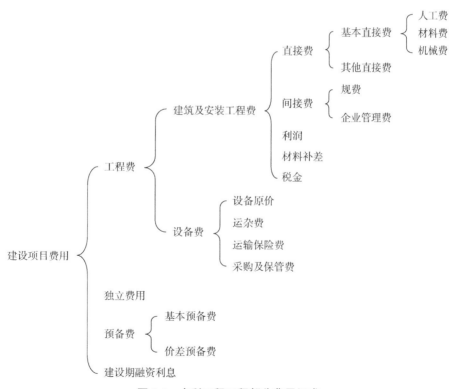

图 3-1　水利工程工程部分费用组成

一、建筑及安装工程费

建筑及安装工程费由直接费、间接费、利润、材料补差及税金组成。

（一）直接费

指建筑安装工程施工过程中直接消耗在工程项目上的活劳动和物化劳动，由基本直接费、其他直接费组成。

1. 基本直接费

指建筑安装工程施工过程中直接耗费的构成工程实体和有助于工程形成的各项费用，包括人工费、材料费、施工机械使用费。

（1）人工费。直接从事建筑安装工程施工的生产工人开支的各项费用，包括基本工资、辅助工资。

1）基本工资。由岗位工资和年应工作天数内非作业天数的工资组成。

① 岗位工资。按照职工所在岗位各项劳动要素测评结果确定的工资。

② 年应工作天数内非作业天数的工资。包括生产工人开会学习、培训期间的工资，调动工作、探亲、休假期间的工资，因气候影响的停工工资，女工哺乳期间的工资，病假在 6 个月以内的工资及产、婚、丧假期的工资。

2）辅助工资。在基本工资之外，以其他形式支付给生产工人的工资性收入，包括根据国家有关规定属于工资性质的各种津贴，主要包括艰苦边远地区津贴、施工津贴、夜餐津贴、节假日加班津贴等。

（2）材料费。用于建筑安装工程项目上的消耗性材料、装置性材料和周转性材料摊销费。包括定额工作内容规定应计入的未计价材料和计价材料。

材料预算价格一般包括材料原价、运杂费、运输保险费、采购及保管费四项。

① 材料原价。材料指定交货地点的价格。

② 运杂费。材料从指定交货地点至工地分仓库或相当于工地分仓库（材料堆放场）所发生的全部费用，包括运输费、装卸费及其他杂费。

③ 运输保险费。材料在运输途中的保险费。

④ 采购及保管费。材料在采购、供应和保管过程中所发生的各项费用。主要包括材料的采购、供应和保管部门工作人员的基本工资、辅助工资、职工福利费、劳动保护费、养老保险费、失业保险费、医疗保险费、工伤保险费、生育保险费、住房公积金、教育经费、办公费、差旅交通费及工具用具使用费；仓库、转运站等设施的检修费、固定资产折旧费、技术安全措施费；材料在运输、保管过程中发生的损耗等。

（3）施工机械使用费。消耗在建筑安装工程项目上的机械磨损、维修和动力燃料费用等，包括折旧费、修理及替换设备费、安装拆卸费、机上人工费和动力燃料费等。

① 折旧费。施工机械在规定使用年限内回收原值的台时折旧摊销费用。

② 修理及替换设备费。修理费指施工机械在使用过程中，为了使机械保持正常功能而进行修理所需的摊销费用和机械正常运转及日常保养所需的润滑油料、擦

拭用品的费用，以及保管机械所需的费用；替换设备费指施工机械正常运转时所耗用的替换设备及随机使用的工具附具等摊销费用。

③ 安装拆卸费。施工机械进出工地的安装、拆卸、试运转和场内转移及辅助设施的摊销费用。部分大型施工机械的安装拆卸费不在其施工机械使用费中计列，包含在其他施工临时工程中。

④ 机上人工费。施工机械使用时机上操作人员人工费用。

⑤ 动力燃料费。施工机械正常运转时所耗用的风、水、电、油和煤等费用。

基本直接费的计算方法见第五章。

2. 其他直接费

指除上述基本直接费以外在施工过程中直接发生的其他费用，包括冬雨期施工增加费、夜间施工增加费、特殊地区施工增加费、临时设施费、安全生产措施费和其他。

（1）冬雨期施工增加费。在冬雨期施工期间为保证工程质量所需增加的费用，包括增加施工工序，增设防雨、保温、排水等设施增耗的动力、燃料、材料以及因人工、机械效率降低而增加的费用。

（2）夜间施工增加费。施工场地和公用施工道路的照明费用。照明线路工程费用包括在"临时设施费"中；施工辅助企业系统、加工厂、车间的照明，列入相应的产品中，均不包括在本项费用之内。

（3）特殊地区施工增加费。在高海拔、原始森林、沙漠等特殊地区施工而增加的费用。

（4）临时设施费。施工企业为进行建筑安装工程施工所必需的但又未被划入施工临时工程的临时建筑物、构筑物和各种临时设施的建设、维修、拆除、摊销等。如，供风、供水（支线）、供电（场内）、照明、供热系统及通信支线，土石料场，简易砂石料加工系统，小型混凝土拌和浇筑系统，木工、钢筋、机修等辅助加工厂，混凝土预制构件厂，场内施工排水，场地平整、道路养护及其他小型临时设施等。

（5）安全生产措施费。为保证施工现场安全作业环境及安全施工、文明施工所需要，在工程设计已考虑的安全支护措施之外发生的安全生产、文明施工相关费用。

（6）其他。包括施工工具用具使用费，检验试验费，工程定位复测及施工控制网测设费，工程点交、竣工场地清理费，工程项目及设备仪表移交生产前的维护费，工程验收检测费等。

1）施工工具用具使用费。指施工生产所需，但不属于固定资产的生产工具，检验、试验用具等的购置、摊销和维护费。

2）检验试验费。指对建筑材料、构件和建筑安装物进行一般鉴定、检查所发生的费用，包括自设实验室所耗用的材料和化学药品费用，以及技术革新和研究试验费，不包括新结构、新材料的试验费和建设单位要求对具有出厂合格证明的材料进行试验、对构件进行破坏性试验，以及其他特殊要求检验试验的费用。

3）工程项目及设备仪表移交生产前的维护费。指竣工验收前对已完工程及设备进行保护所需的费用。

4）工程验收检测费。指工程各级验收阶段为检测工程质量发生的检测费用。

（二）间接费

指施工企业为建筑安装工程施工而进行组织与经营管理所发生的各项费用。该项费用不直接发生在工程本身中，而是间接地为工程施工服务。它构成产品成本，由规费与企业管理费组成。

1. 规费

指政府和有关部门规定必须缴纳的费用，包括社会保险费和住房公积金。

（1）社会保险费

1）养老保险费。指企业按照规定标准为职工缴纳的基本养老保险费。

2）失业保险费。指企业按照规定标准为职工缴纳的失业保险费。

3）医疗保险费。指企业按照规定标准为职工缴纳的基本医疗保险费。

4）工伤保险费。指企业按照规定标准为职工缴纳的工伤保险费。

5）生育保险费。指企业按照规定标准为职工缴纳的生育保险费。

（2）住房公积金

指企业按照规定标准为职工缴纳的住房公积金。

2. 企业管理费

指施工企业为组织施工生产和经营管理活动所发生的费用。

（1）管理人员工资。指管理人员的基本工资、辅助工资。

（2）差旅交通费。指施工企业管理人员因公出差、工作调动的差旅费、误餐补助费，职工探亲路费，劳动力招募费，职工离退休、退职一次性路费，工伤人员就医路费，工地转移费，交通工具运行费及牌照费等。

（3）办公费。指企业办公用具、印刷、邮电、书报、会议、水电、燃煤（气）等费用。

（4）固定资产使用费。指企业属于固定资产的房屋、设备、仪器等的折旧、大修理、维修费或租赁费等。

（5）工具用具使用费。指企业管理使用不属于固定资产的工具、用具、家具、交通工具和检验、试验、测绘、消防用具等的购置、维修和摊销费。

（6）职工福利费。指企业按照国家规定支出的职工福利费，以及由企业支付离退休职工的异地安家补助费、职工退职金、六个月以上的病假人员工资、按规定支付给离休干部的各项经费。职工发生工伤时企业依法在工伤保险基金之外支付的费用，其他在社会保险基金之外依法由企业支付给职工的费用。

（7）劳动保护费。指企业按照国家有关部门规定标准发放的一般劳动防护用品的购置及修理费、保健费、防暑降温费、高空作业及进洞津贴、技术安全措施以及洗澡用水、饮用水的燃料费等。

（8）工会经费。指企业按职工工资总额计提的工会经费。

（9）职工教育经费。指企业为职工学习先进技术和提高文化水平按职工工资总额计提的费用。

（10）保险费。指企业财产保险、管理用车辆等保险费用，高空、井下、洞内、水下、水上作业等特殊工种安全保险费、危险作业意外伤害保险费等。

（11）财务费用。指施工企业为筹集资金而发生的各项费用，包括企业经营期间发生的短期融资利息净支出、汇兑净损失、金融机构手续费，企业筹集资金发生的其他财务费用，以及投标和承包工程发生的保函手续费等。

（12）税金。指企业按规定缴纳的房产税、管理用车辆使用税、印花税等。"营改增"后增加城市维护建设税、教育费附加和地方教育附加。

（13）其他。包括技术转让费、企业定额测定费、施工企业进退场费、施工企业承担的施工辅助工程设计费、投标报价费、工程图纸资料费及工程摄影费、技术开发费、业务招待费、绿化费、公证费、法律顾问费、审计费、咨询费等。

（三）利润

按规定应计入建筑安装工程费用中的利润。

（四）材料补差

指根据主要材料消耗量、主要材料预算价格与材料基价之间的差值，计算的主要材料补差金额。材料基价是指计入基本直接费的主要材料的限制价格。

（五）税金

指应计入建筑安装工程费用内的增值税销项税额。

按照"价税分离"的计价原则计算建筑及安装工程费，即直接费、间接费、利润、材料补差均不包含增值税进项税额，并以此为基础计算增值税税金。

二、设备费

设备费包括设备原价、运杂费、运输保险费、采购及保管费。

（一）设备原价

（1）国产设备。以出厂价为原价。

（2）进口设备。以到岸价和进口征收的税金、手续费、商检费及港口费等各项费用之和为原价。

（3）大型机组及其他大型设备分瓣运至工地后的拼装费用，应包括在设备原价内。

（二）运杂费

指设备由厂家运至工地现场所发生的一切运杂费用，包括运输费、装卸费、包装绑扎费、大型变压器充氮费及可能发生的其他杂费。

（三）运输保险费

指设备在运输过程中的保险费用。

（四）采购及保管费

指建设单位和施工企业在负责设备的采购、保管过程中发生的各项费用。主要包括：

（1）采购保管部门工作人员的基本工资、辅助工资、职工福利费、劳动保护费、养老保险费、失业保险费、医疗保险费、工伤保险费、生育保险费、住房公积金、教育经费、办公费、差旅交通费、工具用具使用费等。

（2）仓库、转运站等设施的运行费、维修费、固定资产折旧费、技术安全措施费和设备的检验、试验费等。

设备费的具体计算方法见第六章。

三、独立费用

指根据现行规定构成建设项目概算总投资，并从工程基本建设项目投资中支付，又不宜列入建筑工程费、安装工程费、设备费及预备费而独立列项的费用。由建设管理费、工程建设监理费、联合试运转费、生产准备费、科研勘测设计费和其他六项组成。

（一）建设管理费

指建设单位在工程项目筹建和建设期间进行管理工作所需的费用，包括建设单位开办费、建设单位人员费、项目管理费三项。

（1）建设单位开办费。指新组建的工程建设单位，为开展工作所必须购置的办公设施、交通工具以及其他用于开办工作的费用。

（2）建设单位人员费。指建设单位自批准组建之日起至完成该工程建设管理任务之日止，需开支的建设单位人员费用，主要包括工作人员基本工资、辅助工资、职工福利费、劳动保护费、养老保险费、失业保险费、医疗保险费、工伤保险费、生育保险费、住房公积金等。

（3）项目管理费。指建设单位从筹建到竣工期间所发生的各种管理费用。包括：

1）工程建设过程中用于资金筹措、召开董事（股东）会议、视察工程建设所发生的会议和差旅等费用。

2）工程宣传费。

3）城镇土地使用税、房产税、印花税、合同公证费。

4）审计费。

5）施工期间所需的水情、水文、泥沙、气象监测费和通信费。

6）工程验收费。

7）建设单位人员的教育经费、办公费、差旅交通费、会议费、交通车辆使用费、技术图书资料费、固定资产折旧费、零星固定资产购置费、低值易耗品摊销费、工具用具使用费、修理费、水电费、供暖费等。

8）招标业务费。

9）经济技术咨询费。包括勘测设计成果咨询、评审费，工程安全鉴定、验收技术鉴定、安全评价相关费用，建设期造价咨询，防洪影响评价、水资源论证、工程场地地震安全性评价、地质灾害危险性评价及其他专项咨询等发生的费用。

10）公安、消防部门派驻工地补贴费及其他工程管理费用。

（二）工程建设监理费

指建设单位在工程建设过程中委托监理单位，对工程建设的质量、进度、安全和投资进行监理所发生的全部费用。

（三）联合试运转费

指水利工程的发电机组、水泵等安装完毕，在竣工验收前，进行整套设备带负荷联合试运转期间所需的各项费用。主要包括联合试运转期间所消耗的燃料、动力、材料及机械使用费，工具用具购置费，施工单位参加联合试运转人员的工资等。

（四）生产准备费

指水利建设项目的生产、管理单位为准备正常的生产运行或管理发生的费用，包括生产及管理单位提前进场费、生产职工培训费、管理用具购置费、备品备件购置费和工器具及生产家具购置费。

（1）生产及管理单位提前进场费。指在工程开工之前，生产、管理单位一部分工人、技术人员和管理人员提前进场进行生产筹备工作所需的各项费用。内容包括提前进场人员的基本工资、辅助工资、职工福利费、劳动保护费、养老保险费、失业保险费、医疗保险费、工伤保险费、生育保险费、住房公积金、教育经费、办公费、差旅交通费、会议费、技术图书资料费、零星固定资产购置费、低值易耗品摊销费、工具用具使用费、修理费、水电费、供暖费等，以及其他属于生产筹建期间应开支的费用。

（2）生产职工培训费。指生产及管理单位为保证生产、管理工作能顺利进行，对工人、技术人员和管理人员进行培训所发生的费用。

（3）管理用具购置费。指为保证新建项目的正常生产和管理所必须购置的办公和生活用具等费用，包括办公室、会议室、资料档案室、阅览室、文娱室、医务室等公用设施需要配置的家具器具。

（4）备品备件购置费。指工程在投产运行初期，由于易损件损耗和可能发生的事故，而必须准备的备品备件和专用材料的购置费。不包括设备价格中配备的备品备件。

（5）工器具及生产家具购置费。按设计规定，为保证初期生产正常运行所必须购置的不属于固定资产标准的生产工具、器具、仪表、生产家具等的购置费。不包括设备价格中已包括的专用工具。

（五）科研勘测设计费

指工程建设所需的科研、勘测和设计等费用，包括工程科学研究试验费和工程勘测设计费。

（1）工程科学研究试验费。指为保障工程质量，解决工程建设技术问题，而进行必要的科学研究试验所需的费用。

（2）工程勘测设计费。指工程从项目建议书阶段开始至以后各设计阶段发生的勘测费、设计费和为勘测设计服务的常规科研试验费。不包括工程建设征地移民设计、环境保护设计、水土保持设计各设计阶段发生的勘测设计费。

（六）其他

1. 工程保险费

指工程建设期间，为使工程能在遭受水灾、火灾等自然灾害和意外事故造成损失后得到经济补偿，而对工程进行投保所发生的保险费用。

2. 其他税费

指按国家规定应缴纳的与工程建设有关的税费。

四、预备费

包括基本预备费和价差预备费两项。

1. 基本预备费

指主要为解决在工程建设过程中，设计变更和有关技术标准调整增加的投资以及工程遭受一般自然灾害所造成的损失和为预防自然灾害所采取的措施费用。

2. 价差预备费

指主要为解决在工程建设过程中，因人工工资、材料和设备价格上涨以及费用标准调整而增加的投资。

五、建设期融资利息

指根据国家财政金融政策规定，工程在建设期内需偿还并应计入工程总投资的融资利息。

第二节　水利工程移民补偿部分费用构成

建设征地移民安置补偿费用由补偿补助费、工程建设费、其他费用、预备费、有关税费等构成。

一、补偿补助费

包括征收土地补偿和安置补助费、征用土地补偿费、房屋及附属建筑物补偿费、房屋装修补助费、青苗补偿费、林地与园地的林木补偿费、零星林（果）木补偿费、鱼塘设施补偿费、农副业设施补偿费、小型水利水电设施补偿费、工商企业设施设备补偿费、文化教育和医疗卫生等单位设施设备补偿费、行政事业等单位设备设施补偿费、工业企业设施设备补偿费、停产损失、搬迁补助费、坟墓补偿费等。此外，还有贫困移民建房补助、文教卫生增容补助和过渡期补助等费用。

二、工程建设费

包括基础设施工程、专业项目、防护工程和库底清理等项目的建筑工程费、机电设备及安装工程费。金属结构设备及安装工程费、临时工程费等，按项目类型和规模，根据相应行业和地区的有关规定计列费用。

三、其他费用

包括前期工作费、综合勘测设计科研费、实施管理费、实施机构开办费、技术培训费、监督评估费等费用。

（1）前期工作费。在水利水电工程项目建议书阶段和可行性研究阶段开展建设征地移民安置前期工作所发生的各种费用。主要包括前期勘测设计、移民安置规划大纲编制、移民安置规划配合工作所发生的费用。

（2）综合勘测设计科研费。为初步设计和技施设计阶段征地移民设计工作所需要的综合勘测设计科研费用。主要包括两阶段设计单位承担的实物复核，农村、城（集）镇、工业企业及专业项目处理综合勘测规划设计发生的费用和地方政府必要的配合费用。

（3）实施管理费。包括地方政府实施管理费和建设单位实施管理费。

（4）实施机构开办费。包括征地移民实施机构为开展工作所必须购置的办公及生活设施、交通工具等，以及其他用于开办工作的费用。

（5）技术培训费。用于农村移民生产技能、移民干部管理水平的培训所发生的费用。

（6）监督评估费。包括实施移民监督评估所需的费用。

四、预备费

包括基本预备费和价差预备费两项费用。

（1）基本预备费。主要是指在建设征地移民安置设计及补偿费用概（估）算内难以预料的项目费用。费用内容包括：经批准的设计变更增加的费用，一般自然灾害造成的损失、预防自然灾害所采取的措施费用，以及其他难以预料的项目费用。

（2）价差预备费。指建设项目在建设期间，由于人工工资、材料和设备价格上涨以及费用标准调整而增加的投资。

五、有关税费

包括耕地占用税、耕地开垦费、森林植被恢复费、草原植被恢复费等。

具体计算方法参见第七章。

第三节　水电工程总费用构成

水电工程总费用由枢纽工程费用、建设征地移民安置补偿费用、独立费用、基本预备费、价差预备费、建设期利息六部分组成，如图3-2所示。

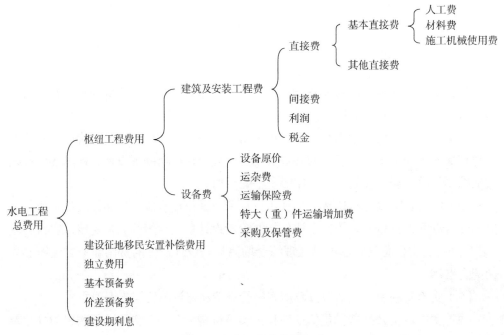

图3-2　水电工程总费用组成

一、枢纽工程费用

（一）建筑及安装工程费

由直接费、间接费、利润和税金组成。

1. 直接费

指建筑及安装工程施工过程中直接消耗在工程项目建设中的活劳动和物化劳动，由基本直接费和其他直接费组成。基本直接费包括人工费、材料费和施工机械使用费。

（1）人工费。指支付给从事建筑安装工程施工的生产工人的各项费用，包括生产工人的基本工资和辅助工资。

1）基本工资。由技能工资和岗位工资构成。其中技能工资是根据不同技术岗位对劳动技能的要求和职工实际具备的劳动技能水平及工作实绩，经考试、考核合格确定的工资；岗位工资是根据职工所在岗位的责任、技能要求、劳动强度和劳动条件的差别所确定的工资。

2）辅助工资。指在基本工资之外，以其他形式支付给职工的工资性收入。包括：① 根据国家有关规定属于工资性质的各种津贴，主要包括地区津贴、施工津贴和加班津贴等。② 生产工人年有效施工天数以外非作业天数的工资，包括职工学习、培训期间的工资，调动工作、探亲、休假期间的工资，因气候影响的停工工资，女工哺乳时间的工资，病假在 6 个月以内的工资及产、婚、丧假期的工资。

3）职工福利费。指主要用于职工医疗费、医护人员工资、医务经费、职工因公负伤赴外地就医费、职工困难补助、职工浴室、理发室、幼儿园、托儿所人员的工资，以及按照国家规定开支的其他职工福利支出。

（2）材料费。指用于建筑安装工程项目中的消耗性材料费、装置性材料费和周转性材料摊销费，包括材料原价、包装费、运输保险费、运杂费、采购及保管费和包装品回收等。

1）材料原价。指材料出厂价或指定交货地点的价格。

2）包装费。指材料在运输和保管过程中的包装费和包装材料的正常折旧摊销费。

3）运输保险费。指材料在铁路、公（水）路运输途中所发生的保险费用。

4）运杂费。指材料从供货地至工地分仓库（或材料堆放场）所发生的全部费用，包括运输费、装卸费、调车费、转运费及其他杂费等。

5）采购及保管费。为组织采购、供应和保管材料过程中所发生的各项费用，包括采购费、仓储费、工地保管费及材料在运输、保管过程中发生的损耗等。

6）包装品回收。指材料的包装品在材料运到工地仓库或耗用后，包装品的折旧剩余价值。

（3）施工机械使用费。指消耗在建筑安装工程项目上的施工机械的折旧、维修和动力燃料费用等。包括基本折旧费、设备修理费、安装拆卸费、机上人工费和动力燃料费，以及应计算的车船使用税、年检费等。

1）基本折旧费。指施工机械在规定使用期内回收原值的台时折旧摊销费用。

2）设备修理费。指施工机械使用过程中，为了使机械保持正常功能而进行修理、替换设备与随机配备工具附具、日常保养所需的润滑油料、擦拭用品以及机械保管等费用。

3）安装拆卸费。指施工机械进出工地的安装、拆卸、试运转和场内转移及辅助设施的摊销费用。部分大型施工机械，按规定单独计算安装拆卸费的，施工机械使用费中不再计列。

4）机上人工费。指施工机械使用时机上操作所配备人员的人工费用。

5）动力燃料费。指正常运转所需的风（压缩空气）、水、电、油和煤等费用。

6）车船使用税和年检费等。指施工机械在购置及使用时，按国家及各省、自治区、直辖市的有关规定需交纳的税费。

基本直接费的具体计算方法见第五章。

（4）其他直接费。包括冬雨期施工增加费、特殊地区施工增加费、夜间施工增加费、小型临时设施摊销费、安全文明施工措施费及其他。

1）冬雨期施工增加费。指在冬雨期施工期间为保证工程质量和安全生产所需增加的费用。包括增加施工工序，增建防雨、保温、排水设施，增耗的动力、燃料，以及因人工、机械效率降低而增加的费用。

2）特殊地区施工增加费。指在高海拔、原始森林、酷热、风沙等特殊地区施工而需增加的费用。

3）夜间施工增加费。指因夜间施工所发生的夜班补助费、施工建设场地和施工道路的施工照明设备摊销及照明用电等费用。

4）小型临时设施摊销费。指为工程进行正常施工在工作面内发生的小型临时设施摊销费用，如零星脚手架搭拆、零散场地平整、风水电支管支线架设拆移、场内施工排水、支线道路养护、临时值班休息场所搭拆等。

5）安全文明施工措施费。指施工企业按照国家有关规定和施工安全标准，购置施工安全防护用具、落实安全施工措施、改善安全生产条件、加强安全生产管理等所需的费用，包括：完善、改造和维护安全防护设备、设施费，配备、维护、保养应急救援器材、设备和应急救援演练费，开展重大危险源和事故隐患评估、监控和整改费，安全生产检查、评价、咨询和标准化建设费，配备和更新现场作业人员安全防护物品费，安全生产宣传、教育和培训费，安全生产适用的新技术、新标准、新工艺、新装备的推广应用费，安全设施及特种设备检测检验费，其他与安全生产直接相关的费用。

6）其他。包括施工工具用具使用费、检验试验费、工程定位复测费（施工测量控制网费用）、工程点交费、竣工场地清理费、工程项目移交前的维护费等。

施工工具用具使用费，指施工生产所需不属于固定资产的生产工具、检验、试验用具等的购置、摊销和维护费，以及支付工人自备工具的补贴费。

检验试验费，指施工企业按照有关标准规定，对建筑以及材料、构件和建筑安装物进行一般鉴定、检查所发生的费用，包括自设实验室进行试验所耗用的材料等费用。不包括新结构、新材料的试验费，对构件做破坏性试验及其他特殊要求检验试验的费用和建设单位委托检测机构进行检测的费用。

2. 间接费

指建筑、安装工程施工过程中构成建筑产品成本，但又无法直接计量的消耗在工程项目上的有关费用，由企业管理费、规费和财务费组成。

（1）企业管理费。指承包人组织施工生产和经营管理所发生的费用。内容包括：

1）管理人员的基本工资、辅助工资。

2）办公费。包括办公的文具、纸张、账表、印刷、邮电、书报、会议、水、电、集体取暖和降温（包括现场临时宿舍取暖降温）等费用。

3）差旅交通费。包括职工因公出差、调动工作的差旅费、住勤补助费，市内交通费和误餐补助费，职工探亲路费，劳动力招募费，职工离退休一次性路费，工伤人员就医路费、管理部门使用的交通工具的油料、燃料、车船使用税及年检费等。

4）固定资产使用费。包括管理和试验部门及附属生产单位使用的属于固定资产的房屋、设备、仪器等的折旧、维修费或租赁费等。

5）工具用具使用费。包括企业施工生产和管理使用的不属于固定资产的工具、器具、家具和检验、试验、测绘、消防用具的购置、维修和摊销费。

6）劳动保险和职工福利费。包括企业支付离退休职工的补贴、医药费、异地安家补助费、职工退职金，6个月以上病假人员工资，职工死亡丧葬补助费、抚恤费，按规定支付给离退休干部的经费，集体福利费、夏季防暑降温、冬季取暖补贴、上下班交通补贴等。

7）劳动保护费。指企业按规定发放的劳动保护用品的支出，如高空作业及进洞津贴费、技术安全及粉尘预防措施费、工作服、手套、防暑降温饮料以及在有碍身体健康的环境中施工的保健费用等。

8）工会经费。指企业按职工工资总额计提的工会经费。

9）职工教育经费。指按职工工资总额的规定比例计提，企业为职工进行专业技术和职业技能培训，专业技术人员继续教育、职工职业技能鉴定、职业资格认定以及根据需要对职工进行各类文化教育所发生的费用。

10）职业病防治费。依据《中华人民共和国职业病防治法》（中华人民共和国主席令2001年第60号公布、2018年第24号修正）和行业有关规定缴纳的尘肺病防治费。

11）保险费。包括财产保险、车辆保险及人身意外伤害保险。

12）税金。指企业按规定缴纳的房产税、车船使用税、城镇土地使用税及印花税等。"营改增"后增加城市维护建设税、教育费附加以及地方教育费附加等。

13）进退场费。指施工企业根据建设任务需要，派遣人员和施工机械从基地迁往工程所在地发生的往返搬迁费用。包括承担任务职工的调遣差旅费，调遣期间的工资，施工机械、工具、用具、周转性材料及其他施工装备的搬运费用。

14）其他。包括技术转让费、技术开发费、业务招待费、企业定额测定费、投标费、广告费、公证费、诉讼费、法律顾问费、审计费及咨询费，以及勘察设计收费标准中未包括、应由施工企业负责的工程设计费用、工程图纸资料及工程摄影费等。

（2）规费。包括生产工人及管理人员的基本养老保险费、基本医疗保险费、工伤保险基金、失业保险费、生育保险费和住房公积金。

1）基本养老保险费。依据《国务院关于完善企业职工基本养老保险制度的决定》（国发〔2005〕38号）、《国务院关于建立统一的企业职工基本养老保险制度的决定》（国发〔1997〕26号）计取的费用。

2）基本医疗保险费。依据《关于城镇居民基本医疗保险医疗服务管理的意见》（劳社部发〔2007〕40号）、《国务院关于开展城镇居民基本医疗保险试点的指导意见》（国发〔2007〕20号）、《国务院关于建立城镇职工基本医疗保险制度的决定》（国发〔1998〕44号）和有关标准计取的费用。

3）工伤保险基金。依据《工伤保险条例》[国务院令第375号（2003年）公布、国务院令第586号（2010年）修订]计取的工伤保险基金。

4）失业保险费。依据《失业保险条例》缴纳的失业保险费。

5）生育保险费。依据《企业职工生育保险试行办法》缴纳的女职工生育保险费。

6）住房公积金。依据《住房公积金管理条例》[国务院令第262号（1999年）公布、国务院令第710号（2019年）修订]，职工所在单位为职工计提、缴存的住房公积金。

（3）财务费。指承包人为筹集资金而发生的各项费用，包括企业在生产经营期间发生的利息支出、汇兑净损失、调剂外汇手续费、金融机构手续费、保函手续费以及筹资发生的其他财务费用等。

3. 利润

指按水电建设项目市场情况应计入建设安装工程费用中的利润。

4. 税金

指按国家有关规定应计入建筑安装工程费用内的增值税销项税额。

（二）设备费

由设备原价、运杂费、运输保险费、特大（重）件运输增加费、采购及保管费组成。

1. 设备原价

（1）国产设备原价。指设备出厂价。

（2）进口设备原价。指进口设备的抵岸价，即设备抵达买方边境、港口或车站，缴纳完各种手续费、税费后形成的价格。由设备到岸价和进口环节征收的关税、增值税、银行财务费、外贸手续费、进口商品检验费、港口费等组成。

（3）大型机组分瓣运至工地后的现场拼装加工费用包括在设备原价内；如需设置拼装场，其建设费用也包括在设备原价中。

2. 运杂费

指设备由厂家或到岸港口运至工地安装现场所发生的一切运杂费用。主要包括运输费、调车费、装卸费、包装绑扎费、变压器充氮费，以及其他杂费。

3. 运输保险费

指设备在运输过程中的保险费用。

4. 特大（重）件运输增加费

指水轮发电机组、桥式起重机、主变压器、GIS 等大型设备场外运输过程中所发生的一些特殊费用，包括道路桥梁改造加固费、障碍物的拆除及复建费等。

5. 采购及保管费

指设备在采购、保管过程中发生的各项费用。主要包括采购费、仓储费、工地保管费、零星固定资产折旧费、技术安全措施费和设备的检验、试验费等。

二、建设征地移民安置补偿费用

建设征地移民安置补偿费用由补偿补助费用和工程建设费用构成，如图 3-3 所示。

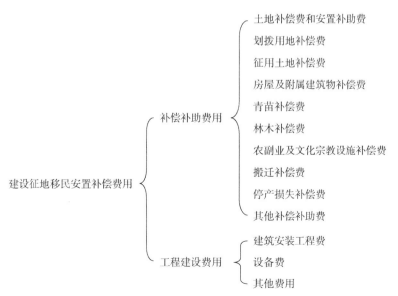

图 3-3　建设征地移民安置补偿费用构成

（一）补偿补助费用

由土地补偿费和安置补助费、划拨用地补偿费、征用土地补偿费、房屋及附属建筑物补偿费、青苗补偿费、林木补偿费、农副业及文化宗教设施补偿费、搬迁补偿费、停产损失补偿费、其他补偿补助费等组成。

1. 土地补偿费和安置补助费

指征收各类土地发生的征收土地的土地补偿费和安置补助费之和。

2. 划拨用地补偿费

指水电工程建设以划拨方式使用国有土地需支付的补偿费用。

3. 征用土地补偿费

指临时使用土地发生的补偿费。

4. 房屋及附属建筑物补偿费

指在同阶段移民安置规划确定的安置区建设与建设征地影响的等质（结构类型）等量房屋及附属建筑物的补偿费用。

5. 青苗补偿费

指对项目枢纽工程建设区范围占用耕地的一年生农作物的损失补偿。

6. 林木补偿费

指对项目建设征地区和同阶段农村移民安置规划选择的农村移民居民点规划新址等范围占用林地、园地的多年生农作物，以及零星林木的损失补偿。

7. 农副业及文化宗教设施补偿费

指对建设征地范围内的小型水利电力、农副业加工设施设备、文化设施、宗教设施等的补偿。

8. 搬迁补偿费

指居民、行政事业单位、企业等搬迁过程中损失的补偿费，包括：

（1）移民搬迁安置过程中的搬迁交通运输补助费、搬迁保险费、搬迁途中食宿及医疗补助费、搬迁误工费；移民物资设备的运输费和物资设备的损失费；建房期补助费、临时居住补助费和交通补助费以及为满足移民搬迁必须新建、改建的临时交通设施费等。

（2）农村行政事业单位搬迁过程中的设备拆迁费、物资设备运输费、物资损失费、设备安装费等。

（3）企业搬迁过程中的设施设备拆迁费、设备运输费、设备安装费、物资运输费、物资损失费等。

9. 停产损失补偿费

指企业停产期的损失补偿。

10. 其他补偿补助费

指上述补偿补助费以外的其他项目的补偿。

（二）工程建设费用

涉及基础设施建设工程、铁路工程、公路工程、航运设施、水利工程、水电工程、电力工程、电信工程、广播电视工程、企事业单位、文物古迹保护、防护工程、库底清理工程及环境保护和水土保持专项工程等，由建筑安装工程费、设备费和其他费用组成，应执行相关行业主管部门发布的费用构成，行业无相关费用构成的，可参照水电工程的费用构成。

三、独立费用

独立费用由项目建设管理费、生产准备费、科研勘察设计费、其他税费构成，如图 3-4 所示。

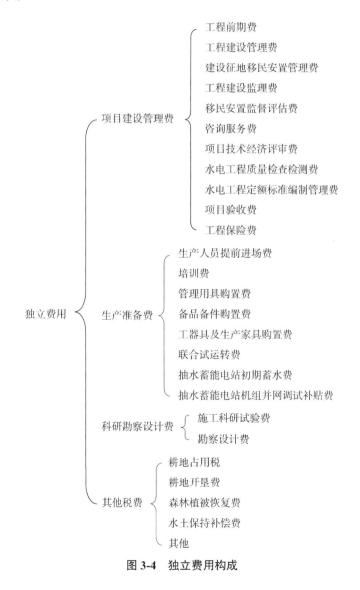

图 3-4　独立费用构成

（一）项目建设管理费

指工程项目在立项、筹建、建设和试生产期间发生的各种管理性费用。包括工程前期费、工程建设管理费、建设征地移民安置管理费、工程建设监理费、移民安置监督评估费、咨询服务费、项目技术经济评审费、水电工程质量检查检测费、水电工程定额标准编制管理费、项目验收费和工程保险费。

1. 工程前期费

指预可行性研究报告审查完成以前（或水电工程筹建前）开展各项工作所发生的费用。包括各种管理性费用，进行规划、预可行性研究阶段勘察设计工作所发生的费用等。

2. 工程建设管理费

指建设项目法人为保证工程项目建设、建设征地移民安置补偿工作的正常进行，从工程筹建至竣工验收全过程所需的管理费用，包括管理设备及用具购置费、人员经常费和其他管理性费用。

（1）管理设备及用具购置费。包括工程建设管理所需购置的交通工具、办公及生活设备、检验试验设备和用于开办工作发生的设备购置费用，对工期长的项目还包括交通设备、办公设备的更新费用。

（2）人员经常费。包括建设管理人员的基本工资、辅助工资、劳动保险和职工福利费、劳动保护费、教育经费、工会经费、基本养老保险费、医疗保险费、工伤保险基金、失业保险费、女职工生育保险、住房公积金、办公费、差旅交通费、会议及接待费、技术图书资料费、零星固定资产购置费、低值易耗品摊销费、工具器具使用费、修理费、水电费、供暖费等。

（3）其他管理性费用。包括城镇土地使用税、房产税、合同公证费、调解诉讼费、审计费、工程项目移交生产前的维护和运行费、房屋租赁费、印花税、招标业务费用、管理用车的费用、保险费、派驻工地的公安消防部门的补贴费用以及其他属管理性质开支的费用。

3. 建设征地移民安置管理费

包括移民安置规划配合工作费、实施管理费、技术培训费。

（1）移民安置规划配合工作费。指地方政府为配合移民安置规划工作的开展所发生的费用。

（2）实施管理费。指地方移民机构为保证建设征地移民安置补偿实施工作的正常进行发生的管理设备及用具购置费、人员经常费和其他管理性费用。

（3）技术培训费。指用于提高农村移民生产技能、文化素质和移民干部管理水平的移民技术培训费。

4. 工程建设监理费

指建设项目开工后，根据工程建设管理的实施情况，聘任监理单位在工程建设过程中对枢纽工程建设（含环境保护和水土保持专项工程）的质量、进度和投资进行监理，以及对设备监造所发生的全部费用。

5. 移民安置监督评估费

指依法开展移民安置监督评估工作所发生的费用，包括移民综合监理费和移民安置独立评估费。

6. 咨询服务费

指项目法人根据国家有关规定和项目建设管理的需要，委托有资质的咨询机构或聘请专家对枢纽工程勘察设计、建设征地移民安置补偿规划设计、融资、环境影响以及建设管理等过程中有关技术、经济和法律问题进行咨询服务所发生的有关费用，包括招标代理、标底、招标控制价、执行概算、竣工决算、项目后评价报告、环境影响评价文件、水土保持方案报告书、地质灾害评估报告、安全预评价报告、接入系统设计报告、压覆矿产资源调查报告、文物古迹调查报告、节能降耗分析专篇、社会稳定风险分析报告和项目申请（核准）报告等项目的编制费用。

7. 项目技术经济评审费

指项目法人依据国家颁布的法律、法规、行业规定，委托有资质的机构对项目的安全性、可靠性、先进性、经济性进行评审所发生的有关费用，包括以下各项：

（1）项目预可行性研究、可行性研究设计、招标设计、施工图设计、重大设计变更审查以及专项设计审查。

（2）项目评估、核准。

（3）枢纽工程安全鉴定、工程环境影响评价、水土保持、安全预评价等专项审查，移民安置规划大纲、规划报告审查等。

（4）其他专项评审。

8. 水电工程质量检查检测费

指根据水电行业建设管理的有关规定，由行业管理部门授权的水电工程质量监督检测机构对工程建设质量进行检查、检测、检验所发生的费用。

9. 水电工程定额标准编制管理费

指根据行业管理部门授权或委托编制、管理水电工程定额和造价标准，以及进行相关基础工作所需要的费用。

10. 项目验收费

由枢纽工程验收费用、建设征地移民安置验收费用两部分构成。

（1）枢纽工程验收费用。指与枢纽工程直接相关的工程阶段验收（包括工程截流验收、工程蓄水验收、水轮发电机组启动验收）和竣工验收（包括枢纽工程、环境保护、水土保持、消防、劳动安全与工业卫生、工程决算、工程档案等专项验收和工程竣工总验收）所需的费用。

（2）建设征地移民安置验收费用。指竣工验收中的库区移民验收和在工程截流验收、蓄水验收前所需的移民初步验收工作的费用。

11. 工程保险费

指工程建设期间，为工程遭受水灾、火灾等自然灾害和意外事故造成损失后能得到经济补偿，对建筑安装工程、永久设备、施工机械而投保的建安工程一切险、财产险、第三者责任险等。

（二）生产准备费

指建设项目法人为准备正常的生产运行所需发生的费用。常规水电站生产准备费包括生产人员提前进场费、培训费、管理用具购置费、备品备件购置费、工器具及生产家具购置费和联合试运转费，抽水蓄能电站还应包括初期蓄水费和机组并网调试补贴费。

1. 生产人员提前进场费

包括提前进场人员的基本工资、辅助工资、劳动保险和职工福利费、劳动保护费、教育经费、工会经费、基本养老保险费、医疗保险费、工伤保险基金、失业保险费、女职工生育保险、住房公积金、办公费、差旅交通费、会议费、技术图书资料费、零星固定资产购置费、修理费，低值易耗品摊销费、工具器具使用费、水电费、取暖费、通信费、招待费等以及其他属于生产筹建期间需要开支的费用。

2. 培训费

指工程在竣工验收投产之前，生产单位为保证投产后生产正常运行，需对工人、技术人员与管理人员进行培训所发生的培训费用。

3. 管理用具购置费

指为保证新建项目投产初期的正常生产和管理所必须购置的办公和生活用具等费用。

4. 备品备件购置费

指工程在投产运行初期，必须准备的各种易损或消耗性备品备件和专用材料的购置费。不包括设备价格中配备的备品备件。

5. 工器具及生产家具购置费

指按设计规定，为保证初期生产正常运行所必须购置的不属于固定资产标准的生产工具、仪表、生产家具等的购置费用。不包括设备价格中已包括的专用工具。

6. 联合试运转费

指水电工程中的水轮发电机组、船闸等安装完毕，在竣工验收前进行整套设备带负荷联合试运转期间所发生的费用扣除试运转收入后的净支出。主要包括联合试运转期间所消耗的燃料、动力、材料及机械使用费，工具用具及检测设备使用费，参加联合试运转人员工资等。

7. 抽水蓄能电站初期蓄水费

指为满足抽水蓄能电站机组首次启动的技术要求，电站上（下）水库初次抽水、蓄水发生的费用。

8. 抽水蓄能电站机组并网调试补贴费

指抽水蓄能机组完成分部调试后、投产前进行的并网调试所发生的抽水电费与发电收益差值的补贴费用。

（三）科研勘察设计费

指为工程建设而开展的科学研究、勘察设计等工作所发生的费用，包括施工科研试验费和勘察设计费。

1. 施工科研试验费

指在工程建设过程中为解决工程技术问题，或在移民安置实施阶段为解决项目建设征地移民安置的技术问题而进行必要的科学研究试验所需的费用。不包括：

（1）应由科技三项费用（即新产品试验费、中间试验费和重要科学研究补助费）开支的项目。

（2）应由勘察设计费开支的费用。

2. 勘察设计费

指可行性研究设计、招标设计和施工图设计阶段发生的勘察费、设计费和为勘察设计服务的科研试验费用。

（四）其他税费

指根据国家有关规定需要缴纳的其他税费，包括对项目建设用地按土地单位面积征收的耕地占用税、耕地开垦费、森林植被恢复费、水土保持补偿费和其他等。

1. 耕地占用税

指国家为合理利用土地资源，加强土地管理，保护农用耕地，对占用耕地从事非农业建设的单位和个人征收的一种地方税。

2. 耕地开垦费

指根据《中华人民共和国土地管理法》和《大中型水利水电工程建设征地补偿和移民安置条例》[国务院令第471号（2006年）公布、国务院令第679号（2017年）修订]的有关规定缴纳的专项用于开垦新的耕地的费用。

3. 森林植被恢复费

指对经国家有关部门批准勘察、开采矿藏和修建道路、水利、电力、通信等各项建设工程需要占用、征收或者临时使用林地的用地单位，经县级以上林业主管部门审核同意或批准后，缴纳的用于异地恢复植被的政府基金。

4. 水土保持补偿费

指按照国家和省、自治区、直辖市的政策法规征收的水土保持补偿费。

5. 其他

指工程建设过程中发生的不能归入以上项目的有关税费。

四、预备费及建设期利息

（一）预备费

包括基本预备费和价差预备费。

1. 基本预备费

指用以解决相应设计范围以内的设计变更（含工程量变化、设备改型、材料代用等），预防自然灾害采取措施，以及弥补一般自然灾害所造成的损失中工程保险未能补偿部分而预留的费用。

2. 价差预备费

指用以解决工程建设过程中，因国家政策调整、材料和设备价格变化，人工费和其他各种费用标准调整、汇率变化等引起投资增加而预留的费用。

（二）建设期利息

指为筹措工程建设资金在建设期内发生并按规定允许在投产后计入固定资产原值的债务资金利息，包括银行借款和其他债务资金的利息以及其他融资费用。其他融资费用是指某些债务融资中发生的手续费、承诺费、管理费、信贷保险费。

具体计算方法参见第八章。

第四章

工程定额

第一节　定额的概念

我国编制工程造价的主要依据是定额，学会使用各种定额是编制工程造价文件的关键。

一、定额的定义

所谓"定"就是限定、确定、规定，"额"就是数额、份额、额度、标准。"定额"就是某一种规定的标准，它反映了一定时期的社会生产力水平的高低。工程建设定额是指在正常的施工条件和合理劳动组织、合理使用材料及机械的条件下，完成单位合格产品所必须消耗的人工、材料、机械等的数量标准。

定额不仅规定了建设工程投入产出的数量标准，而且还规定了具体工作内容、质量标准和安全要求。考察个别生产过程中的投入产出关系不能形成定额，只有大量科学分析、考察建设工程中投入和产出的关系，并取其平均先进水平或社会平均水平，才能确定某一研究对象的投入和产出的数量标准，从而制定定额。

定额是设计、计划、生产、分配、估价、结算等各项工作的衡量尺度。

二、定额的特性

1. 真实性和科学性

真实性指建设工程定额应真实地反映工程建设的消耗，必须与生产力发展水平相适应，反映工程建设中生产消费的客观规律；科学性表现在用科学的态度制定定额，尊重客观实际，力求定额水平合理，用科学的方法确定各项消耗量标准。

2. 系统性和统一性

系统性是由工程建设的特点决定的，定额是由各种内容结合而成的有机整体，有鲜明的层次和明确的目标；统一性主要是由国家宏观调控职能决定的。从定额的制定颁布和贯彻使用来看，统一性表现为有统一的程序、统一的原则、统一的要求和统一的用途。

3. 权威性和法令性

权威性指以科学性为基础，并经过一定的程序和一定的授权单位审批颁发。权威性反映统一的意思和统一的要求、信誉和信赖。法令性反映刚性约束和强制性。定额一经国家、地方主管部门或授权单位颁发，各地区及有关建设单位、施工企业单位，都必须严格遵守和执行，未经许可，不得随意变更定额的内容和水平。定额的法令性保证了建设工程统一的造价与核算尺度。在市场经济条件下，定额在执行过程中允许企业根据招标投标等具体情况进行调整，使其体现市场经济的特点。

4. 稳定性和时效性

时效性指任何一种工程定额都是一定时期技术发展和管理水平的反映。因而在一段时期内表现出相对稳定的状态，稳定的时间有长有短。保持稳定性是维护权威性所必需的，也是有效贯彻定额所必需的。但工程建设定额的稳定性是相对的。当定额与已经发展了的生产力不相适应时，它原有的作用就会被逐步减弱以致消失，就需要重新编制或修订。

三、定额的分类

1. 按生产要素划分

生产要素包括劳动者、劳动手段和劳动对象三部分。与其相对应的是劳动消耗定额、材料消耗定额和机械使用定额。按生产要素分类是最基本的分类方法，它直接反映出生产某种质量合格的单位产品所必须具备的基本因素。因此，劳动消耗定额、材料消耗定额和机械使用定额是施工定额、预算定额、概算定额等多种定额最基本的组成部分。

（1）劳动消耗定额。简称劳动定额，也称人工定额，它规定了在一定的技术装备和劳动组织条件下，某工种某等级的工人或工人小组，生产单位合格产品所需消耗的劳动时间，或是在单位工作时间内生产合格产品的数量标准。前者称为时间定额，后者称为产量定额。

（2）材料消耗定额。是指在正常施工条件、节约和合理使用材料条件下，生产单位合格产品所必须消耗的一定品种规格的原材料、半成品、构配件的数量标准。

（3）机械使用定额。我国机械使用定额是以一台机械一个工作班（或 1h）为计量单位，又称机械台班（或台时）使用定额。它规定了在正常施工条件下，利用某种施工机械，生产单位合格产品所必须消耗的机械工作时间，或者在单位时间内施工机械完成合格产品的数量标准。

2. 按编制程序和用途划分

分为施工定额、预算定额、概算定额、投资估算指标等。

（1）施工定额。指在全国统一定额指导下，以同一性质的施工过程——工序为测算对象，规定建筑安装工人或班组，在正常施工条件下完成单位合格产品所需消耗人工、材料、机械台班（时）的数量标准。

施工定额是施工企业（建筑安装企业）内部直接用于组织与管理施工的一种技术定额，是指规定在工作过程或综合工作过程中所生产合格单位产品必须消耗的活劳动与物化劳动的数量标准。施工定额本身由劳动定额、材料消耗定额和机械台班（时）使用定额三个相对独立的部分组成。

施工定额属于企业定额的性质。它是工程建设定额中的基础性定额，同时也是编制预算定额的基础。施工定额是编制施工预算、进行"两算"（施工图预算与施工预算）对比、加强企业成本管理的依据。

（2）预算定额。预算定额以工程基本构造要素，即分项工程和结构构件为研究对象，规定完成单位合格产品需要消耗的人工、材料、机械台班（时）的数量标准，是计算建筑安装工程产品价格的基础。

预算定额是由国家主管部门或被授权单位组织编制并颁发的一种法令性指标，也是工程建设中一项重要的技术经济文件，在执行中具有很大的权威性。预算定额是以建筑物或构筑物各个分部分项工程为对象编制的定额，最终决定单项工程和单位工程的成本和造价。其内容包括劳动定额、材料消耗定额、机械台班（时）使用定额三个基本部分，是一种计价的定额。从编制程序上看，预算定额是以施工定额为基础综合扩大编制的，它是编制施工图预算及确定和控制建筑安装工程造价的依据，也是工程结算的依据。预算定额是编制标底和投标报价的基础，也是编制概算定额的基础。

（3）概算定额。概算定额是在预算定额基础上，确定完成合格的单位扩大分部分项工程或单位扩大结构构件所需消耗的人工、材料和机械台班（时）的数量标准，又称为扩大结构定额。

概算定额列有工程费用，是一种计价性定额。概算定额是编制设计概算的主要依据，一般是在预算定额的基础上通过综合扩大编制而成，同时也是编制概算指标的基础。

（4）投资估算指标。一般在项目建议书或可行性研究阶段编制投资估算，计算投资需要量时使用的一种定额。它具有较强的综合性、概括性，它的概略程度与可行性研究相适应。往往以独立的单项工程或完整的工程项目为计算对象，编制内容是所有项目费用之和。它的主要作用是为项目决策和投资控制提供依据，是一种扩大的技术经济指标。

投资估算指标往往根据历史的预、决算资料和价格变动等资料编制，但其编制基础仍然离不开预算定额、概算定额。

3. 按主编单位和执行范围划分

分为全国统一定额、行业统一定额、地区统一定额、企业定额、补充定额等。

（1）全国统一定额。由国家建设行政主管部门综合全国工程建设中技术和施工组织管理的情况编制，并在全国范围内执行的定额。

（2）行业统一定额。考虑到各行业部门专业工程技术特点，以及施工生产和管理水平编制的，一般只在本行业和相同专业性质的范围内使用。

（3）地区统一定额。包括省、自治区、直辖市定额。地区统一定额主要是考虑地区性特点和全国统一定额水平做适当调整和补充编制的。

（4）企业定额。指由施工企业考虑本企业具体情况，参照国家、部门或地区定额的水平制定的定额。企业定额只在企业内部使用，企业定额水平一般应高于国家现行定额。企业定额是施工企业进行施工管理和投标报价的基础与依据，是企业参与市场竞争的核心竞争能力的具体表现。企业定额可以说是企业的商业秘密。

（5）补充定额。指随着设计、施工技术的发展，现行定额不能满足需要的情况下，为弥补缺陷而编制的定额。补充定额只能在制定的范围内使用，可以作为以后修订定额的基础。

第二节　定额的编制

一、定额的编制原则

1. 水平合理的原则

定额作为确定建筑产品价格的工具，必须遵照价值规律的客观要求，按建筑产品生产过程中所消耗的必要劳动时间确定定额水平。定额水平与建设程序相适应，前期阶段（如可研、初设阶段）的定额水平宜反映社会平均水平，定额的平均水平根据现实的平均中等的生产条件、平均劳动熟练程度、平均劳动强度下，完成单位建筑产品所需的劳动时间来确定。而用于施工的定额水平宜具有竞争力，合理反映企业的技术、装备和经营管理水平。

2. 基本准确的原则

定额是对千差万别的个别实践进行概括、抽象出一般的数量标准。因此，定额的"准"是相对的，定额的"不准"是绝对的。不能要求定额编制得与实际完全一致，只能要求基本准确，定额项目（节目、子目）按影响定额的主要参数划分，粗细应恰当，步距要合理。定额计量单位、调整系数设置应科学。

3. 简明适用的原则

在保证基本准确的前提下，定额的内容和形式，既要满足不同用途的需要，具有多方面的适用性，又要简单明了，易于掌握和应用。

定额的项目划分要粗细恰当，步距合理。要把那些已经成熟和推广应用的新技术、新工艺、新材料编入定额，对于缺漏项目要注意积累资料，尽快补充到定额项目中；对于那些已经过时，在实际工作中已不再采用的结构材料、技术，则应删除。定额步距大小要适当。步距是指定额中两个相邻定额项目或定额子目的水平差距。定额步距大，精确度较低；步距小，编制工作量大，使用也不方便。一般来说，对于主要工种、主要项目、常用的项目，步距要小一些；对于次要工种，工程量不大或不常用的项目，步距可适当大一些。对于以手工操作为主的定额，步距可适当小一些；而对于机械操作的定额，步距可略大一些。

二、定额的编制方法

编制水利水电工程建设定额以施工定额为基础，施工定额由劳动消耗定额、材料消耗定额和机械使用定额三部分组成。在施工定额的基础上，编制预算定额和概算定额。根据施工定额综合编制预算定额时，考虑各种因素的影响，对人工工时和机械台时按施工定额分别乘以 1.10 和 1.07 的幅度差系数。概算定额比预算定额有更大的综合性且包含更多的可变因素，因此以预算定额为基础综合扩大编制概算定额时，一般对人工工时和机械台时乘以不大于 1.05 的扩大系数。编制定额的基本方法有经验估算法、统计分析法和技术测定法等。实际应用中常将这几种方法结合使用。

1. 经验估算法

经验估算法又称调查研究法。它是根据定额编制专业人员、工程技术人员和操作工人以往的实际施工及操作经验，对完成某一建筑产品分部工程所需消耗的人力、物力（材料、机械等）的数量进行分析、估计，并最终确定定额标准的方法。这种方法技术简单、工作量小、速度快，但精确性较差，往往缺乏科学的计算依据，对影响定额消耗的各种因素缺乏具体分析，易受人为因素的影响。

2. 统计分析法

统计分析法是根据施工实际中的人工、材料、机械台班（时）消耗和产品完成数量的统计资料，经科学的分析、整理，剔除其中不合理的部分后，拟定成定额。这种方法简便，只需对过去的统计资料加以分析整理，就可以推算出定额指标。但由于统计资料不可避免地包含施工生产和经营管理上的不合理因素及缺点，它们会在不同程度上影响定额的水平，降低定额工作的质量。因此，它只适用于某些次要的定额项目以及某些无法进行技术测定的项目。

3. 技术测定法

技术测定法是根据现场测定资料制定定额的一种科学方法。其基本方法是：首先对施工过程和工作时间进行科学分析，拟定合理的施工工序，然后在施工实践中对各个工序进行实测、查定，从而确定在合理的生产组织措施下的人工、机械台班（台时）和材料消耗定额。这种方法具有充分的技术依据，合理性及科学性较强，但工作量大、技术复杂，普遍推广应用有一定难度，但是对关键性的定额项目却必须采用这种方法。

三、定额的编制内容

（一）施工定额

施工定额是直接应用于工程施工管理的定额。确定施工定额水平要遵循平均先进的原则，定额结构形式要结合实际、简明扼要。

1. 劳动定额

指在合理的施工组织和施工条件下，为完成单位合格产品所必需的劳动消耗标准。劳动定额是人工的消耗定额，按其表现形式不同分为时间定额和产量定额。

（1）时间定额。也称为工时定额，是指在合理的劳动组织与一定的生产技术条件下，某种专业、某种技术等级的工人班组或个人，为完成单位合格产品所必须消耗的工作时间，包括准备时间与结束时间、基本工作时间、辅助工作时间、不可避免的中断时间及工人所需的休息时间等。

时间定额的单位一般以"工日""工时"表示，一个工日表示一个人工作一个工作班。每个工日工作时间按现行制度为每个人 8h。单位产品时间定额（工日或工时）＝1/每工日或工时产量。

（2）产量定额。指在合理的劳动组织与一定的生产技术条件下，某种专业、某种技术等级的工人班组或个人，在单位时间内完成的质量合格产品的数量。每工日或工时产量＝1/单位产品时间定额（工日或工时）。

时间定额和产量定额互为倒数，使用过程中两种形式可以任意选择。在一般情况下，生产过程中需要较长时间才能完成一件产品，采用工时定额较为方便。若需要时间不长的，或者在单位时间内产量很多，则以产量定额较为方便。一般定额中常采用工时定额。

2. 材料消耗定额

指在既节约又合理地使用材料的条件下，生产单位合格产品所必须消耗的材料数量，它包括合格产品上的净用量以及在生产合格产品过程中的合理损耗量。前者是指用于合格产品上的实际数量；后者指材料从现场仓库里领出，到完成合格产品过程中的合理损耗量，包括场内搬运的合理损耗、加工制作的合理损耗、施工操作的合理损耗等。

水利水电工程使用的材料可分为直接性消耗材料和周转性消耗材料。

（1）直接性消耗材料定额。根据工程需要直接构成实体的消耗材料，为直接性消耗材料，包括不可避免的合理损耗材料。单位合格产品中某种材料的消耗量等于该材料的净耗量和损耗量之和。

材料的损耗量是指在合理和节约使用材料情况下的不可避免的损耗量，其数值常用损耗率来表示。采用损耗率这种形式表示材料损耗定额，主要是因为净耗量需要根据结构图和建筑产品图来计算或根据试验确定，往往在制定材料消耗定额时，有关图纸和试验结果还没有做出来，而且同样的产品，其规格型号也各异，不可能在编制定额时把所有不同规格的产品都编制材料损耗定额，否则这个定额就太烦琐了。用损耗率这种形式表示，相对简单省事，在使用时只要根据图纸计算出净耗量，即材料的消耗量＝净耗量/（1－损耗率）。

（2）周转性消耗材料定额。前面介绍的是直接消耗在工程实体中的各种建筑材料、成品、半成品，还有一些材料是施工作业用料，也称为施工手段用料，如脚手架、模板等。这些材料在施工中并不是一次消耗完，而是随着使用次数的增加而逐渐消耗，并不断得到补充，多次周转。这些材料称为周转性材料。周转性材料的消耗量，应按多次使用、分次摊销的方法进行计算。

3. 机械台班（台时）使用定额

机械使用定额是施工机械生产效率的反映。在合理使用机械和合理的施工组织条件下，完成单位合格产品所必须消耗时间的数量标准，包括有效工作时间、不可避免的中断和空转时间等，也称为机械台班（台时）消耗定额。

机械使用定额的数量单位，一般用"台班""台时"或"机班组"表示。一个台班是指一台机械工作一个工作班，即按现行工作制工作 8h；一个台时是指一台机械工作 1h；一个机班组表示一组机械工作一个工作班。

机械使用定额与劳动消耗定额的表示方法相同，有时间定额和产量定额两种。

（1）机械时间定额。在正常的施工条件和劳动组织条件下，使用某种规定的机械，完成单位合格产品所必须消耗的工作时间，即机械时间定额（台班或台时）＝1/机械台班或台时产量定额。

（2）机械产量定额。在正常的施工条件和劳动组织条件下，某种机械在一个台班或台时内必须完成单位合格产品的数量。因此，机械时间定额和机械产量定额互为倒数。

（二）预算定额

预算定额是确定一定计量单位的分项工程或构件的人工、材料和机械消耗量的数量标准。全国统一预算定额由国家发展改革委或其授权单位组织编制、审批并颁发执行。专业预算定额由专业部委组织编制、审批并颁发执行。地方定额由地方业务主管部门会同同级发展改革委组织编制、审批并颁发执行。

预算定额以施工定额为基础，但是预算定额不能简单地套用施工定额，必须考虑到它比施工定额包含更多的可变因素，需要保留一个合理的幅度差。此外，确定两种定额水平的原则是不相同的。预算定额是社会平均水平，而施工定额是平均先进水平。一般预算定额水平要低于施工定额 5%～7%。具体编制过程如下：

（1）划分定额项目，确定工作内容及施工方法。预算定额项目在施工定额的基础上进一步综合。通常应根据建筑的不同部位、不同构件，将庞大的建筑物分解为各种不同的、较为简单的、可以用适当计量单位计算工程量的基本构造要素。定额项目的划分要做到简明扼要、使用方便，同时要求结构严谨，层次清楚，各种指标要尽量固定，减少换算，少留"活口"，避免执行中的争议。同时，根据项目的划分，确定预算定额的名称、工作内容及施工方法，并使施工和预算定额协调一致，以便于相互比较。

（2）选择计量单位。为了准确计算每个定额项目中的消耗指标，并有利于简化工程量计算，必须根据结构构件或分项工程的特征及变化规律来确定定额项目的计量单位。若物体有一定厚度，而长度和宽度不定时，采用面积单位，如层面、地面等；若物体的长、宽、高均不一定时，则采用体积单位，如土方、砖石、混凝土工程等；若物体断面形状、大小固定，则采用长度单位，如管道等，或采用质量单位，如钢筋等。

（3）计算工程量。选择有代表性的图纸和已确定的定额项目计量单位，计算分项工程的工程量。

（4）确定人工、材料、机械台班（台时）的消耗指标。预算定额中的人工、材料、机械台班（台时）消耗指标，是以施工定额中的人工、材料、机械台班（台时）消耗指标为基础，并考虑预算定额中所包括的其他因素，采用理论计算与现场测试相结合、编制定额人员与现场工作人员相结合的方法确定。

（三）概算定额

概算定额以预算定额为基础，根据通用图和标准图等资料，经过适当综合扩大编制而成。定额的计量单位为体积（m^3）、面积（m^2）、长度（m），或以每座小型独立构筑物计算，定额内容包括单位概算价格、工人工资、机械台时（台班）费、主要材料耗用量及概算价格的组成等。

概算定额的编制过程与预算定额基本相似，由于在可行性研究阶段或初步设计阶段，设计资料尚不如施工图设计阶段详细和准确，设计深度也有限，要求概算定额具有比预算定额更大的综合性，所包含的可变因素更多。因此，概算定额与预算定额之间允许有 5% 以内的幅度差。在水利水电工程中，从预算定额过渡到概算定额，一般采用扩大系数 1.03～1.05。

各种定额的相互联系见表 4-1。

各种定额之间的关系比较　　　　　　　　　　表 4-1

定额分类	投资估算指标	概算定额	预算定额	施工定额
对象	单独的单项工程或完成的工程项目	扩大的分项工程	分项工程	工序
用途	编制投资估算	编制设计概算	编制施工图预算	编制施工预算
项目划分	粗	较粗	细	最细
定额水平	平均	平均	平均	平均先进

第三节　定额的选用

一、定额的组成

水利水电工程建设中现行的各种定额一般由总说明、章节说明、目录、定额表和有关附录组成。其中定额表是各种定额的主要组成部分。

（1）定额表上方注明了该定额子目的适用范围和工作内容。定额表中列出了完成该项定额子目的单位工程量所必需的人工、主要材料和主要机械消耗量。定额表内未明确列量的材料和机械（如工作面内的脚手架、简易操作平台、消耗量小的机械等摊销费或使用费，地下工程照明费及其他用量较少的材料），以"零星材料费、其他材料费、其他机械费"表示。

（2）安装工程定额以实物量和安装费费率两种形式表现。定额包括的内容为设备安装和构成工程实体的主要装置性材料安装的基本直接费。

二、定额的选择

随着社会经济和科学技术的发展，各种定额也在发展变化。在使用定额编制工程造价的过程中，要密切注意定额的变化与有关的费用标准、编制办法、规定的变化，如"营改增"、增值税税率调整等，做到始终采用最新定额和规定，并注意定额与相应的编制规定配套使用。

水利水电行业现行定额较多，可以分为两大类：一类是部颁定额（表4-2），另一类是地方定额。前者主要用于中央投资或地方投资中央补助的大中型水利水电工程的造价编制，而后者多用于地方投资的中小型水利水电工程的造价编制。

水利水电工程现行定额与配套规定　　表 4-2

颁发年份	颁发单位	定额名称	配套规定	备注
2002	水利部	水利建筑工程预算定额（上、下册）	1.《水利工程设计概（估）算编制规定》2.《水利工程营业税改征增值税计价依据调整办法》3.《水利部办公厅〈关于调整水利工程计价依据增值税计算标准〉的通知》（办财务函〔2019〕448号）	1. 预算定额是编制概算定额的基础，可作为编制水利工程招标标底和投标报价的参考。2. 概算定额是编制初步设计概算的依据。3. 适用于大中型水利工程项目
2002	水利部	水利建筑工程概算定额（上、下册）		
2002	水利部	水利水电设备安装工程预算定额		
2002	水利部	水利水电设备安装工程概算定额		
2002	水利部	水利工程施工机械台时费定额		
2005	水利部	水利工程概预算补充定额		

续表

颁发年份	颁发单位	定额名称	配套规定	备注
2004	水电水利规划设计总院等	水电建筑工程预算定额（上、下册）	1.《水电工程设计概算编制规定》（2013年版） 2.《水电工程费用构成及概（估）算费用标准（2013年版）》 3.《水电工程投资估算编制规定》NB/T 35034—2014 4.《水电工程投资匡算编制规定》NB/T 35030—2014 5.《关于建筑业营业税改征增值税后水电工程计价依据调整实施意见》 6.《关于调整水电工程、风电场工程及光伏发电工程计价依据中建筑安装工程增值税税率及相关系数的通知》	1. 预算定额是编制概算定额和有关扩大指标的依据，是工程项目编制招标标底、投标报价和合同管理的计价参考，是国家有关部门和单位监督项目投资管理的计价基础。 2. 概算定额是编制设计概算的依据。 3. 适用于大中型水电工程项目
2007	国家发展和改革委员会	水电建筑工程概算定额（上、下册）		
2003	中国电力企业联合会水电建设定额站	水电设备安装工程预算定额		
2003	国家经济贸易委员会	水电设备安装工程概算定额		
2004	水电水利规划设计总院等	水电工程施工机械台时费定额		

注：中小型水利水电工程可采用本地区的有关定额。

三、定额的使用

（1）认真阅读定额的总说明和章节说明。对说明中指出的编制原则、依据、适用范围、使用方法、已经考虑和没有考虑的因素以及有关问题的说明等，都要通晓和熟悉。

（2）了解定额项目的工作内容。根据工程部位、施工方法、施工机械和其他施工条件正确选用定额项目，做到不错项、不漏项、不重项。除定额中规定允许外，均不得调整。

（3）学会使用定额的各种附录。例如，对于建筑工程要掌握土壤与岩石分级、砂浆与混凝土配合比用量的确定；对于安装工程要掌握各种装置性材料的用量等。

（4）注意定额调整的各种换算关系。当施工条件与定额项目条件不符时，应按定额说明与定额表附注中的有关规定进行换算调整。例如，各种运输定额的运距换算、定额中的调整系数等。使用时还要区分调整系数是对定额调整还是对人工工时、材料消耗或机械台班（台时）的某一项或几项进行调整。

（5）现行定额中没有的工程项目或虽有类似定额，但其技术条件有较大差异时，应编制补充定额。非水利水电专业工程，按照专业专用的原则，执行有关专业部门颁发的相应定额，如公路工程执行公路工程概预算定额、铁路工程执行铁路工程概预算定额等。

（6）注意定额单位与定额中数字的适用范围。工程项目单价的计算单位要与定额项目的计算单位一致。要区分土石方工程的自然方和压实方；砂石备料中的成品方、自然方与堆方、码方等。定额中只用一个数字表示的，仅适用于该数字本身。当需要选用的定额介于两子目之间时，可用插入法计算；数字用上下限表示的，如

2000~2500，适用于大于2000、小于或等于2500的数字范围。

（7）现行概算定额中，按工程设计几何轮廓尺寸计算。即由完成每一有效单位实体所消耗的人工、材料、机械数量定额组成。其不构成实体的各种施工操作损耗、允许的超挖及超填量、合理的施工附加量、体积变化等已根据施工技术规范规定的合理消耗量，计入定额。而现行预算定额中均未计入超挖超填量等所需的人工、材料、机械消耗量，使用预算定额时应按有关规定进行计算。

（8）在定额表不同行中列出材料、机械的名称，但各行所列的型号、品种、规格不相同的，表示这些相同的材料、机械定额消耗量都同时进行计价；只在一行中列出材料、机械的名称，而在不同行中分别列出不同型号、品种、规格的，表示这种材料、机械只能选用其中一种型号、品种、规格的定额消耗量进行计价。

第五章

基础单价编制

基础单价是编制建筑安装工程单价的重要基础资料，它包括人工预算单价，材料预算单价，施工机械台时费，施工用电、风、水预算单价，砂石料单价，混凝土及砂浆材料单价六项。

人工、材料和施工机械使用费构成建筑安装工程费的主体，在水利水电工程总投资中占有很大的比重。基础单价计算的合理程度，将直接影响水利水电工程造价的编制质量，因而必须高度重视。在编制这些基础单价时，应根据工程等级、工程所在地的地区类别、施工条件和工程采用的施工方法以及工程所需资源等情况仔细、认真地进行分析计算。

第一节　人工预算单价编制

人工预算单价，是在编制概预算中计算各种生产工人人工费时所采用的人工费单价。它是计算建筑安装工程单价和施工机械使用费中人工费的基础单价。

一、水利工程人工预算单价的组成

依据水利部颁发的《水利工程设计概（估）算编制规定》，人工预算单价由基本工资、辅助工资两项内容组成，划分为工长、高级工、中级工、初级工四个档次。按照国家和行业的有关规定，并结合水利工程特点，将建设项目所在地区分为八种：一般地区、一类区、二类区、三类区、四类区、五类区（西藏二类区）、六类区（西藏三类区）和西藏四类区，分别确定了这八种地区枢纽工程、引水工程及河道工程的人工预算单价计算标准，见表5-1。

人工预算单价计算标准（水利工程）　　　　　　　表 5-1

单位：元／工时

类别与等级		一般地区	一类区	二类区	三类区	四类区	五类区（西藏二类区）	六类区（西藏三类区）	西藏四类区
枢纽工程	工长	11.55	11.80	11.98	12.26	12.76	13.61	14.63	15.40
	高级工	10.67	10.92	11.09	11.38	11.88	12.73	13.74	14.51
	中级工	8.90	9.15	9.33	9.62	10.12	10.96	11.98	12.75
	初级工	6.13	6.38	6.55	6.84	7.34	8.19	9.21	9.98
引水工程	工长	9.27	9.47	9.61	9.84	10.24	10.92	11.73	12.11
	高级工	8.57	8.77	8.91	9.14	9.54	10.21	11.03	11.40
	中级工	6.62	6.82	6.96	7.19	7.59	8.26	9.08	9.45
	初级工	4.64	4.84	4.98	5.21	5.61	6.29	7.10	7.47
河道工程	工长	8.02	8.19	8.31	8.52	8.86	9.46	10.17	10.49
	高级工	7.40	7.57	7.70	7.90	8.25	8.84	9.55	9.88
	中级工	6.16	6.33	6.46	6.66	7.01	7.60	8.31	8.63
	初级工	4.26	4.43	4.55	4.76	5.10	5.70	6.41	6.73

注：地区类别划分参见编制规定的附录，跨地区项目可按主要建筑物所在地确定，也可按工程规模或投资比例综合确定。

二、水电工程人工预算单价的计算

依据《水电工程费用构成及概（估）算费用标准（2013 年版）》（可再生定额〔2014〕54 号），水电工程人工预算单价按表 5-2 中的标准计算，划分为高级熟练工、熟练工、半熟练工、普工四个档次。

人工预算单价计算标准（水电工程）　　　　　　　表 5-2

单位：元／工时

序号	定额人工等级	一般地区	一类区	二类区	三类区	四类区	五类区（西藏二类区）	六类区（西藏三类区）	西藏四类区
1	高级熟练工	10.26	11.58	12.53	13.78	14.95	16.56	17.82	19.18
2	熟练工	7.61	8.60	9.37	10.37	11.24	12.51	13.55	14.68
3	半熟练工	5.95	6.74	7.38	8.23	8.92	9.97	10.87	11.86
4	普工	4.90	5.56	6.13	6.88	7.45	8.36	9.18	10.08

注：地区类别划分详见费用标准附录，跨地区项目可按相应地区标准的算术平均值计算，并可根据行业定额和造价管理机构定期发布的人工预算单价指导价调整。

三、人工预算单价的计算实例

例 5-1 某水利枢纽工程，其所在地区为三类区，求不同工种的人工预算单价。

解：参照表 5-1，该工程人工预算单价计算结果见表 5-3。

人工预算单价计算表 表 5-3

费用项目	初级工	中级工	高级工	工长
单位：元／工日	54.72	76.96	91.04	98.08
单位：元／工时	6.84	9.62	11.38	12.26

第二节　材料预算单价编制

水利水电工程建设中，材料用量大，材料费是构成建筑安装工程费用的主要组成部分。因此，正确合理地编制材料预算单价，是概预算编制工作中的重要环节，是提高概预算编制质量的关键。

一、材料的分类

1. 按对投资影响划分

主要材料与其他材料。在水利水电工程中所用到的材料品种繁多，规格各异，在编制材料预算价格时不可能逐一详细地计算，而是将施工过程中用量大或用量虽小但价格昂贵、对工程造价有较大影响的一部分材料，作为主要材料，其预算价格一般要按品种逐一详细地计算。常用的主要材料有：三大材（钢材、木材、水泥）、沥青、粉煤灰、油料、火工产品、电缆及母线等。对于其他材料，由于其对工程造价影响较小，作为次要材料，用简化的方法进行计算。

2. 按供应方式划分

外购（直接向市场采购的材料，是工程所需材料的主要部分）和自产（承包人自行开采生产的材料，如砂石料等）。

3. 按材料性质划分

消耗性材料（如炸药、电焊条、氧气、油料等）、周转材料（如模板、支撑件等）和装置性材料（如管道、轨道、母线、电缆等）。

二、主要材料预算价格

（一）主要材料预算价格的组成

主要材料的预算价格是指材料由交货地点运到工地分仓库或相当于工地分仓库的堆料场的价格。其价格与工程所在地的地理位置和交通条件有很大的关系。

材料预算价格由材料原价、材料包装费、材料运输保险费、材料运杂费、材料采保费和包装品回收价值组成。

水利工程材料预算价格＝（材料原价＋运杂费）×

（1＋采购及保管费费率）＋运输保险费　　　（5-1）

水电工程材料预算价格＝（材料原价＋包装费＋运输保险费＋

运杂费×材料毛重系数）×

（1＋采购及保管费费率）－包装品回收价值　（5-2）

（二）材料预算价格的编制程序

为了使材料预算价格切合实际，应在正式编制时，先组织一定力量到有关地方、部门认真调查、了解和收集有关资料。

1. 确定各种材料的来源地和供货比例

材料来源地对材料原价和运输费的大小有较大影响。水利水电工程的材料不仅数量大、品种多，而且同一种材料就可能来自十几个供货地点，不可能一一分别计算，而是综合考虑以下因素，选择具有代表性的供货地进行计算。

（1）了解设计意图。材料运输大多受对外交通的影响，因此需根据工程对外交通情况，选定货物的最佳运输方式与运输路线。

（2）货源的可靠性。选定厂家的材料质量和数量能满足工程质量要求。

（3）材料的合理流向。按大系统供需平衡的原则，确定一个比较合理的流向来选定材料来源地。

（4）就近定点。为了降低工程造价、减少材料运输费和减轻交通运输负担，在货源可能和流向合理的前提下，应尽可能就近选择材料来源地。

（5）厂家直供为主。应尽可能选择厂家直供，减少中转环节，实际上就是减少有关手续费。

2. 了解材料的原价

通过实地收集资料和查阅较近时段内的有关物价信息及物价公报，并对所选的价格进行认真分析和论证，以保证价格的合理性。

3. 确定材料的运输方式

材料运输方式的选择，必须以满足施工运输强度和有利于降低运输成本为原则，由施工组织设计分析比较确定。

4. 计算和整理工作

反映材料预算价格计算过程有主要材料运输费用计算表、主要材料预算价格计算表、主要材料预算价格汇总表。

（三）主要材料预算价格的计算

1. 材料原价

按工程所在地区就近大型物资供应公司、材料交易中心的市场成交价或设计选定的生产厂家的出厂价计算。主要材料的具体计算依据见表 5-4。

材料原价的计算依据 　　　　　　　　表 5-4

材料名称	计算依据
钢材	按工程所在地省会、自治区首府、直辖市或就近大城市的金属材料公司、钢材交易中心的市场价计算，或按就近的生产厂家的出厂价格计算
木材	按工程就近的市场价计算
水泥	按设计选定水泥厂的出厂价格计算
沥青	按市场价格计算
掺和料	指掺加的粉煤灰、火山灰等，按就近厂家的出厂价格计算
油料	采用工程就近的石油公司的批发价格计算
火工产品	按国家及省、市的有关规定并结合工程所在地区特许生产厂或专营机构的供应价确定
电缆及母线	按所选定厂家的出厂价格计算

在确定原价时，凡同一种材料因来源地、交货地、供货单位、生产厂家不同而有几种价格（原价）时，根据不同来源地供货数量比例，采用加权平均的方法确定其综合原价。材料价格采用不含增值税进行税额的价格，适用税率为 13%。

2. 包装费

按包装材料的品种、规格、包装费用和正常的折旧摊销计算。凡材料原价中未包括者，而材料在运输和保管过程中必须进行包装的材料，均应另外计入包装费用。包装费的计算，应按工程所在地区的实际资料及有关规定计算。计算时注意以下几点：

（1）凡由厂家负责包装并已将包装费计入材料原价的，不再另外计算包装费，但也应扣除包装材料的回收价值，如袋装水泥。回收价值是指材料到达施工现场或仓库，经拆除包装后的包装材料本身所剩余的价值，可按工程所在地的有关规定及实际资料计算。

（2）自备包装品者，其包装费按包装原值与维修费扣除回收价值，以正常使用次数分摊计算。

包装费＝（包装材料原值－包装品回收价值＋维修费）÷周转使用次数

（5-3）

（3）因材料包装需交押金，使用单位应先垫付，定期收回，预算价不考虑。

（4）毛重系数。材料运输按毛重计算，材料预算价按净重计算。毛重与净重的差额是包装材料的重量。毛重系数大于或等于 1。

毛重系数＝材料毛重 ÷ 材料净重

＝（材料实际重量＋包装品重量）÷材料实际重量　　（5-4）

各种材料的毛重系数按有关规定或实际资料计算。

例5-2　水泥包装费已包括在原价内，若每吨水泥使用20个纸袋，每个纸袋原价10元，回收率50%，残值率20%，计算包装品回收价值。

解：包装品回收价值＝20×10×50%×20%＝20（元/t）

本例中：

$$包装品回收价值＝包装材料原值×回收率×回收价值率 \qquad (5-5)$$

例5-3　某氧气瓶可使用10年，每月充气3次，原价为400元/瓶，残值率3%，年维修费10元/瓶，每瓶按5m³氧气计，求包装摊销费。

解：氧气的包装摊销费＝[400×（1－3%）＋10×10]÷（10×12×3×5）

＝0.27（元/m³）

3. 运杂费

包括运输费、调车费、装卸费和其他杂费等。运杂费与工程所在地的交通状况、运输距离、运输方式、运输工具等因素密切相关。材料运输一般流程如图5-1所示。

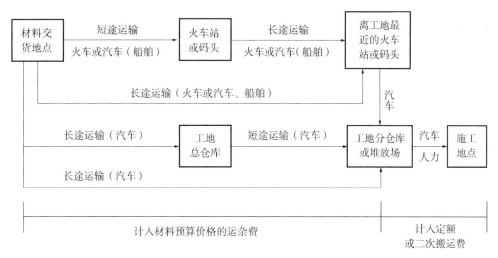

图5-1　材料运输一般流程

铁路运输，按现行铁路货物运价规则及有关规定计算其运杂费。

铁路火车运输，根据工程施工所需货物特点，大宗货物运输须考虑一定比例的整车（元/t）与零担（元/kg）。一般情况下整车运输要发生空载，须考虑一定的装载系数。

$$装载系数＝实际运输重量÷运输车辆标记重量 \qquad (5-6)$$

$$货物实际运价＝规定运价÷装载系数 \qquad (5-7)$$

综合考虑整零比、整车装载系数与毛重系数，铁路运价可按下式计算：

$$铁路运价＝整车规定运价÷装载系数×毛重系数×整车比例＋$$

$$零担规定运价×毛重系数×零担比例 \qquad (5-8)$$

公路及水路运输，按工程所在省（自治区、直辖市）交通部门现行规定或市场价计算。

汽车运输，一般情况下钢材、木材、水泥等材料均按所运货物实际重量计算。火工产品、汽柴油按有关规定，不允许满载，需发生空载。计算汽车运杂费时，应考虑空载因素。

例 5-4 火车货车车厢标记重量为 50t，装载 1500 箱炸药，每箱净重 20kg，箱重 1kg，计算该货物的装载系数和毛重系数；若铁路运费为 20 元 /t，计算每吨炸药实际运费。

解：装载系数 $= [1500 \times (20+1)] \div 50000 = 0.63$

毛重系数 $= (20+1) \div 20 = 1.05$

每吨实际运费 $= 20 \div 0.63 \times 1.05 = 33.33$（元 /t）

对同一种材料，若因运输工具、运距等不同而有几种运费时，同样应按加权平均的方法计算材料的平均运杂费。

4. 运输保险费

按工程所在省（自治区、直辖市）或中国人民保险公司的有关规定计算。

$$材料运输保险费 = 材料原价 \times 运输保险费费率 \tag{5-9}$$

5. 采购及保管费

按材料运到工地分仓库价格的百分率计算。

$$水利工程采购及保管费 = （原价 + 运杂费）\times 采购及保管费费率 \tag{5-10}$$

"营改增"后按编制规定标准乘以 1.10 的调整系数，调整后费率分别为：3.3% [水泥、碎（砾）石、砂、块石]、2.2%（钢材、油料）、2.75%（其他材料）。

$$水电工程采购及保管费 = （原价 + 运输保险费 + 包装费 + 运杂费 \times 材料毛重系数）\times 采购及保管费费率 \tag{5-11}$$

采购及保管费费率为 2.8%（"营改增"后的调整结果）。

材料预算价格根据其组成内容，按材料原价、包装费、运输保险费、运杂费、采购及保管费和包装品回收等，分别以不含相应增值税进项税额的价格计算。

三、其他材料预算价格

其他材料预算价格可参考工程所在地区的工业与民用建筑安装工程材料预算价格或信息价格（不含增值税进项税额的价格）。地区预算价格没有的材料，可参照同地区的水电水利工程实际价格确定。

四、材料补差

主要材料预算价格超过现行规定的材料基价（或最高限额价格）时，按基价计入工程单价参与取费，预算价与基价的差值以材料补差形式计算，材料补差列入单价表中并计取税金。

主要材料预算价格低于基价时，按预算价计入工程单价。

计算施工电、风、水价格时，按预算价参与计算。

水利工程主要材料基价见表5-5，水电工程主要材料最高限额价格见表5-6。

水利工程主要材料基价表　　　　　　　　表 5-5

序号	材料名称	单位	基价（元）
1	柴油	t	2990
2	汽油	t	3075
3	钢筋	t	2560
4	水泥	t	255
5	炸药	t	5150
6	外购砂石料	m³	70
7	商品混凝土	m³	200

水电工程主要材料最高限额价格表　　　　　　　表 5-6

序号	材料名称	单位	最高限额价格
1	钢筋	元 /t	3400
2	水泥	元 /t	440
3	粉煤灰	元 /t	260
4	炸药	元 /t	6800

五、材料预算价格计算实例

例 5-5　某水利工程炸药由汽车运至工地，运距 500km，出厂价为 4520 元 /t（含税），增值税税率 13%，纸箱包装，每箱炸药重 24.6kg，纸箱重 0.6kg。运价：0.40 元 /（t·km），危险货物加价 50%，装车费 4.5 元 /t，卸车费 3.5 元 /t，采购及保管费费率为 2.75%，运输保险费费率为 1%，计算其预算价格。

解：（1）炸药原价 = 4520÷（1 + 13%）= 4000（元 /t）

（2）毛重系数 = 24.6÷（24.6 − 0.6）= 1.025

（3）运杂费 =［500×0.40×（1 + 50%）+ 4.5 + 3.5］×1.025 = 315.70（元 /t）

（4）采购及保管费 =（4000 + 315.70）×2.75% = 118.68（元 /t）

（5）运输保险费 = 4000×1% = 40（元 /t）

（6）预算价格 = 4000 + 315.7 + 118.68 + 40 = 4474.38（元 /t）

例 5-6　某水电工程兴建于西部某县，试计算该工程桶装柴油的预算价格。已收集如下资料：（1）原价：2800 元 /t（不含税）；（2）运输方式及运输里程：汽车运输桶装柴油，里程 60km，运价标准为 0.7 元 /（t·km）；（3）装载系数为 0.95，毛重系数为 1.1；（4）装卸车费 12 元 /t；（5）运输保险费费率 5‰；（6）采购及保管费费率 2.8%。

解：（1）原价＝2800 元 /t

（2）运杂费＝60×0.7÷0.95＋12＝56.21（元 /t）

（3）运输保险费＝2800×5‰＝14（元 /t）

（4）预算价格＝（2800＋14＋56.21×1.1）×（1＋2.8%）＝2956.35（元 /t）

例 5-7 某水利工程施工用普通硅酸盐水泥从甲、乙厂购买，分别占 60%、40%。运输流程如图 5-2 所示。根据以下资料，计算该工程所用水泥的预算价格。

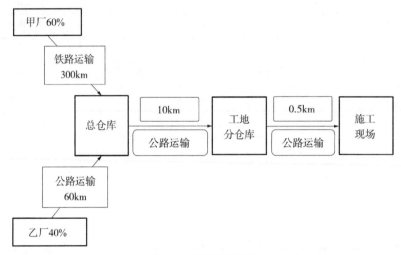

图 5-2 材料运输流程

（1）水泥出厂价（不含税）：42.5 水泥 300 元 /t、52.5 水泥 350 元 /t。

（2）水泥使用比例：42.5 水泥：52.5 水泥＝80%：20%。

（3）铁路运输：① 运价：发到基价为 10 元 /t，运行基价为 0.1 元 /（t·km）；② 火车装车费 4 元 /t、卸车费 3 元 /t。

公路运输：汽车运价 1 元 /（t·km），汽车装车费 6 元 /t、卸车费 4 元 /t。

（4）运输保险费费率：8‰。

（5）采购及保管费费率：3.3%。

解：（1）水泥原价＝300×80%＋350×20%＝310（元 /t）

（2）运杂费＝[（10＋0.1×300＋4＋3）＋（1×10＋6＋4）]×60%＋
　　　　　[1×（60＋10）＋6＋4＋4]×40%＝67×60%＋84×40%
　　　　　＝73.8（元 /t）

（3）采购及保管费＝（310＋73.8）×3.3%＝12.67（元 /t）

（4）运输保险费＝310×8‰＝2.48（元 /t）

（5）水泥预算价格＝310＋73.8＋12.67＋2.48＝398.95（元 /t）

注意：装车费、卸车费次数需根据实际情况计算。本例中甲厂铁路、公路运输各按"一装一卸"计算，乙厂公路运输按"一装两卸"计算，计算结果见表 5-7。

主要材料预算价格计算 表 5-7

编号	名称及规格	单位	原价依据	单位毛重（t）	价格（元）				
					原价	运杂费	采购及保险费	运输保险费	预算价格
1	普通硅酸盐水泥	t	市场价格	1	310	73.8	12.67	2.48	398.95

例 5-8 某水电工程所用钢筋先用火车运输，整车与零担比例为 9：1，装载系数 0.9，整车铁路建设基金 0.03 元 /（t·km）（零担忽略不计），具体情况见表 5-8。然后用汽车运输到材料总库，运价 10 元 /t，最后汽车运到工地的材料分库，运价 12 元 /t。汽车装车费 3 元 /t，卸车费 2 元 /t，采购及保管费费率 2.8%，计算材料预算价格。

钢筋供应情况 表 5-8

货源	比例	原价	运距	整车费	零担费	上站费	卸车费
	（%）	（元 /t）	（km）	（元 /t）	（元 /10kg）	（元 /t）	（整车 / 零担）（元 /t）
甲厂	40%	4000	2600	320	4	3	1.15/0.04
乙厂	30%	4100	2400	290	3.5	2	1.15/0.04
丙厂	30%	4050	2700	340	4.2	3.2	1.15/0.04

解：计算过程详见表 5-9，预算价格计算结果见表 5-10。

钢筋预算单价计算过程 表 5-9

货源	原价（元 /t）	运杂费（元 /t）				小计	采购及保管费（元 /t）	预算价格（元 /t）
		铁路		公路				
		计算过程	计算结果	计算过程	计算结果			
甲厂	4000	（320＋2600×0.03）×90%÷0.9＋400×10%＋1.15×90%÷0.9＋0.04×10%＋3	442.15			474.15	125.28	4599.43
乙厂	4100	（290＋2400×0.03）×90%÷0.9＋350×10%＋1.15×90%÷0.9＋0.04×10%＋2	400.15	10＋12＋（2＋3）×2	32	432.15	126.90	4659.05
丙厂	4050	（340＋2700×0.03）×90%÷0.9＋420×10%＋1.15×90%÷0.9＋0.04×10%＋3.2	467.35			499.35	127.38	4676.74
加权价格	4045		437.11	两装两卸	32	469.11	126.40	4640.51

主要材料预算价格计算　　　　　　　　　表 5-10

编号	名称及规格	单位	原价依据	单位毛重（t）	价格（元）						
					原价	运杂费	保险费	运到工地仓库价格	采购及保管费	包装品回收值	预算价格
1	钢筋	t	市场价格	1	4045	469.11	不计	4514.11	126.40	不计	4640.51

第三节　施工机械台时费编制

施工机械台时费指一台机械正常工作 1h 所支出和分摊的各项费用之和，以台时为单位。建设工程其他定额中，施工机械费往往以台班为单位，一个台班为 8 个台时。台时费是计算建筑安装工程单价中机械使用费的基础单价。

一、施工机械台时费的组成

施工机械台时费由三类费用组成，见图 5-3。

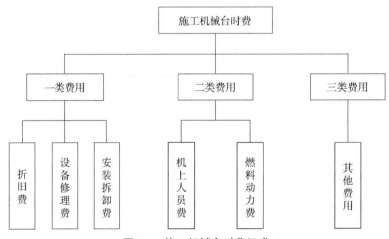

图 5-3　施工机械台时费组成

二、施工机械台时费的计算

常用的机械包括土石方机械、基础处理设备、混凝土机械、运输机械、起重机械、加工机械、工程船舶、其他机械等。

水利水电工程施工机械台时费根据定额及有关规定计算，其中一类费用直接采用台时费定额数值，若水利水电工程定额管理机构发布了一类费用调整系数，应按调整系数进行调整。

$$一类费用 = 定额一类费用金额 \times 编制年调整系数 \qquad （5-12）$$

二类费用按台时费定额中的消耗量乘以相应预算单价计算。

二类费用＝定额机上人工工时数×人工预算单价＋

定额动力、燃料消耗量×动力、燃料预算价格 （5-13）

注意：水利工程机械台时费定额中人工费一律用中级工人工单价计算。

三类费用主要指车船使用税、年检费、牌照税、保险费等，根据设备类型按国家和工程所在省、自治区、直辖市的有关规定和水利水电工程定额管理机构发布的有关标准计算。

"营改增"后，水利水电工程施工机械台时费定额的折旧费除以 1.13 调整系数，设备修理费除以 1.09 调整系数，安装拆卸费不作调整。

例 5-9 某水利枢纽工程位于一类区，一类费用调整系数为 1.0，柴油预算价 5000 元 /t（基价：2990 元 /t）。试计算施工机械（2m³ 液压单斗挖掘机与 10t 自卸汽车）的台时费。

解：（1）查水利工程施工机械台时费定额，一类区中级工单价为 9.15 元 / 工时。

（2）定额中折旧费除以 1.13 调整系数，修理及替换设备费除以 1.09 调整系数。

（3）台时费具体计算过程见表 5-11。

施工机械费计算（水利枢纽工程） 表 5-11

定额编号（水利工程机械台时费定额）			1011		3015	
机械名称			2m³ 液压单斗挖掘机		10t 自卸汽车	
项目	单位	单价（元）	定额	合计（元）	定额	合计（元）
（一）			147.30	132.54	48.79	43.77
折旧费	元	1/1.13	89.06	78.81	30.49	26.98
修理及替换设备费	元	1/1.09	54.68	50.17	18.30	16.79
安装拆卸费	元	1	3.56	3.56	0	0
（二）				85.11		44.19
人工	工时	9.15	2.70	24.71	1.30	11.90
柴油	kg	2.99	20.20	60.40	10.80	32.29
总计（元 / 台时）				217.65		87.96
材料价差（柴油）	元	2.01	20.20	40.60	10.80	21.71

例 5-10 将例 5-9 中的水利枢纽工程替换为水电工程，其他条件相同。试计算施工机械（2m³ 液压单斗挖掘机与 10t 自卸汽车）的台时费。

解：（1）查水电工程施工机械台时费定额，一类区熟练工单价为 8.60 元 / 工时，半熟练工单价为 6.74 元 / 工时。

（2）定额中折旧费除以 1.13 调整系数，修理及替换设备费除以 1.09 调整系数。

（3）台时费具体计算过程见表 5-12。

施工机械费计算（水电工程）   表 5-12

定额编号（水电工程机械台时费定额）			1021		1546	
机械名称			2m³ 液压单斗挖掘机		10t 自卸汽车	
设备预算价（元）			803400		168300	
寿命台时（台时）			14850		12000	
项目	单位	单价（元）	定额	合计（元）	定额	合计（元）
（一）			83.16	74.93	37.69	34.12
折旧费	元	1/1.13	52.48	46.44	13.74	12.16
设备修理费	元	1/1.09	26.48	24.29	23.94	21.96
安装拆卸费	元	1	4.20	4.20	0	0
（二）				134.54		75.48
高级熟练工	工时	0	0	0	0	0
熟练工	工时	8.60	1.60	13.76	1.80	15.48
半熟练工	工时	6.74	1.60	10.78	0	0
柴油	kg	5.00	22.00	110.00	12.00	60.00
合计（元/台时）				209.47		109.60

三、补充施工机械台时费的编制

当施工组织设计选取的施工机械在台时费定额中缺项，或规格、型号不符时，必须编制补充施工机械台时费，其水平要与同类机械相当。编制时一般依据该机械的预算价格、年折旧率、年工作台时、额定功率以及额定动力或燃料消耗量等参数，采用直线内插法、占折旧费比例法等进行编制。

（一）直线内插法计算台时费

当所求机械的容量、吨位、动力等，在现行机械台时费定额范围之内时，可采用直线内插法计算台时费。计算公式为：

$$Y = (Y_2 - Y_1) \times (X - X_1) \div (X_2 - X_1) + Y_1 \qquad (5-14)$$

式中　　Y——所求机械的定额指标；

Y_1——定额表中较所求机械特征指标小且最接近的机械定额指标；

Y_2——定额表中较所求机械特征指标大且最接近的机械定额指标；

X、X_1、X_2——与 Y、Y_1、Y_2 相应机械的特征指标，如容量、吨位、动力等。

例 5-11　试求水利工程的起重量为 150t 汽车起重机的补充台时费定额指标。

解：所求机械的吨位位于现行水利工程机械台时费定额编号 4100、4101 之间（表 5-13），符合直线内插法使用条件，故采用此方法求该施工机械台时费定额指标。计算过程见表 5-14。

汽车起重机相关台时费定额指标　　　　　　　　表 5-13

定额编号	起重量（t）	折旧费（元）	修理及替换设备费（元）	人工（工时）	柴油（kg）
4100	130	542.85	278.48	2.7	22.0
4101	200	814.29	417.73	2.7	25.1

汽车起重机 150t 台时费定额计算　　　　　　　　表 5-14

	项目	数量（定额）	数量（调整）	计算式
一类费用	折旧费（元）	620.40	549.03	$[(814.29-542.85)\times(150-130)\div(200-130)+542.85]\div1.13$
	修理及替换设备费（元）	318.27	291.99	$[(417.73-278.48)\times(150-130)\div(200-130)+278.48]\div1.09$
	小计	938.67	841.02	
二类费用	人工（工时）	2.7	2.7	2.7
	柴油（kg）	22.89	22.89	$(25.1-22)\times(150-130)\div(200-130)+22$

（二）占折旧费比例法计算台时费

当所求机械的容量、吨位、动力等设备特征指标，在机械台时费定额范围之外，或者是新型机械，可采用"占折旧费比例法"计算台时费。此方法是利用定额中某类机械的设备修理费和安装拆卸费与其折旧费的比例，推算同类型所求机械台时费的一类费用，并根据有关动力消耗参数确定二类费用指标，进而计算出所求机械的台时费定额指标。

例 5-12　试计算水电工程的 2YA2160 圆振动筛的补充台时费定额指标。已知：该机械预算价格为 16 万元，残值率为 5%，经济寿命为 13800 台时，额定功率为 22kW，动力台时消耗综合系数为 0.9。

解：经比较分析，参考水电工程机械台时费定额中的 2YA1548 圆振动筛定额（编号：1325），计算过程见表 5-15。

2YA2160 圆振动筛台时费计算　　　　　　　　表 5-15

	项目	数量	计算式	定额编号 1325	定额编号 1325（"营改增"后）
一类费用	折旧费（元）	11.01	$160000\times(1-5\%)\div13800$	7.24	6.41
	设备修理费（元）	30.87	$11.01\times(17.97\div6.41)$	19.59	17.97
	安装拆卸费（元）	0.38	$11.01\times(0.22\div6.41)$	0.22	0.22
	小计（元）	42.26		27.05	24.60
二类费用	熟练工（工时）	1.4		1.4	1.4
	电（kW·h）	19.8	$22\times1\times0.9$	12	12

第四节　施工用电、水、风单价编制

电、水、风在水利水电工程中消耗量大，大中型工程施工用电、水、风的正常供应对主体工程的施工进度和质量起着重要作用，其预算价格高低对工程造价影响较大。一般根据施工组织设计所确定的电、水、风供应方式、布置形式、设备情况和施工企业已有的实际资料分别计算其单价。

施工用电、水、风价格是编制水利水电工程投资的基础价格，其价格组成大致相同，由基本价、能量损耗摊销费、设施维修摊销费三部分组成。

一、施工用电价格

（一）供电方式

水利水电工程施工用电一般有两种来源：（1）外购电。由国家或地方电网和其他企业电厂供电的电网供电。（2）自发电。由施工企业自建发电厂、自备柴油发电机供电。

（二）用电分类

施工用电的分类，按用途可分为生产用电和生活用电两部分。生产用电直接进入工程成本，包括施工机械用电、施工照明用电和其他生产用电。生活用电是指生活文化福利建筑的室内外照明和其他生活用电。水利水电工程概预算计算范围仅指生产用电，生活用电因不直接用于生产，应由职工负担，不在本电价计算范围内。

（三）电价组成

电价由基本电价、电能损耗摊销费和供电设施维修（护）摊销费组成。根据施工组织设计确定的供电方式、供电电源、不同电源的电量所占比例、相应供电价格以及供电过程中发生的费用进行计算。

1. 基本电价

基本电价是施工用电电价的主要部分。

（1）外购电的基本电价。指施工企业向外（供电单位）购电按规定所支付的供电价格，不含增值税进项税额。

（2）自发电的基本电价。指发电厂或自备发电设备的单位发电成本。

2. 电能损耗摊销费

对外购电的电能损耗摊销费，指施工企业向外购电，应承担从施工企业与供电部门的产权分界处起到现场最后一级降压变压器低压侧止，在变配电设备和输配电线路上所发生的电能损耗摊销费。包括由高压电网到施工主变压器高压侧之间的高压输电线路损耗和由主变压器高压侧至现场各施工点最后一级降压变压器低压侧之间的变配电设备及配电线路损耗部分。

自发电的电能损耗摊销费，指从施工企业自建发电厂的出线侧起至现场各施工点最后一级降压变压器低压侧止，在所有变配电设备和输配电线路上发生的电能损耗摊销费用。当出线侧为低压供电时，损耗已包括在台时耗电定额内；当出线侧为高压供电时，则应计入变配电设备及线路损耗摊销费。

从最后一级降压变压器低压侧至施工用电点的线路损耗，已包括在各用电施工设备、工器具的台班耗电定额内，电价中不再考虑。

3. 供电设施维修（护）摊销费

指摊入电价的变、配电设备的折旧费、修理费、安装拆除费、设备及输配电线路的运行维护费。

（四）电价计算

（1）　　　　电网供电价格

　　＝基本电价÷（1－高压输电线路损耗率）÷

　　（1－35kV 以下变配电设备及配电线路损耗率）＋

　　供电设施维修摊销费　　　　　　　　　　　　　　　（5-15）

（2）　柴油发电机供电价格（自设水泵供冷却水）

　　＝｛［柴油发电机组（台时）总费用＋

　　水泵组（台）时总费用］÷（柴油发电机额定容量之和×K）｝÷

　　（1－厂用电率）÷（1－变配电设备及配电线路损耗率）＋

　　供电设施维修摊销费　　　　　　　　　　　　　　　（5-16）

（3）　柴油发电机供电价格（循环冷却水）

　　＝［柴油发电机组（台时）总费用÷（柴油发电机额定容量之和×K）］÷

　　（1－厂用电率）÷（1－变配电设备及配电线路损耗率）＋

　　单位循环冷却水费＋供电设施维修摊销费　　　　　　（5-17）

式中　K——发电机出力系数，一般取 0.8～0.85；厂用电率取 3%～5%；高压输电线路损耗率取 3%～5%；变配电设备及配电线路损耗率取 4%～7%；供电设施维修摊销费取 0.04～0.05 元/kW·h；单位循环冷却水费取 0.05～0.07 元/kW·h。

（五）综合电价计算

若工程同时采用两种或两种以上供电电源，各用电量比例应按施工组织设计确定，采用加权平均法求得综合电价。

例 5-13　某水利水电工程用电量 95% 外购，其余由自备柴油机发电供给。外购电基本电价为 0.40 元/kW·h（不含增值税进项税额）；损耗率高压输电线路取 5%，变配电设备和输电线路取 7%，供电设施维修摊销费为 0.05 元/kW·h。自备 400kW 柴油发电机 1 台，台时费为 251.68 元，并配备 3.7kW 潜水泵 2 台，供给冷却水，台时费为 12.24 元；厂用电率取 5%，发电机出力系数为 0.8。试计算综合电价。

解：电网供电价格 = 0.40÷[(1−5%)×(1−7%)] + 0.05 = 0.50（元/kW·h）

自发电单价 = (251.68 + 12.24×2)÷(400×0.8)÷(1−5%)÷

(1−7%) + 0.05

= 1.03（元/kW·h）

综合电价 = 0.50×95% + 1.03×5% = 0.53（元/kW·h）

二、施工用水价格

（一）供水方式

水利水电工程施工用水包括生产用水和生活用水两部分。水利水电工程大多处于偏僻山区，一般均自设供水系统。生产用水要符合生产工艺的要求，保证工程用水的水压、水质和水量。生活用水要符合卫生条件的要求。

生产用水是指直接进入工程成本的施工用水，包括施工机械用水、砂石料筛洗用水、混凝土拌制养护用水、土石坝砂石料压实用水、钻孔灌浆生产用水以及修配、机械加工和房屋建筑用水等。生活用水主要指用于职工、家属的饮用和洗涤用水、生活区的公共事业用水等。

水利水电工程造价中的施工用水水价仅指生产用水水价。

（二）水价组成

施工用水价格由基本水价、供水损耗摊销费和供水设施维修（护）摊销费组成。

1. 基本水价

根据施工组织设计配置的供水系统设备（不含备用设备），按台时总费用除以台时总供水量计算的单位水量价格。供水量指生产用水，不包含生活用水。

2. 供水损耗摊销费

指施工用水在储存、输送、处理过程中所造成的水量损失摊销费用。

3. 供水设施维修（护）摊销费

指摊入水价的水池、供水管路等供水设施的单位维护费用。

（三）水价计算

水价计算公式：

施工用水价格 = 水泵组（台）时总费用÷(水泵额定容量之和×K)÷

(1−供水损耗率) + 供水设施维修摊销费 　　　（5-18）

式中　K——能量利用系数，取 0.75~0.85；供水损耗率取 6%~10%；供水设施维修摊销费取 0.04~0.05 元/m³。

注意：（1）施工用水为多级提水并中间有分流时，要逐级计算水价。

（2）施工用水有循环用水时，水价要根据施工组织设计的供水工艺流程计算。

采用多个供水系统时，施工用水价格应依据各供水系统供水比例和相应的施工用水价格加权平均计算。

例 5-14　某水利水电工程施工生产用水设甲、乙两个供水系统，均为一级供水。甲系统设 150D30×4 水泵 3 台，其中备用 1 台，相应出水流量 150m³/台时；乙系统设 3 台 100D45×3 水泵，其中备用 1 台，相应出水流量 90m³/台时。甲、乙系统供水比例为 7：3，二者的水泵台时费分别为 95 元、75 元，损耗率取 10%，供水设施维修摊销费取 0.05 元/m³，能量利用系数取 0.8。计算施工用水价格。

解：甲系统的水价 ＝（95×2）÷［（150×2）×0.8］÷（1−0.1）+ 0.05
$$= 0.93（元/m^3）$$
乙系统的水价 ＝（75×2）÷［（90×2）×0.8］÷（1−0.1）+ 0.05
$$= 1.21（元/m^3）$$
综合水价 ＝ 0.93×70% + 1.21×30% = 1.01（元/m³）

三、施工用风价格

施工用风指在施工过程中用于开挖石方、振捣混凝土、处理基础、输送水泥、安装设备等工程施工机械所需的压缩空气，如风钻、潜孔钻、凿岩台车、混凝土喷射机、风水枪等。常用的有移动式空压机和固定式空压机。

（一）风价组成

由基本风价、供风损耗摊销费和供风设施维修（护）摊销费组成。

1. 基本风价

根据施工组织设计配置的供风系统设备（不含备用设备），按台时总费用除以台时总供风量计算的单位风量价格。

2. 供风损耗摊销费

指由压气站至用风工作面的固定供风管道，在输送压气过程中所发生的风量损耗摊销费用。

3. 供风设施维修（护）摊销费

指摊入风价的供风管道的单位维护费用。

（二）风价计算

1. 空气压缩机采用水泵供水冷却

计算公式为：

风价 ＝［空气压缩机组（台）时总费用＋水泵组（台）时总费用］÷
（空气压缩机额定容量之和×60×K）÷（1−供风损耗率）+
供风设施维修摊销费　　　　　　　　　　　　　　　（5-19）

2. 空气压缩机采用循环冷却水，不用水泵

计算公式为：

$$风价 = 空气压缩机组（台）时总费用 \div$$

$$（空气压缩机额定容量之和 \times 60 \times K）\div（1 - 供风损耗率）+$$

$$循环冷却水费 + 供风设施维修摊销费 \qquad （5-20）$$

式中　K——能量利用系数，取 0.70～0.85；供风损耗率取 6%～10%；循环冷却水费取 0.007 元 /m^3；供风设施维修摊销费取 0.004～0.005 元 /m^3。

采用多个供风系统时，施工用风价格应依据各供风系统供风比例和相应的施工用风价格加权平均计算。

例 5-15　某水利工程施工用风空压机型号为 40m^3/min，能量利用系数为 0.75，损耗率为 10%，供风设施维修摊销费为 0.004 元 /m^3，循环冷却水为 0.007 元 /m^3，供风设备台时费为 215.87 元。试计算风价。

解：风价 = 215.87 ÷（40 × 60 × 0.75）÷（1 - 10%）+ 0.007 + 0.004

　　　= 0.14（元 /m^3）

例 5-16　某水库大坝施工用风，共设置左坝区和右坝区两个压气系统，总容量为 180m^3/min，配置 40m^3/min 的固定式空压机 2 台，台时预算价格为 145.17 元，20m^3/min 的固定空压机 5 台，台时预算价格为 76.52 元，冷却用水泵 7kW 2 台，台时预算价格为 16.36 元。能量利用系数 0.8，供风损耗率 10%，供风设施维修摊销费为 0.005 元 /m^3。试计算施工用风风价。

解：风价 =（145.17 × 2 + 76.52 × 5 + 16.36 × 2）÷（180 × 60 × 0.8）÷

　　　（1 - 10%）+ 0.005

　　　= 0.10（元 /m^3）

第五节　砂石料单价编制

一、砂石料分类

砂石料是指水利水电工程中砂砾料、砂、卵石、碎石等建筑材料，是混凝土、堆砌石、灌浆等的主要建筑材料，一般可分为天然砂石料和人工砂石料两种。天然砂石料有河砂、山砂、海砂以及河卵石、山卵石和海卵石等，是岩石经风化和水流冲刷形成的；人工砂石料是采用爆破等方式，岩石经机械设备的破碎、筛洗、碾磨加工而成的碎石和人工砂（又称机制砂）。砂石料具体分类如下：

（1）砂石料：砂砾料、砂、砾石、碎石、骨料等的统称。

（2）砂砾料：未经加工的天然砂卵石料。

（3）骨料：经过加工分级后可用于混凝土制备的砂、砾石和碎石的统称。

（4）砂：粒径小于或等于 5mm 的骨料，称为细骨料。

（5）砾石：砂砾料经筛洗分级后粒径大于 5mm 的卵石，称为粗骨料。

（6）碎石：经破碎加工分级后粒径大于 5mm 的骨料，也属于粗骨料。

（7）碎石原料：未经加工破碎的岩石开采料。

（8）超径石：砂砾料中大于设计骨料最大粒径的卵石。

（9）块石：长、宽各为厚度的 2～3 倍，厚度大于 20cm 的石块。

（10）片石：长、宽各为厚度的 3 倍以上，厚度大于 15cm 的石块。

（11）毛条石：一般长度大于 60cm 的长条形四棱方正的石料。

（12）料石：毛条石经过修边打荒加工，外露面方正，各相邻面正交，表面凹凸不超过 10mm 的石料。

二、砂石料单价组成

由于砂石料的使用量大，大中型工程一般由施工单位自行采备，小型工程一般可就近在市场上采购。

水利工程砂石料由施工企业自行采备时，砂石料单价应根据料源情况、开采条件和工艺流程按相应定额和不含增值税进项税额的基础价格进行计算，并计取间接费、利润及税金。自采砂石料按不含税金的单价参与工程费用计算。外购砂、碎石（砾石）、块石、料石等材料预算价格（不包括增值税进项税额）超过 70 元 /m³ 时，应按基价 70 元 /m³ 计入工程单价参加取费，预算价格与基价的差额以材料补差形式进行计算，材料补差列入单价表中并计取税金。水利建筑工程概算定额已考虑砂石料开采、加工、运输、堆存等损耗因素，使用定额时不得加计。

水电工程的自采砂石料单价应根据料源情况、开采条件和生产工艺流程，计算其基本直接费。其他直接费、间接费、利润及税金不计入砂石料单价，应在混凝土单价或后续工序使用砂石料的单价中综合计算。料场覆盖层、无用层、夹泥层清除等有关费用，在施工辅助工程中单独列项计算，相关费用不以摊销形式计入砂石料单价。砂砾料天然级配组成和设计级配之间的差异经平衡后的弃料处理等有关费用，均应摊销计入砂石料单价。采用水电建筑工程概算定额编制砂石料单价时，砂石料加工体积变化，加工、运输、堆存损耗，含泥量清除等因素已以砂石料加工工艺流程单价系数的形式计入，不得重复计算其他系数和损耗。对外采购的成品砂石料单价，按调查价格加从采购地点至工地的运杂费计算。若需进行二次加工时，应按设计的加工工艺计算加工费用，并计入加工损耗摊销费用。

三、砂石料单价计算

外购砂石料价格按材料预算价格计算办法，根据市场实际情况和有关规定计算，不含增值税进项税额。自备砂石料单价指从覆盖层清除、毛料开采、运输、堆存、破碎、筛分、冲洗、成品料运输、弃料处理等全部工艺流程累计发生的费用。

1. 基本资料的收集

（1）料场的位置、分布、地形、地质与水文地质条件，开采与运输条件。

（2）料场的储量及可开采量，设计砂石料用量。

（3）砂石料场的天然级配与设计级配，级配平衡计算成果。

（4）各料场覆盖层清理厚度、数量及其占毛料开采量的比例和清理方法。

（5）毛料的开采、运输、堆存方式。

（6）砂石料加工工序流程、成品堆放、运输方式及废渣处理方法。

2. 砂石料的生产工序

（1）覆盖层清除。天然砂石料场表层的杂草、树木、腐殖土或风化及半风化岩石等覆盖物，在毛料开采前必须清理干净。

（2）毛料开采运输。指毛料从料场开采、运输到毛料暂存处（预筛分车间受料仓）的整个过程。

（3）原料堆存。储备料场砂砾料堆存待用，旨在调节砂砾料开采运输与加工之间的不平衡，也有因其他因素大量储备原料堆存待用的情况，具体储备料场的设置位置、储备时间、储备数量应由施工组织设计确定。

（4）毛料的破碎、筛分、冲洗加工。天然砂石料的破碎、筛分、冲洗加工包括预筛分、超径石破碎、筛洗、中间破碎、二次筛分、堆存及废料清除等工序。人工砂石料的加工包括破碎（一般分为粗碎、中碎、细碎）、筛分（一般分为预筛、初筛、复筛）、清洗等过程，最终得到5种成品骨料，即砂（≤5mm）、小石（5～20mm）、中石（20～40mm）、大石（40～80mm）、特大石（80～150mm）5组粒径的骨料。

（5）成品运输。经过筛洗加工后的成品料，运至混凝土生产系统的储料场堆存。

3. 计算方法

（1）系统单价法

系统单价法是以整个砂石料生产系统，即从原料开采运输起到骨料运至搅拌楼（场）骨料料仓（堆）止的生产全过程为计算单元，用系统单位时间的生产总费用除以系统单位时间的骨料产量求得骨料单价。计算公式为：

$$骨料单价 = 系统生产总费用（班或时）÷ 系统骨料产量（班或时）$$

（5-21）

系统生产费用中的人工费是按施工组织设计确定的劳动组合计算的人工数量，乘以相应的人工单价求得；材料费可参考定额数量计算；机械使用费按施工组织设计确定的机械组合所需机械型号、数量分别乘以相应的机械台时单价，可用施工机械台时费定额计算；系统产量应考虑施工期不同时期（初期、中期、末期）的生产不均匀性等因素，经分析计算后确定。

系统单价法避免了影响计算成果准确性的损耗和体积变化这两个复杂问题，计算原理相对科学。但对施工组织设计深度要求较高，在选定系统设备、型号、数量及确定单位时间产量上有一定程度的任意性。

（2）工序单价法

工序单价法按骨料生产流程，分解成若干个工序，以工序为计算单元，先计算工序单价，再计入施工损耗求得骨料单价。目前主要采用工序单价法。按计入损耗的方式，又可分为两种。

1）综合系数法。按各工序计算出骨料单价后，一次计入损耗，即各工序单价之和乘以综合系数。该方法计算简捷方便，但这种笼统地以综合系数来简化处理复杂的损耗问题，难以反映工程实际。

2）单价系数法。将各工序的损耗和体积变化，以工序流程单价系数的形式计入各工序单价。该方法概念明确，结构科学，易于结合工程实际，目前被普遍采用。

例 5-17 某水电工程砂石料需用量为 100 万 m^3，毛料由天然料场开采，砂石料加工的工艺流程及各工序单价如表 5-16 所示。弃料量为 10 万 m^3，则弃料率为 10%。试计算下列不同情况下的骨料单价。

砂石料工序单价表　　　　　　表 5-16

项目	工序流程			
	开采运输	预筛分、超径石破碎运输	筛洗（中间破碎）运输	骨料运输
单价（元/m^3）	10.28	5.17	9.42	8.03

（1）若弃料在筛洗后全部运走，弃料运输单价为 6.07 元/m^3。

（2）若弃料在预筛分后全部运走，弃料运输单价为 6.53 元/m^3。

（3）若弃料在预筛分后运走 50%，另 50% 不运走，弃料运输单价为 6.53 元/m^3。

（4）若弃料在预筛分后全部不运走。

解：按照工序流程在水电定额中找到相应的单价系数，见表 5-17。

单价系数表　　　　　　表 5-17

序号	工序流程Ⅱ			
	开采运输	预筛分、超径石破碎运输	筛洗（中间破碎）运输	二次筛分运输
Ⅱ-1	1.046	1.020	1.036	1
Ⅱ-2	1.010	0.984	1	
Ⅱ-3	1.026	1		
Ⅱ-4	1			

（1）成品料单价 = 10.28 × 1.01 + 5.17 × 0.984 + 9.42 × 1 + 8.03

　　　　　　　 = 32.98（元/m^3）

　弃料单价 =（10.28 × 1.01 + 5.17 × 0.984 + 9.42 × 1 + 6.07）× 10%

　　　　　 = 3.10（元/m^3）

　骨料单价 = 32.98 + 3.10 = 36.08（元/m^3）

（2）弃料单价＝（10.28×1.026＋5.17×1＋6.53）×10%＝2.22（元/m³）

骨料单价＝32.98＋2.22＝35.20（元/m³）

（3）弃料单价＝（10.28×1.026＋5.17×1＋6.53/2）×10%＝1.90（元/m³）

骨料单价＝32.98＋1.90＝34.88（元/m³）

（4）弃料单价＝（10.28×1.026＋5.17×1）×10%＝1.57（元/m³）

骨料单价＝32.98＋1.57＝34.55（元/m³）

例 5-18 某水利工程自采砂石料单价计算，已知：

（1）砂石料加工工艺流程：覆盖层清除→毛料开采运输→预筛分、超径破碎运输→筛洗、运输→成品骨料运输。其中预筛分、超径破碎、筛洗、运输工序中需将其弃料运至指定地点。

（2）工序单价：覆盖层清除为 10.13 元/m³；弃料运输为 10.26 元/m³；粗骨料：毛料开采运输 10.26 元/m³；预筛分、超径破碎运输 6.72 元/m³；筛洗、运输 8.98 元/m³；成品运输 7.43 元/m³；砂：毛料开采运输 13.34 元/m³；预筛分、超径破碎运输 6.96 元/m³；筛洗、运输 7.84 元/m³；成品运输 10.61 元/m³。

（3）设计成品砂石料用量 120 万 m³，其中粗骨料 90 万 m³，砂 30 万 m³。料场覆盖层 10 万 m³，超径弃料 3 万 m³，粗骨料级配弃料 10 万 m³，砂级配弃料 5 万 m³。

试计算砂石料单价。

解：具体计算过程见表 5-18。

砂石料单价计算表　　　　　　　　　　　　　　　　　表 5-18

名称	粗骨料（元/m³）	砂（元/m³）
骨料基本单价	10.26＋6.72＋8.98＋7.43＝33.39	13.34＋6.96＋7.84＋10.61＝38.75
覆盖层清除单价	10.13×10/120＝0.84	
超径石处理单价	（10.26＋6.72＋10.26）×3/90＝0.91	
级配弃料处理单价	（10.26＋6.72＋8.98＋10.26）×10/90＝4.02	（13.34＋6.96＋7.84＋10.26）×5/30＝6.40
综合单价	39.16	45.99

例 5-19 某一般地区水利枢纽工程，C15 混凝土总量 100 万 m³，其中 4 级配 50 万 m³，3 级配 35 万 m³，2 级配 15 万 m³，另用 M20 接缝水泥砂浆 2 万 m³。天然砂砾料场无覆盖，地质勘探得出天然级配见表 5-19。其他资料略。试计算砂、石单价。

砂砾料天然级配表　　　　　　　　　　　　　　　　　表 5-19

项目	以天然砂砾料为 100%				以砾石为 100%			
	超径石	砾石	砂	粉粒	特大石	大石	中石	小石
	＞150	5～150	0.15～5	＜0.15	80～150	40～80	20～40	5～20
百分数（%）	10	75	10	5	35	45	8	12

注：石、砂粒径单位为 mm，下表同。

解：（1）砂石料需要量计算

参考《水利建筑工程概算定额》（2002 年）附录 7，得到 C15 混凝土材料配合比及材料用量见表 5-20，M20 接缝水泥砂浆材料配合比见表 5-21。依据定额说明得到砂石料参考密度，见表 5-22，同时确定石子级配，由此计算出的砂石料需要量见表 5-23。

C15 混凝土每立方米材料配合比及材料用量 表 5-20

混凝土强度等级	水泥强度等级	水灰比	级配	最大粒径	配合比			预算量					
					水泥	砂	石子	水泥（kg）	粗砂		卵石		水（m³）
									kg	m³	kg	m³	
C15	32.5	0.65	1	20	1	3.15	4.41	270	853	0.57	1206	0.70	0.170
			2	40	1	3.20	5.57	242	777	0.52	1367	0.81	0.150
			3	80	1	3.09	8.03	201	623	0.42	1635	0.96	0.125
			4	150	1	2.92	9.89	179	527	0.36	1799	1.06	0.110

M20 接缝水泥砂浆每立方米配合比表 表 5-21

砂浆强度等级	体积配合比		矿渣大坝水泥		纯大坝水泥		砂（m³）	水（m³）
	水泥	砂	强度等级	数量（kg）	强度等级	数量（kg）		
M20	1	2.1	32.5	554			1.00	0.270

砂石料密度参考表 表 5-22

砂石料类别	天然砂石料			人工砂石料		
	松散砂砾混合料	分级砾石	砂	碎石原料	成品碎石	成品砂
密度（t/m³）	1.74	1.65	1.55	1.76	1.45	1.5

砂石料需要量计算表 表 5-23

项目	混凝土量（万m³）	砂石料量（万t）	砂		砾石		石子级配（%）			
			单位用量（t/m³）	合计用量（万t）	单位用量（t/m³）	合计用量（万t）	80~150	40~80	20~40	5~20
砂浆	2	3.10	1.55	3.10						
2 级配	15	32.25	0.78	11.70	1.37	20.55			50	50
3 级配	35	79.10	0.62	21.70	1.64	57.40		40	30	30
4 级配	50	116.50	0.53	26.50	1.80	90.00	30	30	20	20
合计	102	230.95	0.62	63.00	1.65	167.95	27.00	49.95	45.50	45.50
百分比（%）		100		27.30		72.70	16.08	29.74	27.09	27.09

（2）级配平衡计算

天然砂砾料中 5% 的粒径＜0.15mm 的粉粒在生产过程中随水冲走，大于

150mm 超径石估计有 2% 无法利用，预筛后作就地弃料处理。砂石料开采量、需用量及平衡情况见表 5-24。

砂石料级配平衡表　　　　　表 5-24

项目	总量（万 t）	有用量（万 t）		砾石量（万 t）				＞150 超径石利用量	超径石弃料量（万 t）
		砂量	砾石	80～150	40～80	20～40	5～20		
砂石料需用量	230.95	63.00	167.95	27.00	49.95	45.50	45.50		4.97
天然开采量	248.33	24.84	206.11	65.18	83.81	14.90	22.35	19.87	
平衡情况	17.38	−38.16	38.16	38.18	33.86	−30.60	−23.15	19.87	

注：砾石有用量＝248.33×（1−5%−2%）=230.95。

由表 5-24 可见，骨料级配供求不平衡：砾石较多，砂缺 38.16 万 t，可用砾石制砂；另外，5～40mm 石子缺 53.75 万 t，可用超径石和大石破碎补充。二者破碎量共计 91.91 万 t。

实际上，上述开采量是理论上的最小开采量（不考虑损耗等），若天然料场足够丰富，加大开采量可能会减少破碎量，但会增加弃料量。究竟采用何者，可通过比较分析得出。

（3）工序单价计算

依据施工组织设计，骨料的生产过程包括砂砾料的开采、运输、筛洗、成品骨料的运输等。因小石子和砂量不足，还需要用超径石和大石破碎补充。查概算定额分别计算出各工序单价。其中砂砾粒筛洗单价（定额编号：60075）的具体计算见表 5-25；机制砂单价（定额编号：60133）的具体计算见表 5-26。限于篇幅，其余单价计算过程未——列出，计算结果见表 5-27。

砂砾粒筛洗（100t）单价计算表　　　　　表 5-25

项目	单位	数量	单价（元）	合计（元）
一、直接费				578.70
（一）基本直接费				575.82
1. 人工费				59.47
中级工	工时	3.10	8.90	27.59
初级工	工时	5.20	6.13	31.88
2. 材料费				118.78
天然砂砾料	t	110.00		0.00
水	m³	120.00	0.98	117.60
其他材料费	%	1.00	117.60	1.18
3. 机械费				397.57
圆振动筛 1500×3600	台时	0.30	36.41	10.92
圆振动筛 1800×4200	台时	1.21	41.25	49.91

续表

项目	单位	数量	单价（元）	合计（元）
螺旋分级机 1500	台时	0.61	42.70	26.05
直线振动筛 1500×4800	台时	0.30	48.57	14.57
槽式给料机 1100×2700	台时	0.61	34.71	21.17
胶带输送机 $B=500$	米时	52.00	0.37	19.24
胶带输送机 $B=650$	米时	52.00	0.49	25.48
胶带输送机 $B=800$	米时	176.00	0.57	100.32
胶带输送机 $B=1000$	米时	35.00	0.64	22.40
88kW 推土机	台时	0.82	108.02	88.58
其他机械费	%	5.00	378.64	18.93
（二）其他直接费	%	0.50	575.82	2.88
二、间接费	%	5.00	578.70	28.94
三、利润	%	7.00	607.64	42.53
四、税金	%	3.00	650.17	19.51
五、建筑工程单价				669.68

注：1. 其他材料费以主要材料费之和为计算基础；其他机械费以主要机械费之和为计算基础。

2. 有超径石处理，同时有砾石中间破碎时，砂砾石采运量为 116t，不需要外购，则不计算。

3. 台时与米时按定额相关规定进行换算。下同。

机制砂（100t）单价计算表　　　表 5-26

项目	单位	数量	单价（元）	合计（元）
一、直接费				2513.87
（一）基本直接费				2501.36
1. 人工费				263.03
中级工	工时	17.50	8.90	155.75
初级工	工时	17.50	6.13	107.28
（二）材料费				317.58
碎石原料	t	128		0.00
水	m³	200	0.98	196.00
钢棒	kg	40	3.00	120.00
其他材料费	%	0.50	316.00	1.58
（三）机械费				1920.75
圆锥破碎机 1750	台时	1.55	231.61	359.00
棒磨机 2100×3600	台时	3.09	187.51	579.41
反击式破碎机 1200×1000	台时	1.55	91.89	142.43
螺旋分级机 1500	台时	3.09	42.70	131.94
直线振动筛 1800×4800	台时	3.09	54.88	169.58

续表

项目	单位	数量	单价（元）	合计（元）
振动给料机 45DA	台时	3.09	18.29	56.52
胶带输送机 $B=500$	米时	77	0.37	28.49
胶带输送机 $B=650$	米时	371	0.49	181.79
胶带输送机 $B=800$	米时	255	0.57	145.35
88kW 推土机	台时	0.82	108.02	88.58
其他机械费	%	2.00	1883.09	37.66
（四）其他直接费	%	0.50	2501.36	12.51
二、间接费	%	5.00	2513.87	125.69
三、利润	%	7.00	2639.56	184.77
四、税金	%	3.00	2824.33	84.73
五、建筑工程单价				2909.06

注：不需要外购碎石原料，故不计碎石原料一项。

相关工序单价表　　　　　　　　　　　　　　表 5-27

砂砾料开采 （元 /m³）	砂砾料运输 （元 /m³）	超径石破碎 （元 /t）	成品骨料运输 （元 /m³）
2.42	6.97	4.42	7.34

注：以上单价均为不含税单价。

（4）综合单价计算

砾石、天然砂、机制砂的综合单价计算分别见表 5-28～表 5-30。

砾石单价计算表　　　　　　　　　　　　　　表 5-28

项目	工序单价（不含税，元 /t）	调整系数	调整后单价（元 /t）
砂砾料开采	2.42/1.74	1.16	1.61
砂砾料运输	6.97/1.74	1.16	4.65
砂砾料筛洗	6.5	1	6.5
超径石破碎	4.42	0.446（91.91/206.11）	1.97
成品运输	7.34/1.65	1	4.45
超径石弃料	1.61＋4.65＋1.03＝7.29	0.022（4.97/230.95）	0.16（就地弃料）
合计			19.34
			19.34×1.65＝31.91（元 /m³）

注：1.1.16 为定额（60075）中的调整系数。

　　2.预筛时产生的超径石弃料单价为 1.03 元 /t，按相关定额（60075）中的人工和机械台时数量各乘 0.2 系数计价，并扣除用水。下同。

天然砂单价计算表 表 5-29

项目	工序单价（不含税，元/t）	调整系数	调整后单价（元/t）
砂砾料开采	2.42/1.74	1.16	1.61
砂砾料运输	6.97/1.74	1.16	4.65
砂砾料筛洗	6.5	1.00	6.50
成品运输	7.34/1.55	1.00	4.74
超径石弃料	1.61＋4.65＋1.03＝7.29	0.022	0.16（就地弃料）
合计			17.66
			17.66×1.55＝27.37（元/m³）

机制砂单价计算表 表 5-30

项目	工序单价（不含税，元/t）	调整系数	调整后单价（元/t）
砂砾原料	1.61＋4.65＋6.50＋1.97＝14.73	1.28	18.85
机制砂	28.24	1.00	28.24
成品运输	7.34/1.5	1.00	4.89
合计			51.98
			51.98×1.5＝77.97（元/m³）

注：1.28 为定额（60133）中的调整系数。

故：砂综合单价＝27.37×（24.84÷63.00）＋77.97×（38.16÷63.00）＝58.02（元/t）

第六节 混凝土及砂浆材料单价编制

混凝土及砂浆材料单价是指按混凝土及砂浆设计强度等级、级配及施工配合比配制每立方米混凝土及砂浆所需的砂、石、水泥、水、掺和料及外加剂等各种材料的费用之和（不含增值税进项税额）。不包括拌制、运输、浇筑等工序的费用，也不包含除搅拌损耗外的施工操作损耗及超填量等。

一、计算方法

根据设计确定的不同工程部位的混凝土强度等级、级配和龄期，分别计算出每立方米混凝土材料单价，计入相应的混凝土工程单价内。其混凝土配合比的各项材料用量，应根据工程试验提供的资料计算，若无试验资料时，可参照相关资料分析确定，也可参照定额中附录"混凝土材料配合比表"计算。

当采用商品混凝土时，其材料单价应按基价 200 元/m³（不含增值税进项税额）计入工程单价参加取费，预算价格与基价的差额以材料补差形式进行计算，材料补差列入单价表中并计取税金。

砂浆材料单价计算方法除配合比中无石子外，与混凝土基本相同。

混凝土、砂浆配合比有关说明如下：

（1）编制拦河坝等大体积混凝土单价时，可掺加适量的粉煤灰以节省水泥用量，并可降低水化热，其掺量比例应根据设计对混凝土的温度控制要求或试验资料选取。如无试验资料，可根据一般工程实际掺用比例情况，按定额附录"掺粉煤灰混凝土材料配合比表"选取。

（2）定额中水泥混凝土强度等级以28d龄期用标准试验方法测得的具有95%保证率的抗压强度标准值确定，如设计龄期超过28d，可按表5-31换算。计算结果如介于两种强度等级之间，应选用高一级的强度等级。

混凝土各龄期强度等级折算系数 表5-31

设计龄期（d）	28	60	90	180
强度等级折算系数	1.00	0.83	0.77	0.71

（3）定额中混凝土配合比表是按卵石、粗砂拟定的，如改用碎石或中、细砂，按表5-32换算。

骨料不同混凝土配合比换算系数 表5-32

项目	水泥	砂	石	水
卵石换为碎石	1.10	1.10	1.06	1.10
粗砂换为中砂	1.07	0.98	0.98	1.07
粗砂换为细砂	1.10	0.96	0.97	1.10
粗砂换为特细砂	1.16	0.90	0.95	1.16

注：1. 水泥按重量计，砂、石、水按体积计。

2. 若实际采用碎石及中细砂时，总的换算系数为各单项换算系数的连乘积。

3. 粉煤灰的换算系数同水泥的换算系数。

（4）混凝土细骨料的划分标准为：

细度模数3.19～3.85（或平均粒径1.2～2.5mm）为粗砂；

细度模数2.5～3.19（或平均粒径0.6～1.2mm）为中砂；

细度模数1.78～2.5（或平均粒径0.3～0.6mm）为细砂；

细度模数0.9～1.78（或平均粒径0.15～0.3mm）为特细砂。

（5）大体积混凝土浇筑时可加入块石，以节约混凝土用量。埋块石混凝土，应按配合比表的材料用量，扣除埋块石实体的数量计算。

$$埋块石混凝土材料量＝配合比表列材料用量×（1－埋块石率）$$

（5-22）

因埋块石增加的人工工时见表5-33。

埋块石混凝土人工工时增加量　　　　　　表 5-33

埋块石率（%）	5	10	15	20
每 100m³ 埋块石混凝土增加人工工时	24.0	32.0	42.4	56.8

注：不包括块石运输及影响浇筑的工时。

（6）有抗渗、抗冻要求时，按表 5-34 的水灰比（水与水泥重量比值）选用混凝土强度等级。

抗渗、抗冻等级与水灰比关系　　　　　　表 5-34

抗渗等级	一般水灰比	抗冻等级	一般水灰比
W4	0.60～0.65	F50	＜0.58
W6	0.55～0.60	F100	＜0.55
W8	0.50～0.55	F150	＜0.52
W12	＜0.50	F200	＜0.50
		F300	＜0.45

二、计算方法

混凝土、砂浆材料单价按下列公式计算：

$$混凝土材料单价 = \sum 1m^3 混凝土材料用量 \times 材料的预算价格 \qquad （5-23）$$
$$砂浆材料单价 = \sum 1m^3 砂浆材料用量 \times 材料的预算价格 \qquad （5-24）$$

例 5-20　某水利工程混凝土设计强度等级为 C30，试根据下述资料计算该混凝土 2 级配材料单价。

（1）42.5 水泥 320 元 /t、粗砂 50 元 /m³、卵石 45 元 /m³、水 1 元 /m³。

（2）42.5 水泥 320 元 /t、中砂 60 元 /m³、碎石 75 元 /m³、水 1 元 /m³。

解：（1）查定额附录得出纯混凝土 C30 配合比表，见表 5-35。

水泥的单价按基价 255 元 /t 计算，超出部分以材料补差形式列入工程单价表中，并计取税金。C30 混凝土 2 级配材料单价计算结果见表 5-36。

纯混凝土材料配合比及材料用量（单位：m³）　　　　　　表 5-35

混凝土强度等级	水泥强度等级	水灰比	级配	最大粒径	配合比 水泥	配合比 砂	配合比 石子	预算量 水泥（kg）	预算量 粗砂 kg	预算量 粗砂 m³	预算量 卵石 kg	预算量 卵石 m³	预算量 水（m³）
C30	42.5	0.50	1	20	1	2.10	3.50	353	744	0.50	1250	0.73	0.170
			2	40	1	2.25	4.43	310	699	0.47	1389	0.81	0.150
			3	80	1	2.16	6.23	260	565	0.38	1644	0.96	0.125
			4	150	1	2.04	7.78	230	471	0.32	1812	1.06	0.110

纯混凝土材料单价计算表　　　　　　　表 5-36

材料名称	单位	单价（元）	用量	预算价（元 /m³）	价差（元 /m³）
水泥	kg	0.255	310	79.05	20.15
粗砂	m³	50	0.47	23.5	
卵石	m³	45	0.81	36.45	
水	m³	1	0.15	0.15	
C30 混凝土	元			139.15	20.15

（2）水泥的单价按基价 255 元 /t 计算，碎石的单价按限价 70 元 /m³ 计算。超出部分以材料补差形式进行计算。另外，卵石换为碎石、粗砂换为中砂，混凝土配合比应进行换算。C30 混凝土 2 级配材料单价计算结果见表 5-37。

混凝土材料单价计算表　　　　　　　表 5-37

材料名称	单位	单价（元）	用量	预算价（元 /m³）	价差（元 /m³）
水泥	kg	0.255	364.87（310×1.10×1.07）	93.04	23.72
中砂	m³	60	0.51（0.47×1.10×0.98）	30.40	
碎石	m³	70	0.84（0.81×1.06×0.98）	58.90	4.21
水	m³	1	0.18（0.15×1.10×1.07）	0.18	
C30 混凝土	元			182.52	27.92

例 5-21　某水利工程中某部位采用掺粉煤灰混凝土材料（掺粉煤灰量 20%，取代系数 1.3），采用的混凝土为 C20 3 级配。各组成材料的预算价格为：32.5 水泥 300 元 /t、中砂 72 元 /m³、碎石 65 元 /m³、水 0.90 元 /m³、粉煤灰 250 元 /t、外加剂 5.0 元 /kg。试计算该混凝土材料的预算单价。

解：《水利建筑工程概算定额》（2002 年）附录中"掺粉煤灰混凝土材料配合比表"见表 5-38。

掺粉煤灰混凝土材料配合比表（掺粉煤灰量 20%，取代系数 1.3）（单位：m³）

表 5-38

混凝土强度等级	水泥强度等级	水灰比	级配	最大粒径	预算量							
					水泥	粉煤灰	粗砂		卵石		外加剂	水
					kg	kg	kg	m³	kg	m³	kg	m³
C20	32.5	0.55	3	80	190	63	589	0.4	1623	0.96	0.38	0.125
			4	150	168	56	495	0.33	1791	1.05	0.34	0.110

水泥的单价按基价 255 元 /t 计算，中砂的单价按限价 70 元 /m³ 计算。超出部分以材料补差形式进行计算。另外，卵石换为碎石、粗砂换为中砂，混凝土配合比

应进行换算。C20 混凝土 3 级配材料单价计算结果见表 5-39。

掺粉煤灰混凝土材料单价计算表 表 5-39

名称及规格	单位	预算量	调整系数	材料预算单价			混凝土材料价格	
				预算价（元）	基价（元）	价差（元）	基价（元）	价差（元）
32.5 水泥	kg	190	1.10×1.07	0.3	0.255	0.045	57.03	10.06
粉煤灰	kg	63	1.10×1.07	0.25			18.54	
中砂	m³	0.4	1.10×0.98	72	70	2	30.18	0.86
碎石	m³	0.96	1.06×0.98	65			64.82	
外加剂	kg	0.38	1	5			1.90	
水	m³	0.125	1.10×1.07	0.9			0.13	
C20 混凝土	m³						172.60	10.93

例 5-22 某水利工程挡土墙采用 M10 浆砌块石施工。各组成材料的预算价格为：32.5 水泥 310 元 /t、砂 80 元 /m³、水 0.95 元 /m³。试计算该工程 M10 砌筑砂浆材料单价。

解：根据《水利建筑工程概算定额》（2002 年）附录中"水泥砂浆材料配合比表（1）砌筑砂浆"计算砂浆单价，其结果见表 5-40。

M10 砂浆材料单价计算表 表 5-40

名称及规格	单位	预算量	调整系数	材料预算单价			砂浆价格	
				预算价（元）	基价（元）	价差（元）	基价（元）	价差（元）
32.5 水泥	kg	305	1	0.31	0.255	0.055	77.78	16.78
砂	m³	1.10	1	80	70	10	77.00	11.00
水	m³	0.183	1	0.95			0.17	
M10 砌筑砂浆	m³						154.95	27.78

第六章

建筑安装工程单价编制

第一节　建筑安装工程单价简述

一、工程单价概念

建筑安装工程单价，简称工程单价，指完成建筑安装工程单位工程量（如 $1m^3$、$1m^2$、1t、1 台）所耗用的直接费、间接费、利润、材料补差和税金五部分的总和。工程单价是编制水利水电建筑安装工程投资的基础，它直接影响工程总投资的准确程度。建筑安装工程的主要项目均应计算概预算单价，据以编制工程概预算。

工程单价是工程概预算一个特有的概念，由于建筑产品的特殊性及其定价的特点，没有相同的建筑产品及其价格，无法对整个建筑产品定价，但不同的建筑产品经过分解都可以得到比较简单且相同的基本构成要素，完成相同基本构成要素的人工、材料、机械台时消耗量相同。因此，施工方法或工艺确定后，可以从确定其基本构成要素的费用入手，由工程定额查定完成单位（如 $1m^3$、$1m^2$、1t）基本构成要素的人工、材料、机械台时消耗量与各自的预算价格（基础单价）相乘再加起来就是单位基本构成要素的基本直接费，再按有关取费费率可计算其他费用，即得到单位基本构成要素的价格，亦称为建筑安装工程单价。上述计算工作称为工程单价的编制，也称为单价分析或单位估价。

在初步设计阶段（或可行性研究阶段）使用概算定额查定人工、材料、机械台时消耗量，最终算得工程概算单价；在施工图设计阶段使用预算定额查定人工、材料、机械台时消耗量，最终算得工程预算单价。

工程单价由"量、价、费"三要素组成。

量：指完成单位工程量所需的人工、材料和施工机械台时数量。应根据设计图纸及施工组织设计等资料，选择合适的定额确定。

价：指人工预算单价、材料预算价格和机械台时费等基础单价。

费：指按规定计入工程单价的其他费用，费用标准按现行有关规定取费计算。

二、工程单价编制步骤与方法

（一）编制步骤

1. 了解工程概况，熟悉设计图纸。收集基础资料，弄清工程地质条件，确定取费标准。

2. 根据工程特征和施工组织设计确定的施工条件、施工方法及设备情况，正确选用定额子目。

3. 根据工程的基础单价和有关费用标准，计算直接费、间接费、利润、材料补差和税金，并加以汇总。

（二）编制方法

工程单价的编制通常采用列表法，所得表格称为建筑工程单价表。单价表是用货币形式表现定额单位产品价格的一种表式，计算程序见表 6-1～表 6-3。

建筑工程单价计算程序表　　　　　　　　　　　　　表 6-1

序号	名称及规格	计算方法
（一）	直接费	（1）+（2）
（1）	基本直接费	①+②+③
①	人工费	∑定额劳动量×人工预算单价
②	材料费	∑定额材料量×材料预算单价或限额价
③	机械使用费	∑定额机械台时×台时费
（2）	其他直接费	（1）×其他直接费费率之和
（二）	间接费	（一）×间接费费率
（三）	利润	[（一）+（二）]×利润率
（四）	材料补差	∑（材料预算价格－材料基价）×材料消耗量
（五）	税金	[（一）+（二）+（三）+（四）]×税率
（六）	建筑工程单价	（一）+（二）+（三）+（四）+（五）

注：建筑工程单价含有未计价材料（如输水管道）时，其格式参照安装工程单价。

实物量形式的安装工程单价计算程序表　　　　　　　表 6-2

序号	名称及规格	计算方法
（一）	直接费	（1）+（2）
（1）	基本直接费	①+②+③
①	人工费	∑定额劳动量×人工预算单价
②	材料费	∑定额材料量×材料预算单价或限额价
③	机械使用费	∑定额机械台时×台时费

续表

序号	名称及规格	计算方法
（2）	其他直接费	（1）×其他直接费费率之和
（二）	间接费	①×间接费费率
（三）	利润	［（一）＋（二）］×利润率
（四）	材料补差	∑（材料预算价格－材料基价）×材料消耗量
（五）	未计价装置性材料费	未计价装置性材料用量×材料预算单价
（六）	税金	［（一）＋（二）＋（三）＋（四）＋（五）］×税率
（七）	安装工程单价	（一）＋（二）＋（三）＋（四）＋（五）＋（六）

注：机电、金属结构设备安装工程的间接费以人工费作为计算基础。

费率形式的安装工程单价计算程序表　　　　　表 6-3

序号	名称及规格	计算方法
（一）	直接费	（1）＋（2）
（1）	基本直接费	①＋②＋③＋④
①	人工费	定额人工费（％）×设备原价（元）
②	材料费	定额材料费（％）×设备原价（元）
③	装置性材料费	定额装置性材料费（％）×设备原价（元）
④	机械使用费	定额机械使用费（％）×设备原价（元）
（2）	其他直接费	（1）×其他直接费费率之和
（二）	间接费	①×间接费费率
（三）	利润	［（一）＋（二）］×利润率
（四）	税金	［（一）＋（二）＋（三）］×税率
（五）	建筑工程单价	（一）＋（二）＋（三）＋（四）

注：机电、金属结构设备安装工程的间接费以人工费作为计算基础。

一般按下列方法编制建筑安装工程单价表：

（1）将定额编号、工程名称、定额单位等列于表格上方，并将工作内容、施工方法、名称及规格等分别填入表中相应栏内。其中，"名称及规格"一栏应填写详细和具体，如施工机械型号、混凝土强度等级等。

（2）将定额中的人工、材料、机械台时消耗量，以及相应的人工预算单价、材料预算价格和机械台时费分别填入表中各栏。

（3）按"消耗量 × 单价"得出相应的人工费、材料费和机械使用费，相加得出基本直接费。

（4）根据规定的费率标准计算其他费用，汇总即得出该工程单位产品的价格，即工程单价。

水利定额中其他材料费、零星材料费、其他机械费均以费率（％）形式表示，其中：其他材料费以主要材料费之和为计算基数；零星材料费以人工费、机械费之和为计算基数；其他机械费以主要机械费之和为计算基数。

水电定额中直接以金额"元"给出其他材料费、零星材料费、其他机械使用费等费用，不需要计算，在"营改增"后也不作调整。

编制建筑安装工程单价时应注意的问题可参见相关定额。

三、建筑安装工程的取费

（一）水利工程的取费

1. 其他直接费

（1）冬雨期施工增加费

根据不同地区，按基本直接费的百分率计算，具体如下：

西南区、中南区、华东区：0.5%～1.0%；

华北区：1.0%～2.0%；

西北区、东北区：2.0%～4.0%；

西藏自治区：2.0%～4.0%。

西南区、中南区、华东区中，按规定不计冬期施工增加费的地区取小值，计算冬期施工增加费的地区可取大值；华北区中，内蒙古等较严寒地区可取大值，其他地区取中值或小值；西北区、东北区中，陕西、甘肃等省取小值，其他地区可取中值或大值。各地区包括的省（自治区、直辖市）如下：

① 华北地区：北京、天津、河北、山西、内蒙古5个省（自治区、直辖市）。

② 东北地区：辽宁、吉林、黑龙江3个省。

③ 华东地区：上海、江苏、浙江、安徽、福建、江西、山东7个省（直辖市）。

④ 中南地区：河南、湖北、湖南、广东、广西、海南6个省（自治区）。

⑤ 西南地区：重庆、四川、贵州、云南4个省（直辖市）。

⑥ 西北地区：陕西、甘肃、青海、宁夏、新疆5个省（自治区）。

（2）夜间施工增加费

按基本直接费的百分率计算，具体如下：

① 枢纽工程：建筑工程0.5%，安装工程0.7%。

② 引水工程：建筑工程0.3%，安装工程0.6%。

③ 河道工程：建筑工程0.3%，安装工程0.5%。

（3）特殊地区施工增加费

指在高海拔、原始森林、沙漠等特殊地区施工而增加的费用，其中高海拔地区施工增加费已计入定额，其他特殊增加费按工程所在地区规定标准计算，地方没有规定的不得计算此项费用。

（4）临时设施费

按基本直接费的百分率计算，具体如下：

① 枢纽工程：建筑及安装工程 3.0%。

② 引水工程：建筑及安装工程 1.8%～2.8%。若工程自采加工人工砂石料，费率取上限；若工程自采加工天然砂石料，费率取中值；若工程外购砂石料，费率取下限。

③ 河道工程：建筑及安装工程 1.5%～1.7%。灌溉田间工程取下限，其他工程取中上限。

（5）安全生产措施费

按基本直接费的百分率计算，具体如下：

① 枢纽工程：建筑及安装工程 2.0%。

② 引水工程：建筑及安装工程 1.4%～1.8%。一般取下限标准，隧洞、渡槽等大型建筑物较多的引水工程、施工条件复杂的引水工程取上限标准。

③ 河道工程：建筑及安装工程 1.2%。

（6）其他

按基本直接费的百分率计算，具体如下：

① 枢纽工程：建筑工程 1.0%，安装工程 1.5%。

② 引水工程：建筑工程 0.6%，安装工程 1.1%。

③ 河道工程：建筑工程 0.5%，安装工程 1.0%。

特别说明：

① 砂石备料工程其他直接费费率取 0.5%。

② 掘进机施工隧洞工程其他直接费取费费率执行以下规定：土石方类工程、钻孔灌浆及锚固类工程，其他直接费费率为 2%～3%；掘进机由建设单位采购、设备费单独列项时，台时费中不计折旧费，土石方类工程、钻孔灌浆及锚固类工程其他直接费费率为 4%～5%。敞开式掘进机其他直接费费率取低值，其他掘进机其他直接费费率取高值。

2. 间接费

根据工程性质不同，间接费标准划分为枢纽工程、引水工用、河道工程三部分标准，见表 6-4。

间接费费率表 表 6-4

序号	工程类别	计算基础	间接费费率（%）		
			枢纽工程	引水工程	河道工程
一	建筑工程				
1	土方工程	直接费	8.5	5～6	4～5
2	石方工程	直接费	12.5	10.5～11.5	8.5～9.5
3	砂石备料工程（自采）	直接费	5	5	5
4	模板工程	直接费	9.5	7～8.5	6～7

序号	工程类别	计算基础	间接费费率（%）		
			枢纽工程	引水工程	河道工程
5	混凝土浇筑工程	直接费	9.5	8.5～9.5	7～8.5
6	钢筋制安工程	直接费	5.5	5	5
7	钻孔灌浆工程	直接费	10.5	9.5～10.5	9.25
8	锚固工程	直接费	10.5	9.5～10.5	9.25
9	疏浚工程	直接费	7.25	7.25	6.25～7.25
10	掘进机施工隧洞工程（1）	直接费	4	4	4
11	掘进机施工隧洞工程（2）	直接费	6.25	6.25	6.25
12	其他工程	直接费	10.5	8.5～9.5	7.25
二	机电、金属结构设备安装工程	人工费	75	70	70

引水工程：一般取下限标准，隧洞、渡槽等大型建筑物较多的引水工程、施工条件复杂的引水工程取上限标准。

河道工程：灌溉田间工程取下限，其他工程取上限。

工程类别划分说明：

（1）土方工程。包括土方开挖与填筑等。

（2）石方工程。包括石方开挖与填筑、砌石、抛石工程等。

（3）砂石备料工程（自采）。包括天然砂砾料和人工砂石料的开采加工。

（4）模板工程。包括现浇各种混凝土时制作及安装的各类模板工程。

（5）混凝土浇筑工程。包括现浇和预制各种混凝土、伸缩缝、止水、防水层、温控措施等。

（6）钢筋制安工程。包括钢筋制作与安装工程等。

（7）钻孔灌浆工程。包括各种类型的钻孔灌浆、防渗墙、灌注桩工程等。

（8）锚固工程。包括喷混凝土（浆）、锚杆、预应力锚索（筋）工程等。

（9）疏浚工程。指用挖泥船、水力冲挖机组等机械疏浚江河、湖泊的工程。

（10）掘进机施工隧洞工程（1）。包括掘进机施工土石方类工程、钻孔灌浆及锚固类工程等。

（11）掘进机施工隧洞工程（2）。指掘进机设备单独列项采购并且在台时费中不计折旧费的土石方类工程、钻孔灌浆及锚固类工程等。

（12）其他工程。指除表中所列11类工程以外的其他工程。

3. 利润

利润按直接费和间接费之和的7%计算。

4. 税金

国家对施工企业承担建筑安装工程的作业收入征收增值税。根据水利部办公厅印发的《水利工程营业税改征增值税计价依据调整办法》（办水总〔2016〕132号），《水利部办公厅关于调整水利工程计价依据增值税计算标准的通知》（办财务函〔2019〕448号），建筑及安装工程费的税金税率为9%，自采砂石料的税金税率为3%。国家对税率标准调整时，可以相应调整计算标准。

（1）纳税人

增值税是以商品（含应税劳务）在流转过程中产生的增值额作为计税依据而征收的一种流转税。在中华人民共和国境内销售货物或者加工、修理修配劳务（以下简称劳务），销售服务、无形资产、不动产以及进口货物的单位和个人，为增值税的纳税人。

纳税人分为一般纳税人和小规模纳税人。应税行为的年应征增值税销售额超过财政部和国家税务总局规定标准的纳税人为一般纳税人，未超过规定标准的纳税人为小规模纳税人。

（2）增值税税率

① 13%税率的适用行业

销售或进口货物（除适用10%税率的货物外），提供加工、修理、修配劳务，提供有形动产租赁服务。

② 9%税率的适用行业

纳税人提供交通运输、邮政、基础电信、建筑、不动产租赁服务，销售不动产、销售土地使用权，销售或者进口：粮食等农产品、食用植物油、食用盐；自来水、暖气、冷气、热水、煤气、石油液化气、天然气、二甲醚、沼气、居民用煤炭制品；图书、报纸、杂志、音像制品、电子出版物；饲料、化肥、农药、农机、农膜。

③ 6%税率的适用行业

提供现代服务、提供金融服务、提供电信服务、提供生活服务、销售无形资产等。

④ 适用零税率

出口货物等特殊业务。

（3）应纳税额计算

① 一般计税方法

计算公式为：

$$应纳税额 = 当期销项税额 - 当期进项税额 \qquad (6-1)$$

$$销项税额 = 销售额 \times 税率 \qquad (6-2)$$

$$销售额 = 含税销售额 \div (1 + 税率) \qquad (6-3)$$

销项税额是指纳税人提供应税服务按照销售额和增值税税率计算的增值税额。

进项税额是指纳税人购进货物或者接受加工、修理、修配劳务和应税服务，支付或者负担的增值税税额。

一般纳税人发生应税行为适用一般计税方法计税。

② 简易计税方法

$$应纳税额 = 销售额 \times 征收率 \qquad (6-4)$$
$$销售额 = 含税销售额 \div (1 + 征收率) \qquad (6-5)$$

小规模纳税人适用简易计税方法计税，征收率为 3%。

（二）水电工程的取费

1. 其他直接费

（1）冬雨期施工增加费

指在冬雨期施工期间为保证工程质量和安全生产所需增加的费用。费用标准见表 6-5。

冬雨期施工增加费费率表 表 6-5

序号	地区名称	计算基础	费率（%）
1	中南、华东	建筑安装工程基本直接费	0.5～1.0
2	西南（除西藏外）	建筑安装工程基本直接费	1.0～1.5
3	华北	建筑安装工程基本直接费	1.0～2.5
4	西北、东北、西藏	建筑安装工程基本直接费	2.5～4.0

注：1. 中南、华东、西南（除西藏外）地区中，不计冬期施工增加费的地区取小值，计算冬期施工增加费的地区可取大值。

2. 华北地区的内蒙古等较为严寒的地区可取大值，一般取中值或小值。

3. 西北、东北地区中的陕西、甘肃等省取小值，其省、自治区可取中值或大值；西藏四类地区取大值，其他地区取中值或小值。

4. 四川、云南与西藏交界地区的费率按西藏地区的下限计取。

（2）特殊地区施工增加费

指在高海拔、原始森林、酷热、风沙等特殊地区施工而增加的费用。费用标准按工程所在地方有关规定计算，地方没有规定的不得计算此项费用。

（3）夜间施工增加费

指因夜间施工所发生的夜班补助费、施工建设场地和施工道路的施工照明设备摊销及照明用电等费用。费用标准见表 6-6。

夜间施工增加费费率表 表 6-6

序号	计费类别	计算基础	费率（%）
1	建筑工程	建筑工程基本直接费	0.8～1.0
2	安装工程	安装工程基本直接费	1.0～1.2

注：有地下厂房和长引水洞的项目取大值，反之取小值。

（4）小型临时设施摊销费

指为工程进行正常施工，在工作面内发生的小型临时设施摊销费用。费用标准见表 6-7。

小型临时设施摊销费费率表 　　　　表 6-7

序号	计费类别	计算基础	费率（%）
1	建筑工程	建筑工程基本直接费	1.5
2	安装工程	安装工程基本直接费	2.0

（5）安全文明施工措施费

指施工企业按照国家有关规定和施工安全标准，购置施工安全防护用具、落实安全施工措施、改善安全生产条件、加强安全生产管理等所需的费用。费用标准见表 6-8。

安全文明施工措施费费率表 　　　　表 6-8

序号	计费类别	计算基础	费率（%）
1	建筑工程	建筑工程基本直接费	2.0
2	安装工程	安装工程基本直接费	2.0

（6）其他

包括施工工具用具使用费、检验试验费、工程定位复测费、工程点交费、竣工场地清理费、工程项目移交前的维护费等。费用标准见表 6-9。

其他费率表 　　　　表 6-9

序号	计费类别	费率（%）
1	建筑工程	1.6
2	安装工程	2.4

2. 间接费

指建筑安装工程施工过程中构成建筑产品成本，但又无法直接计量的消耗在工程项目上的有关费用，由企业管理费、规费和财务费用组成。费用标准见表 6-10。

间接费费率表 　　　　表 6-10

序号	工程类别	计算基础	间接费费率（%）
一	建筑工程		
1	土方工程	直接费	13.3
2	石方工程	直接费	22.4
3	混凝土工程	直接费	16.9
	混凝土工程*	直接费	13.02
4	钢筋制作安装工程	直接费	8.41
5	基础处理工程	直接费	19.04
6	喷锚支护工程	直接费	21.46
7	疏浚工程	直接费	20.14

续表

序号	工程类别	计算基础	间接费费率（%）
8	植物工程	直接费	21.53
9	其他工程	直接费	18.29
二	设备安装工程	人工费	138

注：＊表示采用外购砂石料的混凝土工程间接费费率。

3. 利润与税金

与水利工程的费用标准一样。

第二节　建筑工程单价的计算

水利水电工程建设项目中建筑工程项目较多，例如大坝、船闸、泵站、渠道、隧洞等建筑物、构筑物，同时也比较复杂，但就其工程内容和工种类别而言，都有其共同点，它的内容包括土方工程、石方工程、堆砌石工程、混凝土浇筑工程、模板工程、基础处理工程、其他建筑工程等。

一、土方工程单价编制

水利水电工程中，以土为施工对象进行开挖、运输，为其他水工建筑物施工创造条件，如坝基、明渠覆盖层开挖；土料经人工或机械开挖、运输，加入其他筑坝材料，碾压而筑成的水工建筑物，如碾压式土石坝；利用土石坝与其他水工建筑物共同组成整体，并联合产生加强结构稳定作用的水工建筑物，如矩形渠道混凝土边墙、船闸边墙等侧后面回填土石等。

土方工程包括水利水电工程的建筑物、构筑物的土方开挖、运输、回填、压实等项目。按施工方法可分为机械施工和人力施工两种。人力施工效率低且成本高，只有在工作面狭窄或施工机械进入困难的部位才采用。影响土方工程工效的主要因素有：土的级别、取（运）土的距离、施工方法、施工条件、质量要求等。因此，土方定额大多按上述影响工效的参数划分节和子目。因此，正确确定这些参数和合理使用定额是编制土方工程单价的关键。

（一）土方开挖

土方开挖由"挖""运"两个主要工序组成。

1. 挖土

影响"挖"这个工序工效的主要因素有以下几点：

（1）土的级别。一般按土石16级分类法的前4级划分土类级别（Ⅰ、Ⅱ、Ⅲ、Ⅳ类土），详见定额中的有关分级标准。通常情况下，土的级别越大，工效越低，单价越高。

（2）设计要求的开挖形状。设计有形状要求的沟、渠、坑等都会影响开挖的工效，尤其是当断面较小、深度较深时，机械开挖会降低其正常效率。因此，定额往往按沟、渠、坑等分节，各节再分别按其宽度、深度、面积等划分子目。

（3）施工条件。不良施工条件，如水下开挖、冰冻等都将严重影响开挖工效。

2. 运土

土方运输包括集料、装土、运土、卸土、卸土场整理等工序。影响该工序的主要因素有以下几点：

（1）运土距离。运输距离是指取土中心至卸土中心的平均距离。运土的距离越远，所需时间也越长，但在一定起始范围内，不是直线反比关系，而是对数曲线关系。

（2）土的级别。从运输的角度看，土的级别越高，其密度也越大。由于土石方都习惯采用体积作为单位，所以土的级别越高，工效越低。

（3）施工条件。装卸车条件、道路状况、卸土场的条件等都影响运土工效。

（二）土方填筑

水利水电工程的大坝、渠堤、道路、围堰等都有大量的土方要回填、压实。土方填筑主要由取土、压实两大工序组成。

1. 取土

（1）料场覆盖层清理。根据填筑土料的质量要求，料场上的树木及表面覆盖的乱石、杂草及不合格的表土等必须予以清除。清除所需的人工、材料、机械台时的数量和费用，应按相应比例摊入土方填筑单价内。即：

$$覆盖层清除摊销费 = 覆盖层清除总费用 / 设计成品方量$$
$$= 覆盖层清除单价 × 覆盖层清除量 / 设计成品方量$$
$$= 覆盖层清除单价 × 覆盖层清除摊销率 \qquad (6-6)$$

（2）土料开采运输。土料的开采运输，应根据工程规模，尽量采用大料场、大设备，以提高机械生产效率，降低土料成本。土料开采单价的编制与土方开挖、运输单价相同。只是当土料含水量不符合规定时将增加处理费用，同时需考虑土料的损耗和体积变化的因素。

（3）土料处理费用计算。当土料含水量不符合规定标准时，应先采取挖排水沟、扩大取土面积、分层取土等施工措施。如仍不能满足设计要求，则应采取降低含水量（翻晒、分区集中堆存等）或加水处理措施。

（4）土料损耗和体积变化。土料损耗包括开采、运输、雨后清理、削坡、沉陷等的损耗，以及超填和施工附加量。体积变化是由设计干密度和天然干密度的不同而产生的。如设计要求的坝体的干密度为 $1.650t/m^3$，而天然干密度为 $1.403t/m^3$，则折实系数为 $1.650/1.403 = 1.176$，即该设计要求的 $1m^3$ 坝体的实方，需 $1.176 \ m^3$

的自然方才能满足。从定额（或单价）的意义来讲，土方开挖、运输的人工、材料、机械台时的数量（或单价）应扩大 1.176 倍。现行定额的综合定额已计入各项施工损耗、超填及施工附加量，体积变化也已在定额中考虑。凡施工方法适用于综合定额的，应采用综合定额，并不得加计任何系数或费用。

当施工措施不是挖掘机、装载机挖装自卸汽车运输时，可以套用单项定额。此时，可根据不同施工方法的相应定额，按下式计算取土备料和运输土料的定额数量：

$$成品实方定额数 = 自然方定额数 \times (1 + A) \times 设计干容重 / 天然干容重$$

$$(6-7)$$

式中　A——综合系数（%），包括开采、上坝运输、雨后清理、边坡削坡、接缝削坡、施工沉陷、试验坑和不可避免的压坏、超填及施工附加量等损耗因素，综合系数 A 可根据不同施工方法与坝型和坝体填料按定额规定选取。

2. 压实

土方压实的常用施工方法及压实机械有：

（1）夯实法：靠夯体下落的动荷重的作用，使土粒位置重新排列而达到密实。压实机械有打夯机，人力打夯时采用木石夯、石硪等工具。适用于无黏性土，能压实较厚的土层，所需工作面较小。

（2）碾压法：靠碾碌本身重量的静荷重的作用，使土粒相互移动而达到密实。压实机械有羊足碾、平碾、气胎碾等，适用范围广。

（3）振动法：主要靠机械的振动作用，使土粒结构发生相对位移而使其压实。主要机械为振动碾，适用于无黏性土和砂砾石等土质以及设计干密度要求较高的情况。

影响压实工效的主要因素有：土料种类、级别、设计要求、碾压工作面等，土方压实定额大多按这些影响因素划分节、子目。

（1）土料种类、级别。土料种类一般有土料、砂砾料、土石渣料等。土料的种类、级别对土方压实工效有较大的影响。

（2）设计要求。设计对填筑体的质量要求主要反映在压实后的干密度。干密度的高低直接影响碾压参数（如铺土厚度、碾压次数），也直接影响压实工序的工效。

（3）碾压工作面。较小的碾压工作面（如反滤体、堤等）使机械不能正常发挥机械效率。

土方工程要尽量利用开挖出的渣料用于填筑工程，对降低工程造价十分有利。但要注意开挖与填筑的单位不同，前者是自然方，后者是压实方，故要计入前述的体积变化和各种损耗。其中：自然方指未经扰动的自然状态的土方；松方指自然方经机械或人工开挖而松动过的土方；压实方指填筑（回填）并经过压实后的成品方。

例 6-1 某中南地区水利枢纽工程（一般地区）挡水工程为黏土心墙坝，坝长 2km，心墙设计量 100 万 m^3，设计干密度 $1.70t/m^3$，天然干密度 $1.55t/m^3$。土料场中心位于坝址左岸坝头 6km 处，翻晒场中心位于左岸坝头 1.5km 处，土类 III 类。已知：覆盖层清除量 5 万 m^3，单价 3.18 元 /m^3（自然方）；土料开采运输至翻晒场单价 10.52 元 /m^3（自然方）；土料翻晒单价 3.11 元 /m^3（自然方）；土料压实单价 6.97 元 /m^3（压实方）；取土备料及运输计入施工损耗的综合系数 $A = 6.7\%$。柴油单价 6.5 元 /kg。

试计算：

（1）翻晒后用 $5m^3$ 装载机 25t 自卸汽车运至坝上的工程单价。

（2）黏土心墙的综合单价。

解：（1）第一步：确定基础单价。

一般地区，中级工单价：8.90 元 / 工时；初级工单价：6.13 元 / 工时。机械台时费计算结果见表 6-11。以推土机 88kW 为例，说明计算过程。

88kW 推土机的一类费用 = 26.72/1.13 + 29.07/1.09 + 1.06 = 51.38（元）

88kW 推土机的二类费用 = 2.4×8.90 + 12.6×2.99 = 59.03（元）

88kW 推土机台时费基价 = 51.38 + 59.03 = 110.41（元）

柴油价差 = 12.6×（6.50 − 2.99）= 44.23（元）

施工机械台时费   表 6-11

定额编号	名称及规格	台时费（元）		一类费用（元）			二类费用（元）	
				折旧费	修理及替换设备费	安装拆卸费	人工费	柴油
1032	装载机 $5m^3$	定额数量		153.46	83.79		2.4	39.4
		基价	351.84	135.81	76.87		21.36	117.81
		价差	138.29					138.29
1044	推土机 88kW	定额数量		26.72	29.07	1.06	2.4	12.6
		基价	110.41	23.65	26.67	1.06	21.36	37.67
		价差	44.23					44.23
3020	25t 自卸汽车	定额数量		85.89	42.95		1.3	20.8
		基价	189.17	76.01	39.40		11.57	62.19
		价差	73.01					73.01

第二步：确定费率。

1）其他直接费费率：

①冬雨期施工增加费：1%；

②夜间施工增加费：0.5%；

③特殊地区施工增加费：0；

④临时设施费：3%；

⑤安全生产措施费：2%；

⑥其他：1%。

其他直接费费率为：7.5%。

2）间接费费率：

土方工程的间接费费率为：8.5%。

3）利润：7%。

4）税率：9%。

第三步：计算翻晒后用5m³装载机25t自卸汽车运至坝上的工程单价。

已知坝长2km，翻晒场中心位于坝址左岸坝头1.5km，故自卸汽车运距2.5km。根据《水利工程设计概（估）算编制规定》，并查《水利建筑工程概算定额》（2002年）、《水利工程施工机械台时费定额》，列表计算见表6-12。运距2.5km介于定额子目10785与10786之间，采用内插法计算。

建筑工程单价表（挖装运输）　　　　　　　　表6-12

单价编号		项目名称	土料运输工程	
定额编号	［10785］×0.5＋［10786］×0.5		定额单位	100m³（自然方）
施工方法	5m³装载机挖装，25t自卸汽车运输，运距2.5km，Ⅲ类土			
编号	名称及规格	单位	数量	单价（元）	合计（元）
1	直接费				1027.31
（1）	基本直接费				955.64
①	人工费				14.10
	初级工	工时	2.3	6.13	14.10
②	材料费				18.74
	零星材料费	％	2	936.90	18.74
③	机械使用费				922.80
	装载机5m³	台时	0.43	351.84	151.29
	推土机88kW	台时	0.22	110.41	24.29
	自卸汽车25t	台时	3.95	189.17	747.22
（2）	其他直接费	％	7.5	955.64	71.67
2	间接费	％	8.5	1027.31	87.32
3	利润	％	7	1114.63	78.02
4	材料补差				357.58
	柴油			138.29×0.43＋44.23×0.22＋73.01×3.95	357.58
5	税金	％	9	1550.24	139.52
6	单价合计				1689.77

（2）黏土心墙综合单价的计算过程见表 6-13。

黏土心墙的综合单价计算表（水利枢纽工程）　　　表 6-13

项目	单位	单价	换算系数	合计（元）
覆盖层清除	元 /m³（自然方）	3.18	5/100 = 5%	0.16
土料开采运输	元 /m³（自然方）	10.52	（1＋6.7%）×1.70/1.55 = 1.17	35.72
土料翻晒	元 /m³（自然方）	3.11		
翻晒后挖装、运输上坝	元 /m³（自然方）	16.90		
土料压实	元 /m³（压实方）	6.97	1	6.97
综合单价	元 /m³（压实方）			42.85

例 6-2　某水电工程（四类地区）挡水建筑物为黏土心墙堆石坝，坝长 1km。设计心墙堆筑量为 150 万 m³，设计选用上、下游两个土料场取料，土料为Ⅲ类土。上游料场距坝址 4km，供料比为 85%。开采用 4m³ 挖掘机配 32t 自卸汽车运输至坝下游 1km 的掺合场。下游料场距坝址 30km，距掺合场 29km，供料比为 15%。该料场由地方某企业经营，土料供应价格为 20 元 /m³（车上交货），土料湿容重为 1.8t/m³，公路运价为 0.60 元 /（t·km），汽车装载率为标重的 90%。设计考虑由上、下两个料场在坝下游 1km 的掺合场掺合后含水量和防渗性均可满足设计要求，掺合采用 74kW 推土机推土混合。掺合后的土料采用 4m³ 挖掘机配 32t 自卸汽车运输上坝，并采用 12～18t 的羊足碾碾压。心墙土料的设计干容重为 1.70t/m³，天然干容重为 1.55t/m³。综合系数 $A = 6.7\%$。试计算黏土心墙的综合单价。

解：下游料场的土料基本直接费 = 20＋1.8×0.6×29/0.9 = 54.80（元 /m³）（自然方）

土料采购运输工程单价计算结果见表 6-14。

土料采购运输工程单价计算表　　　表 6-14

单价编号		项目名称		土料采购运输工程	
定额编号				定额单位	100m³（自然方）
施工方法					
编号	名称及规格	单位	数量	单价（元）	合计（元）
1	直接费				5869.08
（1）	基本直接费				5480.00
（2）	其他直接费	%	7.1	5480.00	389.08
2	间接费	%	13.3	5869.08	780.59
3	利润	%	7	6649.67	465.48
4	税金	%	9	7115.14	640.36
5	单价合计				7755.51

同例 6-1，采用内插法，掺合土料运输上坝单价计算见表 6-15。其他工序单价具体计算过程略。综合单价计算结果见表 6-16。

掺合土料运输上坝工程单价计算表　　　表 6-15

单价编号		项目名称			掺合土料运输上坝工程	
定额编号	［10396］×0.5＋［10397］×0.5			定额单位	100m³（自然方）	
施工方法	4m³ 挖掘机装 32t 自卸汽车运 1.5km，Ⅲ类土					
编号	名称及规格	单位	数量	单价（元）	合计（元）	
1	直接费				992.50	
（1）	基本直接费				926.71	
①	人工费				7.64	
	普工	工时	1.025	7.45	7.64	
②	材料费				30.00	
	零星材料费	元	30	1.00	30.00	
③	机械使用费				889.07	
	挖掘机（液压反铲）4.0m³	台时	0.339	657.54	222.91	
	推土机 88kW	台时	0.1	137.03	13.70	
	自卸汽车 32t	台时	1.645	394.81	649.46	
	其他机械使用费	元	3	1.00	3.00	
（2）	其他直接费	%	7.1	926.71	65.80	
2	间接费	%	13.3	992.50	132.00	
3	利润	%	7	1124.51	78.72	
4	税金	%	9	1203.22	108.29	
5	单价合计				1311.51	

黏土心墙的综合单价计算表（水电工程）　　　表 6-16

项目	单位	单价（元）	系数	合计（元）
土料开采运输	元/m³（自然方）	21.58	0.85	18.34
土料采购运输	元/m³（自然方）	77.56	0.15	11.63
土料掺合	元/m³（自然方）	7.34	1	7.34
掺合土料上坝	元/m³（自然方）	13.12	1	13.12
小计				50.44
折合成品方系数：（1＋6.7%）×1.7÷1.55＝1.17				
折合成实方	元/m³（实方）	50.44	1.17	59.01
土料压实	元/m³（实方）	12.85	1	12.85
综合单价	元/m³（实方）			71.86

二、石方工程单价编制

水利水电工程中的石方工程大多为基础和洞井工程，尽量采用先进技术，合理安排施工，减少二次出渣，充分利用石渣作为块石、碎石原料等，对加快工程进度、降低工程造价有着重要意义。石方工程单价包括开挖、运输和支护等工序的费用。开挖及运输都以自然方为计量单位。

（一）石方开挖

1. 石方开挖分类

按施工条件分为明挖石方和暗挖石方两大类。按施工方法可分为人工硬打、钻孔爆破法和掘进机开挖等。人工硬打耗工费时，适用于有特殊要求的开挖部位。钻孔爆破法一般有浅孔爆破法、深孔爆破法、洞室爆破法和控制爆破法（定向、光面、预裂、静态爆破等）。钻孔爆破法是一种传统的石方开挖方法，在水利水电工程施工中使用十分广泛。掘进机是一种新型的开挖专用设备，与传统的钻孔爆破法的区别主要在于掘进机开挖改钻孔爆破为对岩石进行纯机械的切割或挤压破碎，并使掘进与出渣、支护等作业能够平行连续地进行，施工安全、工效较高，但掘进机一次性投入大、费用高。

2. 影响开挖工序的因素

开挖由钻孔、装药、爆破、翻渣、清理等工序组成。影响开挖的主要因素有：

（1）岩石级别。岩石按其成分、性质划分级别，现行定额将岩、土划分成16级。其中Ⅰ、Ⅱ、Ⅲ、Ⅳ级为土，Ⅴ～ⅩⅥ级为岩石。岩石级别越高，其强度越高，钻孔的阻力越大，钻孔工效越低。岩石级别越高，对爆破的抵抗力也越大，所需炸药也越多。因此，岩石级别是影响开挖工序的主要因素之一。

（2）设计对开挖形状及开挖面的要求。设计对有形状要求的开挖，如沟、槽、坑、洞、井等，其爆破系数（每平方米工作面上的炮孔数）较没有形状要求的一般石方开挖要大得多，尤其是对于小断面的开挖。爆破系数越大，爆破效率越低，耗用爆破器材（炸药、雷管、导线）也越多。设计对开挖面有要求（如爆破对建基面的损伤限制、对开挖面平整度的要求等）时，对钻孔、爆破、清理等工序必须在施工方法和工艺上采取措施。设计对开挖形状及开挖面的要求，是影响开挖工序的主要因素。因此，石方开挖定额大多按开挖形状及部位分节，各节再按岩石级别分子目。

编制开挖单价时需注意定额中相关规定事项。

（二）石方运输

1. 运输方案的选择

施工组织设计应根据施工工期、运输数量、运距远近等因素，选择既能满足施工强度要求，又能做到费用最省的最优方案。一般来说，人力运输（挑抬、轻轨斗车、胶轮车）适用于工作面狭小、运距短、施工强度低的工程或工程部位；自卸汽车运输的适应性较大，只要有一定的场地足以转换方向即可，一般工程都可采用；机车运输可以在特定的条件下使用，如电瓶机车可用于洞井出渣、内燃机车可供较长距离的运输。在编制石方运输单价时，应做运输方案比较，选择最优方案，以节省运输费用。

2. 影响石方运输工序的主要因素

影响石方运输工序的主要因素与土方工程基本相同，不再赘述。

概算中石方运输费用不单独表示，而是在开挖费用中体现。反映在概算定额中，则是石方开挖各节定额子目中列有"石渣运输"项目。该项目的数量，已包括完成每一定额单位有效实体所需增加的超挖量、施工附加量的数量。编制概算单价时，按定额石渣运输量乘石方运输单价（仅计算直接费）计算开挖综合单价。

（三）支撑与支护

为防止隧洞或边坡在开挖过程中，因山岩压力变化而发生软弱破碎地层的坍塌，避免个别石块跌落，确保施工安全，必须对开挖后的空间进行必要的临时支撑或支护，以确保施工顺利进行。

1. 临时支撑

临时支撑包括木支撑、钢支撑及预制混凝土或钢筋混凝土支撑。木支撑重量轻，加工及架立方便，损坏前有显著变形而不会突然折断，因此应用较广泛。在破碎或不稳定岩层中，山岩压力巨大，木支撑不能承受，或支撑不能拆下须留在衬砌层内时，常采用钢支撑，但钢支撑费用较高。当围岩不稳定、支撑又必须留在衬砌层中时，可采用预制混凝土或钢筋混凝土支撑。这种支撑刚性大，能承受较大的山岩压力，耐久性好，但构件重量大，运输安装不方便。

2. 支护

支护方式有锚杆支护、喷混凝土支护、喷混凝土与锚杆或钢筋网联合支护等。适用于各种跨度的洞室和高边坡保护，既可作临时支撑，又可作永久支护。使用锚杆支护定额要注意锚定方法（机械、药卷、砂浆）、作业条件（洞内、露天）、锚杆的长度和直径、岩石级别等影响因素。

例 6-3　某水电工程引水隧洞长 3200m，圆形断面，设计衬砌后过水断面直径 6.5m，混凝土衬砌厚度为 60cm，岩石级别为 X 级；隧洞开挖采用钻孔爆破法，拟用二臂液压凿岩台车钻孔，2m³ 挖掘机装 8t 自卸汽车出渣运输，在隧洞中部设有一施工支洞，支洞长 150m，从隧洞两端的工作面和支洞进口的工作面进行开挖，如图 6-1 所示。确定该隧洞石方开挖运输定额。

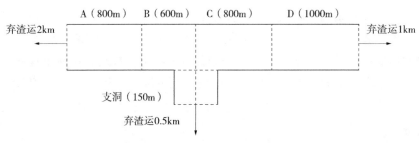

图 6-1　工作面长度与洞外运距图

解：（1）求开挖断面面积。

该圆形隧洞的设计开挖断面面积＝3.14/4×（6.5＋0.6×2）²＝46.5（m²）

因该隧洞岩石级别为Ⅹ级，采用二臂液压凿岩台车钻孔，故开挖定额选用20593（开挖断面＞40m²），详见表 6-17。

平洞石方开挖（二臂液压凿岩台车钻孔）　　　　　　　　表 6-17

单位：100m³

项目	单位	岩石级别				
		Ⅴ～Ⅵ	Ⅶ	Ⅷ	Ⅸ	Ⅹ
高级熟练工	工时	5	6	6	7	7
熟练工	工时	17	20	22	23	25
半熟练工	工时	27	31	34	37	39
普工	工时	32	36	40	43	46
合计	工时	81	93	102	110	117
钻头 $\phi45\sim48$	个	0.32	0.4	0.48	0.54	0.61
钻头 $\phi100\sim102$	个	0.06	0.08	0.10	0.11	0.12
钻杆	kg	4.09	5.04	6.06	7.13	8.04
炸药	kg	85	103	116	127	136
雷管	个	55	67	75	83	88
导爆管	m	221	267	302	330	354
其他材料费	元	106	117	130	145	161
凿岩台车 液压二臂	台时	2.24	2.76	3.18	3.54	3.87
平台车 液压	台时	0.93	1.12	1.27	1.38	1.48
挖掘机 液压 0.6m³	台时	1.22	1.22	1.22	1.22	1.22
通风费用	元					
载重汽车 5t	台时	0.9	0.9	0.9	0.9	0.9
其他机械使用费	元	55	55	55	55	55
编号		20589	20590	20591	20592	20593

（2）计算各工作面承担主洞工作权重。

A 段：800/3200＝25%　　B 段：600/3200＝18.75%

C 段：800/3200＝25%　　D 段：1000/3200＝31.25%

（3）石渣运输综合运距

A 段：从左向右开挖，洞内平均运距＝800/2＝400（m），洞外运距＝2000m。

B 段：由支洞进入从右向左开挖，洞内运距＝150＋600/2＝450（m），洞外运距＝500m。

C 段：由支洞进入从左向右开挖，洞内运距＝150＋800/2＝550（m），洞外运距＝500m。

D 段：从右向左开挖，洞内平均运距＝1000/2＝500（m），洞外运距＝1000m。

洞内综合运距＝400×25%＋450×18.75%＋550×25%＋500×31.25%＝479（m），取为500m。

洞外综合运距＝2000×25%＋500×18.75%＋500×25%＋1000×31.25%＝1031（m），取为1000m。

故该平洞综合运距：洞内500m，洞外增运1000m。

水电定额中石方运输定额，洞内部分执行"洞内"运输定额，洞外部分执行"洞外"增运定额。查水电定额，见表6-18，根据题意，洞内运输选择定额21681＋21682（内插法计算），洞外运输选择定额21686，且自卸汽车选8t。

2m³ 挖掘机（液压反铲）装石渣自卸汽车运输　　　　表 6-18

（单位：100m³）

项目	单位	运距（m）					洞内每增运200m	洞外每增运1km
		200	400	600	800	1000		
高级熟练工	工时							
熟练工	工时							
半熟练工	工时							
普工	工时	8	8	8	8	8		
合计	工时	8	8	8	8	8		
零星材料费	元	18	18	18	18	18		
挖掘机 2m³	台时	1.67	1.67	1.67	1.67	1.67		
推土机 74kW	台时	0.42	0.42	0.42	0.42	0.42		
自卸汽车 8t	台时	6.41	7.12	7.68	8.25	8.72	0.47	0.93
10t	台时	5.72	6.29	6.74	7.19	7.57	0.38	0.74
12t	台时	5.05	5.52	5.9	6.27	6.59	0.31	0.62
15t	台时	4.37	4.75	5.05	5.35	5.6	0.25	0.5

续表

项目	单位	运距（m）					洞内每增运 200m	洞外每增运 1km
		200	400	600	800	1000		
18t	台时	4.05	4.37	4.62	4.87	5.08	0.21	0.41
20t	台时	3.81	4.10	4.32	4.55	4.74	0.19	0.37
其他机械使用费	元	10	10	10	10	10		
编号		21680	21681	21682	21683	21684	21685	21686

注意：水利定额中石方运输定额，一般有"露天""洞内"两部分内容。当有洞内外运输时，应分别套用。洞内运输部分，套用"洞内"定额基本运距及"增运"子目；洞外运输部分，套用"露天"定额及"增运"子目。

例 6-4 某华北区水利枢纽工程（一类区）的基础石方开挖采用风钻钻孔爆破，岩石级别为Ⅻ级，开挖深度为 1.9m，石渣运输采用 1.5m³ 装载机装 10t 自卸汽车运 3km 弃渣。计算该工程基础石方开挖运输的概算单价。

解：石方开挖定额选用《水利建筑工程概算定额》（2002 年）的 20131 子目，石渣运输定额采用 20515 子目。基础单价与取费费率计算过程略。炸药综合单价 7 元 /kg（基价 5.15 元 /kg），柴油 6 元 /kg（基价 2.99 元 /kg），风 0.14 元 /m³，水 0.90 元 /m³，合金钻头 50 元 / 个，火雷管 1.0 元 / 个，导火线 0.50 元 /m。计算结果见表 6-19、表 6-20。

石渣运输计算表　　　　　　　　　　　　　　　表 6-19

单价编号			项目名称		石渣运输工程
定额编号		20515		定额单位	100m³（自然方）
施工方法		1.5m³ 装载机挖装，10t 自卸汽车运输，运距 3km			
编号	名称及规格	单位	数量	单价（元）	合计（元）
1	直接费				
（1）	基本直接费				1721.47
①	人工费				90.60
	初级工	工时	14.2	6.38	90.60
②	材料费				33.75
	零星材料费	%	2	1687.71	33.75
③	机械使用费				1597.12
	装载机 1.5m³	台时	2.67	66.09	176.46
	推土机 88kW	台时	1.34	111.01	148.75
	自卸汽车 10t	台时	14.46	87.96	1271.90

基础石方开挖单价计算表　　　　　　　　　　表 6-20

单价编号		项目名称		基础石方开挖	
定额编号	20131		定额单位	100m³（自然方）	
施工方法	岩石级别为Ⅻ级，风钻钻孔				
编号	名称及规格	单位	数量	单价（元）	合计（元）
1	直接费				7825.32
（1）	基本直接费				7279.36
①	人工费				2969.02
	工长	工时	8.2	11.80	96.76
	中级工	工时	104.1	9.15	952.52
	初级工	工时	300.9	6.38	1919.74
②	材料费				1457.18
	合金钻头	个	6.8	50.00	340.00
	炸药	kg	69	5.15	355.35
	火雷管	个	382	1.00	382.00
	导火线	m	569	0.50	284.50
	其他材料费	%	7	1361.85	95.33
③	机械使用费				960.07
	风钻（手持式）	台时	31.52	27.69	872.79
	其他机械费	%	10	872.79	87.28
④	石渣运输费	m³	110	17.21	1893.10
（2）	其他直接费	%	7.5	7279.36	545.95
2	间接费	%	12.5	7825.32	978.16
3	利润	%	7	8803.48	616.24
4	材料补差				787.26
	柴油	kg	219.14	3.01	659.61
	炸药	kg	69	1.85	127.65
5	税金	%	9	10206.99	918.63
6	单价合计				11125.61

注：柴油补差为（9.8×2.67＋12.6×1.34＋10.8×14.46）×1.1＝219.14（kg），其中 9.8、12.6、10.8 分别为 1.5m³ 装载机、88kW 推土机、10t 自卸汽车中的柴油消耗量（kg/ 台时）。

三、堆砌石工程单价编制

堆砌石工程包括堆石、砌石、抛石等，因其能就地取材、施工技术简单、造价低而在我国应用较为普遍，如道路、桥涵、基础、挡土墙等。在水利水电工程中的坝、闸、渠道、隧洞、围堰、护岸、护坡等水工建筑工程中也广泛采用。

（一）堆石坝

堆石坝填筑受气候影响小，能大量利用开挖石渣筑坝，有利于大型机械作业，工程进度快、投资省。随着设计理论的发展、施工机械化程度的提高和新型压实机械的采用，国内外的堆石坝从数量和高度上都有了很大的发展。

1. 堆石坝施工

堆石坝施工主要分为备料作业和坝上作业两部分。

（1）备料作业。指堆石料的开采运输。石料开采前先清理料场覆盖层，开采时一般采用深孔阶梯微差挤压爆破。当缺乏大型钻孔设备，又要大规模开采时，也可进行洞室大爆破。要重视堆石料级配，按设计要求控制坝体各部位的石料粒（块）径，以保证堆石体的密实程度。

石料运输同土坝填筑。由于堆石坝的铺填厚度大，填筑强度高，挖运应尽可能采用大容量、大吨位的机械。挖掘机或装载机装自卸汽车运输直接上坝方法是目前最为常用的一种堆石坝施工方法。

（2）坝上作业。包括基础开挖处理、工作场地准备、铺料、填筑等。堆石铺填厚度，视不同碾压机具而定，一般为 0.5～1.5m。振动碾是堆石坝的主要压实机械，一般重 3.5～17t。碾压遍数视机具及层厚通过压实试验确定，一般为 4～10 遍。碾压时为使填料足够湿润，提高压实效率，须加水浇洒，加水量通常为堆料方量的 20%～50%。

2. 堆石单价

（1）备料单价。堆石坝的石料备料单价计算，与一般块石开采相同，包括覆盖层清理、石料钻孔爆破和工作面废渣处理。覆盖层的清理费用，以占堆石料的百分率摊入计算。石料钻孔爆破施工工艺同石方工程。堆石坝分区填筑对石料有级配要求，主、次堆石区石料最大粒（块）径可达 1.0m 及以上，而垫层料、过渡层料仅为 0.08m、0.3m，虽在爆破设计中尽可能一次性获得级配良好的堆石料，但不少石料还须分级处理（如轧制加工等）。石料运输，根据不同的施工方法套用相应的定额计算。现行定额的综合定额，其堆石料运输所需的人工、机械等数量，已计入压实工序的相应项目中，不在备料单价中体现。爆破、运输采用石方工程开挖定额时，须加计损耗和进行定额单位换算。石方开挖单位为自然方，填筑为坝体压实方。

（2）压实单价。包括平整、洒水、压实等费用。同土方工程，压实定额中均包括体积换算、施工损耗等因素，考虑到各区堆石料粒（块）径大小、层厚尺寸、碾压遍数的不同，压实单价应按过渡料、堆石料等分别编制。

（3）综合单价。堆石单价计算有以下两种形式：① 综合定额法：采用现行定额编制堆石单价时，一般应按综合定额计算。可将备料单价视作堆石料（包括反滤料、过渡料）材料预算价格，计入填筑单价即可。② 综合单价法：采用其他定额或施工方法与现行综合定额不同时，须套用相应的单项定额，分别计算各工序单价，再进行单价综合计算。

（二）砌筑工程

水利水电工程中的护坡、墩洞、洞涵等均有采用块石、条石或料石砌筑的，地方工程中应用尤为广泛。砌筑单价包括干砌石和浆砌石两种。

1. 砌筑材料

砌筑材料包括石材、填充胶结材料等。

（1）石材：分为卵石、块石、片石、条石、料石等。

（2）填充胶结材料。

1）水泥砂浆。强度高，防水性能好，大多用于重要建筑物及建筑物的水下部位。

2）混合砂浆。在水泥砂浆中掺入一定数量的石灰膏、黏土或壳灰（蛎贝壳烧制），适用于强度要求不高的小型工程或次要建筑物的水上部位。

3）细骨料混凝土。用水泥、砂、水和 40mm 以下的骨料按规定级配配合而成，可节省水泥，提高砌体强度。

2. 砌筑单价

编制步骤如下：

（1）计算备料单价。覆盖层及废渣清除费用计算同堆石料。套用砂石备料工程定额相应开采、运输定额子目计算（以不含税单价计入）。如因施工方法不同，采用石方开挖工程定额计算块石备料单价时，须进行自然方与码方的体积换算。如为外购块石、条石或料石时，按材料预算价格计算。

（2）计算胶结材料价格。如为浆砌石或混凝土砌石，则需先计算胶结材料的半成品价格。

（3）计算砌筑单价。套用相应定额计算。砌筑定额中的石料数量，均已考虑施工操作损耗和体积变化因素（码方、清料方与实方间的体积变化）。

例 6-5　某河道工程（一般地区）的护底采用 M7.5 浆砌块石施工，所用砂石材料均需外购。其外购单价为：砂 75 元 /m^3，块石 80 元 /m^3，水泥 300 元 /t，施工用水 1.00 元 /m^3，电价 0.95 元 /kW·h。计算浆砌块石护底工程概算单价。

解：（1）人工预算单价按一般地区河道工程的人工单价计算，参见表 5-1。

（2）其他直接费费率取 4.7%，间接费费率取 9.5%，利润率为 7%，税率为 9%。

（3）查水利概算定额附录，得到每立方米 M7.5 砌筑砂浆配合比：水泥 261kg、砂 1.11m^3、水 0.157m^3。

砂浆基价 = 261 × 0.255 + 1.11 × 70 + 0.157 × 1.00 = 144.41（元 /m^3）

砂浆价差 = 261 × (0.3 - 0.255) + 1.11 × (75 - 70) = 17.30（元 /m^3）

（4）计算机械台时费。

胶轮车（定额编号 3074）台时费 = 0.26/1.13 + 0.64/1.09 = 0.82（元 / 台时）

0.4m³ 砂浆搅拌机（定额编号 2002）台时费

$$= (3.29/1.13 + 5.34/1.09 + 1.07) + (1.3 \times 6.16 + 8.6 \times 0.95)$$

$$= 25.06 （元／台时）$$

（5）根据工程部位和施工方法选用定额 30031 子目。

（6）浆砌块石护底工程单价计算见表 6-21。

浆砌块石护底工程单价计算表　　　　　　表 6-21

单价编号		项目名称		浆砌块石护底	
定额编号		30031		定额单位	100m³（砌体方）
施工方法		选石、修石、冲洗、拌制砂浆、砌筑、勾缝			
编号	名称及规格	单位	数量	单价（元）	合计（元）
1	直接费				17686.42
（1）	基本直接费				16892.47
①	人工费				3873.60
	工长	工时	15.4	8.02	123.51
	中级工	工时	292.6	6.16	1802.42
	初级工	工时	457.2	4.26	1947.67
②	材料费				12720.96
	块石	m³	108	70.00	7560.00
	砂浆	m³	35.3	144.41	5097.67
	其他材料费	%	0.5	12657.67	63.29
③	机械使用费				297.91
	砂浆搅拌机 0.4m³	台时	6.54	25.06	163.89
	胶轮车	台时	163.44	0.82	134.02
（2）	其他直接费	%	4.7	16892.47	793.95
2	间接费	%	9.5	17686.42	1680.21
3	利润	%	7	19366.63	1355.66
4	材料补差				1690.69
	块石	m³	108	10.00	1080.00
	砂浆	m³	35.3	17.30	610.69
5	税金	%	9	22412.98	2017.17
6	单价合计				24430.15

四、混凝土工程单价编制

混凝土由胶凝材料（一般为水泥）、水和粗、细骨料（加或不加外加剂和掺合料）按一定比例配合，经搅拌、成型和硬化而成的人造石材。混凝土具有强度高、抗渗性好、耐久等优点，在水利水电工程建设中应用十分广泛。混凝土工程投资在水利水电工程总投资中通常占有很高的比重。混凝土按施工工艺可分为现浇和预制两大类。现浇混凝土又可分为常规混凝土、碾压混凝土和沥青混凝土。常规混凝土适用于坝、闸涵、船闸、水电站厂房、隧洞衬砌等工程；沥青混凝土适用于堆石坝、砂壳坝的心墙、斜墙及均质坝的上游防渗工程等。

（一）现浇混凝土单价

1. 混凝土材料单价

在本书第五章第六节中已叙述，不再赘述。

2. 混凝土拌制单价

混凝土的拌制包括配料、运输、搅拌、出料等工序。混凝土搅拌系统布置视工程规模大小、工期长短、混凝土数量多少，以及地形位置条件、施工技术要求和设备拥有情况，采用简单的混凝土搅拌站（一台或数台搅拌机组成），或设置规模较大的搅拌系统（由搅拌楼和骨料、水泥系统组成的一个或数个系统）。一般定额中，混凝土拌制所需人工、机械都已在浇筑定额的相应项目中体现。如浇筑定额未列混凝土搅拌机械，则须套用拌制定额编制混凝土拌制单价。在使用定额时，需要注意以下两点：

（1）混凝土拌制定额按拌制常规混凝土拟定，若拌制加冰、加掺合料等其他混凝土，则应按定额说明中的系数对混凝土拌制定额进行调整。

（2）各节用搅拌楼并拌制现浇混凝土定额子目中，以组时表示的"骨料系统"和"水泥系统"是指骨料、水泥进入搅拌楼之前，与搅拌楼相衔接而必须配备的有关机械设备，包括自搅拌楼骨料仓下廊道内接料斗开始的胶带输送机及其供料设备；自水泥罐开始的水泥提升机械或空气输送设备，胶带运输机和吸尘设备，以及袋装水泥的拆包机械等。其组时费用根据施工组织设计选定的施工工艺和设备配备数自行计算。当不同容量搅拌机械代换时，骨料和水泥系统也应乘相应系数进行换算。

3. 混凝土运输单价

混凝土运输是指混凝土自搅拌机（楼）出料口至浇筑现场工作面的运输，是混凝土工程施工的一个重要环节，包括水平运输和垂直运输两部分。由于混凝土拌制后不能久存，运输过程又对外界影响十分敏感，工作量大，涉及面广，故常成为制约施工进度和工程质量的关键。

水利水电工程大多采用数种运输设备相互配合的运输方案。不同的施工阶段，不同的浇筑部位，可能采用不同的运输方式。在大体积混凝土施工中，垂直运输常起决定性作用。定额编制时，有时将混凝土水平运输和垂直运输单列章节，以供灵活选用。但使用现行概预算定额时须注意：

（1）由于混凝土入仓与混凝土垂直运输这两道工序，大多采用同一机械连续完成，很难分开。因此一般情况下，大多将混凝土垂直运输并入混凝土浇筑定额内，使用时不要重复计列混凝土垂直运输。

（2）各节现浇混凝土定额中"混凝土运输"的数量，已包括完成每一定额单位有效实体所需增加的超填量和施工附加量等的数量。为统一表现形式，编制单价时，一般应根据施工设计选定的运输方式，按混凝土运输数量乘以每立方米混凝土运输费用直接费计入单价。

4. 混凝土浇筑单价

混凝土浇筑主要子工序包括基础面清理，施工缝处理，入仓、平仓、振捣、养护、凿毛等。

影响浇筑工序的主要因素有仓面面积、施工条件等。仓面面积大、便于发挥人工及机械效率，工效高。施工条件对混凝土浇筑工序的影响很大，例如，隧洞混凝土浇筑的入仓、平仓、振捣的难度较露天浇筑混凝土要大得多，工效也低得多。

（1）现行混凝土浇筑定额中包括浇筑和工作面运输（不含浇筑现场垂直运输）所需全部人工、材料和机械的数量和费用。

（2）混凝土浇筑仓面清洗用水、地下工程混凝土浇筑施工照明用电，已分别计入浇筑定额的用水量及其他材料费中。

（3）平洞、竖井、地下厂房、渠道等混凝土衬砌定额中所列示的开挖断面和衬砌厚度按设计尺寸选取。定额与设计厚度不符，可用插入法计算。

（4）混凝土材料定额中的"混凝土"，系指完成单位产品所需的混凝土成品量，其中包括干缩、运输、浇筑和超填等损耗量在内。

以上介绍的是现浇常规混凝土。碾压混凝土在工艺和工序上与常规混凝土不同，碾压混凝土的主要工序有：刷毛、冲洗、清仓、铺水泥砂浆、模板制作、安装、拆除、修整、混凝土配料、拌制、运输、平仓、碾压、切缝、养护等，与常规混凝土有较大差异，故定额中碾压混凝土单独成节。

例 6-6 某水电工程（一般地区）隧洞设计开挖直径 8m，混凝土衬砌厚度为 70cm，混凝土强度等级为 C20，二级配，水泥强度等级为 32.5；强制式搅拌楼拌制常规混凝土，搅拌楼型号为 $2 \times 3.0 \text{m}^3$；采用 $30 \text{m}^3/\text{h}$ 混凝土输送泵运输，人工入仓浇筑，水平输送折算长度为 200m。已知：

（1）一般地区的人工预算单价

高级熟练工为 10.26 元/工时，熟练工为 7.61 元/工时，半熟练工为 5.95 元/工时，普工为 4.90 元/工时。

（2）主要材料价格

施工水价为 0.73 元/m^3，水泥单价为 300 元/t，外购粗砂单价为 50 元/m^3，卵石单价为 60 元/m^3。

（3）混凝土材料用量

C20 混凝土材料用量见表 6-22。

（4）机械台时费

机械台时费见表 6-23。

纯混凝土材料用量 表 6-22

混凝土强度等级	水泥强度等级	水灰比	级配	最大粒径（mm）	预算量					
					水泥 kg	粗砂 kg	粗砂 m³	卵石 kg	卵石 m³	水 m³
C20	32.5	0.55	2	40	289	733	0.49	1382	0.81	0.15

机械台时费（水电工程隧洞） 表 6-23

序号	设备	单价	序号	设备	单价
1	混凝土搅拌 2×3.0m³	383.97 元/台时	4	混凝土输送泵 30m³/h	87.79 元/台时
2	骨料系统	213.05 元/组时	5	插入式振捣器 2.2kW	4.20 元/台时
3	水泥系统	76.06 元/组时	6	风水枪 2～6m³/min	78.58 元/台时

（5）费率

其他直接费费率 6.4%，间接费费率 13.02%，利润率 7%，税率 9%。

计算隧洞混凝土衬砌工程单价。

解：（1）混凝土材料单价

混凝土材料单价 $=289\times0.3+0.49\times50+0.81\times60+0.15\times0.73=159.91$（元/m³）

（2）混凝土工程单价

隧洞的设计开挖断面面积 $=3.14/4\times8^2=50.24$（m²）。混凝土浇筑定额选择 40058，混凝土拌制定额选择 40395，混凝土运输定额选择 40475。计算结果详见表 6-24～表 6-26。混凝土工程单价为 425.13 元/m³。

强制式搅拌楼拌制常规混凝土单价计算表 表 6-24

单价编号		项目名称		混凝土拌制工程	
定额编号		40395		定额单位	100m³
施工方法		强制式搅拌楼拌制常规混凝土			
编号	名称及规格	单位	数量	单价（元）	合计（元）
（1）	基本直接费				668.05
①	人工费				83.12
	熟练工	工时	2	7.61	15.22
	半熟练工	工时	4	5.95	23.8
	普工	工时	9	4.9	44.1
②	材料费				33
	零星材料费	元	33		33
③	机械费				551.93
	混凝土搅拌楼	台时	0.82	383.97	314.86
	骨料系统	组时	0.82	213.05	174.70
	水泥系统	组时	0.82	76.06	62.37

混凝土运输单价计算表（水电工程隧洞）　　表 6-25

单价编号		项目名称	混凝土运输工程		
定额编号	40475			定额单位	100m³
施工方法	泵送混凝土运输				
编号	名称及规格	单位	数量	单价（元）	合计（元）
（1）	基本直接费				796.21
①	人工费				153.14
	半熟练工	工时	9.72	5.95	57.83
	普工	工时	19.45	4.9	95.31
②	材料费				54.00
	零星材料费	元	54		54.00
③	机械费				589.07
	混凝土输送泵	台时	6.71	87.79	589.07

混凝土工程单价计算表（水电工程隧洞）　　表 6-26

单价编号		项目名称	混凝土浇筑工程		
定额编号	40058			定额单位	100m³
施工方法	隧洞衬砌、人工入仓、开挖断面 60m²，衬砌厚度 70cm				
编号	名称及规格	单位	数量	单价（元）	合计（元）
1	直接费				32251.74
（1）	基本直接费				30311.79
①	人工费				5760.00
	高级熟练工	工时	36	10.26	369.36
	熟练工	工时	199	7.61	1514.39
	半熟练工	工时	271	5.95	1612.45
	普工	工时	462	4.90	2263.80
②	材料费				21997.20
	混凝土	m³	137	159.91	21907.67
	水	m³	61	0.73	44.53
	其他材料费	元	45		45.00
③	机械费				607.47
	插入式振捣器 2.2kW	台时	43.74	4.20	183.71
	风水枪 2～6m³/min	台时	5.24	78.58	411.76
	其他机械使用费	元	12		12.00
④	混凝土拌制	m³	133	6.68	888.44
⑤	混凝土水平运输	m³	133	7.96	1058.68
（2）	其他直接费	%	6.4	30311.79	1939.95
2	间接费	%	13.02	32251.74	4199.18
3	利润	%	7	36450.92	2551.56
4	税金	%	9	39002.48	3510.22
5	单价合计				42512.71

（二）沥青混凝土单价

沥青是一种能溶于有机溶剂，常温下呈固态、半固态或液体状态的有机胶结材料。沥青具有良好的黏结性、塑性和不透水性，且有加热后融化、冷却后黏性增大等特点，因而被广泛用于建筑物的防水、防潮、防渗、防腐等工程中。水利工程中，沥青常用于防水层、伸缩缝、止水及坝体防渗工程。

沥青混凝土是由粗骨料（碎石、卵石）、细骨料（砂、石屑）、填充（矿粉）组成连续级配，和沥青按适当比例配制搅拌成混合物，经过浇筑、压实而成。

沥青混凝土单价由三部分组成：半成品单价、沥青混凝土运输单价、沥青混凝土铺筑单价。

（1）半成品单价。指组成沥青混凝土配合比的多种材料的价格，应根据设计要求、工程部位选取配合比计算半成品单价。配合比的各项材料用量，应按试验资料计算。如无试验资料，可参照定额附录中"沥青混凝土材料配合比表"确定。

（2）沥青混凝土运输单价。沥青混凝土运输单价计算同普通混凝土。根据施工组织设计选定的施工方案，分别计算水平运输和垂直运输单价，再按沥青混凝土运输数量乘以每立方米沥青混凝土运输费用计入沥青混凝土单价。

（3）沥青混凝土铺筑单价。① 沥青混凝土心墙。沥青混凝土心墙铺筑内容，包括模板制作安装、拆除、修理、配料、加温、拌和、铺筑、夯压及施工层铺筑前处理等工作内容。② 沥青混凝土斜墙。斜墙铺筑包括配料、加温、拌制、摊铺、碾压、接缝加热等工作内容。

（三）预制混凝土单价

预制混凝土有混凝土预制、构件运输、安装三个工序。混凝土预制的工序与现浇混凝土基本相同。

混凝土构件的预制及安装应根据预制构件的类型选择相应的定额；混凝土预制构件运输包括装车、运输、卸车，应按施工组织设计确定的运输方式、装卸和运输机械、运输距离选择定额。

混凝土预制构件安装与构件重量、设计要求的准确度以及构件是否分段等有关。当混凝土构件单位重量超过定额中起重机械起重量时，可用相应起重机械替换，台时量不变。

预制混凝土定额中模板材料为单位混凝土成品方的摊销量，已考虑周转。

（四）混凝土温度控制费用的计算

大体积混凝土浇筑后水泥产生水化热，温度迅速上升，且幅度较大，自然散热极其缓慢。为防止拦河坝等混凝土由于温度应力而产生裂缝和坝体接缝灌浆后接缝再度开裂，根据现行设计规程和混凝土设计及施工规范的要求，高、中拦河坝等大体积混凝土工程的施工，都必须进行混凝土温控设计，提出温控标准和降温防裂措施。这些措施包括混凝土拌和前通过冷风或冷水对骨料预冷，混凝土拌和中加入冷水或片冰，以及混凝土浇筑后采取的通水冷却或保温等。混凝土温控费用指采取上述措施所消耗的各种资源的费用之和。

1. 混凝土温控措施费用的计算步骤

（1）基本参数的选定

1）工程所在地区的多年月平均气温、水温、设计要求的降温幅度以及混凝土的浇筑温度和坝体容许温差。

2）拌制每立方米混凝土需加冰或加冷水的数量、时间及相应措施的混凝土数量。

3）混凝土骨料预冷的方式，平均预冷每立方米骨料所需消耗冷风、冷水的数量，温度与预冷时间，每立方米混凝土需预冷骨料的数量，需进行骨料预冷的混凝土数量。

4）设计的稳定温度，坝体混凝土一、二期通水冷却的时间、数量及冷水温度。

5）各制冷或冷冻系统的工艺流程，配置设备的名称、规格、型号和数量以及制冷剂的消耗指标等。

6）混凝土表面保护材料的品种、规格与保护方式以及应摊入每立方米混凝土的保护材料数量。

（2）温控措施费用计算

1）温控措施单价的计算。包括风或水预冷骨料，制片冰，制冷水，坝体混凝土一、二期通低温水和坝体混凝土表面保护等温控措施的单价。一般可按各系统不同温控要求配置设备的台时总费用除以相应系统的台时净产量计算，从而可以得到各种温控措施的费用单价。当计算条件不具备或计算有困难时，亦可参照定额附录"混凝土温控费用计算参考资料"计算。

2）混凝土温控措施综合费用的计算。混凝土温控措施综合费用，可按每立方米坝体或大体积混凝土应摊销的温控费计算。根据不同温控要求，按工程所需预冷骨料、加冰或加冷水拌制混凝土、坝体混凝土通水冷却及进行混凝土表面保护等温控措施的混凝土量占坝体等大体积混凝土总量的比例，乘以相应温控措施单价再相加，即为每立方米坝体或大体积混凝土应摊销的温控措施综合费用。其各种温控措施的混凝土量占坝体等大体积混凝土总量的比例，应根据工程施工进度、混凝土月平均浇筑强度、温控时段的长短等具体条件确定。其具体计算方法与参数的选用，亦可参照定额附录"混凝土温控费用计算参考资料"确定。

例 6-7 某水电工程坝体混凝土为 $573m^3$，采取如下温控措施：

（1）降低出机口温度：

1）采用 2℃冷水拌和（单价 2.4 元/t）；

2）采用 -8℃片冰拌和（单价 55.6 元/t）；

3）采用8℃冷风预冷（单价0.0028元/m³）；

4）采用2℃冷水喷淋（单价2.54元/t）。

（2）采用2℃冷水一期冷却（单价0.35元/m³），以降低最高温升。

（3）采用2℃冷水二期冷却（单价2.78元/m³），以满足灌浆温度要求。

（4）采用保温被保温（单价1.61元/m³）。

以上单价均为7月单价。将7月作为标准时段，其他时段与7月平均气温之比为折算系数，将此折算系数与7月单价相乘即可得到对应时段的温控单价。

计算该工程混凝土温度控制的费用。

解：混凝土温控情况见表6-27，混凝土温控费用计算结果见表6-28。

混凝土温控情况 表6-27

月份		1	2	3	4	5	6	7	8	9	10	11	12
月平均温度		13.60	15.19	19.18	23.87	27.21	27.85	29.47	28.43	26.89	23.08	19.14	15.22
出机口温度		13.62	15.19	15	12	12	12	12	15	16	16	15	15.22
折算系数		0.46	0.52	0.65	0.81	0.92	0.95	1.00	0.96	0.91	0.78	0.65	0.52
坝体混凝土量（m³）		55	55	54	54	54	40	40	40	42	42	42	55
材料单价（元/t、元/m³）	2℃水			1.56	1.94	2.22	2.27	2.40	2.32	2.19	1.88	1.56	
	8℃冷风			0.0018	0.0023	0.0026	0.0026	0.0028				0.0018	
	2℃淋水				2.06	2.35	2.40	2.54	2.45	2.32	1.99		
	-8℃片冰				45.03	51.34	52.54	55.60	53.64	50.73	43.54		
每立方米混凝土的材料耗量（t、m³）	2℃水			0.044	0.055	0.055	0.055	0.055	0.044	0.041	0.041	0.041	
	8℃冷风			524	655	655	655	655				524	
	2℃淋水				2.82	2.82	2.82	2.82	2.26	2.12	2.12		
	-8℃片冰				0.05	0.05	0.05	0.05	0.04	0.04	0.04		

混凝土温控费用计算表 表6-28

月份		1	2	3	4	5	6	7	8	9	10	11	12	合计
每立方米混凝土温控费用（元）	2℃水			0.069	0.107	0.122	0.125	0.132	0.102	0.090	0.077	0.064		
	8℃冷风			0.955	1.485	1.693	1.733	1.83				0.943		
	2℃淋水				5.802	6.613	6.769	7.163	5.538	4.913	4.217			
	-8℃片冰				2.252	2.567	2.627	2.780	2.146	2.029	1.742			
	一期通水	0.35	0.35	0.35	0.35	0.35	0.35	0.35	0.35	0.35	0.35	0.35	0.35	
	二期通水	2.78	2.78	2.78	2.78	2.78	2.78	2.78	2.78	2.78	2.78	2.78	2.78	
	保温	1.61	1.61	1.61	1.61	1.61	1.61	1.61	1.61	1.61	1.61	1.61	1.61	
小计（元/m³）		4.74	4.74	5.76	14.39	15.74	15.99	16.65	12.53	11.77	10.78	5.75	4.74	
总计（元/月）		261	261	311	777	850	640	666	501	494	453	242	261	5716

（五）钢筋制作安装单价

钢筋是水利水电工程的主要建筑材料，由普通碳素钢或普通低合金钢加热到塑性再热轧而成，故又称热轧钢筋。常用的钢筋直径为 6～40mm。建筑物或构筑物所用钢筋，一般须先按设计图纸在加工厂内加工成型，然后运到施工现场绑扎安装。

1. 钢筋制作安装的内容

钢筋制作安装包括钢筋加工、绑扎、焊接及场内运输等工序。

1）钢筋加工。加工工序主要为调直、除锈、画线、切断、弯制、整理等。采用手工或调直机、除锈机、切断机及弯曲机等进行。

2）绑扎、焊接。绑扎是将弯曲成型的钢筋，按设计要求组成钢筋骨架。一般用 18～22 号铅丝人工绑扎。人工绑扎简单方便，无须机械和动力，是水利水电工程钢筋连接的主要方法。

由于人工绑扎劳动量大，质量不易保证，因而大型工程大多用焊接方法连接钢筋。焊接方法有电弧焊和接触焊两类。电弧焊主要用于焊接钢筋骨架，接触焊包括对焊和点焊，其中对焊用于接长钢筋，点焊用于制作钢筋网。

钢筋安装方法有散装法和整装法两种。散装法是将加工成型的散钢筋运到工地，再逐根绑扎或焊接。整装法是在钢筋加工厂内制作好钢筋骨架，再运至工地安装就位。水利水电工程因结构复杂、断面庞大，大多采用散装法。

2. 钢筋制作安装单价计算

现行概预算定额大多不分工程部位和钢筋规格型号合成一个子目"钢筋制作与安装"定额，适用于现浇与预制混凝土的各部位，以"t"为计量单位。定额已包括切断和焊接损耗、截余短头废料损耗以及搭接帮条等附加量。

常用的钢筋直径为 4～50mm，钢筋工程量的有关参数见表 6-29。

钢筋每米直径及质量　　　　　　　　　　　　表 6-29

直径（mm）	每米质量（kg/m）	直径（mm）	每米质量（kg/m）
4	0.099	18	1.999
6	0.222	20	2.468
8	0.395	25	3.856
10	0.617	30	5.553
12	0.888	32	6.318
14	1.209	40	9.872
16	1.580	50	15.425

注：每米的重量（kg）＝钢筋的直径（mm）× 钢筋的直径（mm）×0.00617。

例 6-8　某大型水闸工程（一般地区），闸底板和闸墩采用现浇钢筋混凝土，综合单价：钢筋 3800 元/t，铁丝 6.0 元/kg，电焊条 5.0 元/kg，汽油 7.20 元/kg，施工用电 1.00 元 /kW·h，水 0.90 元 /m³，风 0.14 元 /m³。计算该大型水闸工程钢筋制作与安装概算单价。

解：施工机械台时费计算过程略，钢筋制作与安装工程概算单价计算结果见表 6-30。

钢筋制作与安装工程单价计算表   表 6-30

单价编号		项目名称		钢筋制作与安装	
定额编号	40123		定额单位	1t	
施工方法	回直、除锈、切断、弯制、焊接、绑扎及加工厂至施工场地运输				
编号	名称及规格	单位	数量	单价（元）	合计（元）
1	直接费				4419.56
（1）	基本直接费				4111.22
①	人工费				944.84
	工长	工时	10.6	11.55	122.43
	高级工	工时	29.7	10.67	316.90
	中级工	工时	37.1	8.90	330.19
	初级工	工时	28.6	6.13	175.32
②	材料费				2828.00
	钢筋	t	1.07	2560.00	2739.20
	铁丝	kg	4	6.00	24.00
	电焊条	kg	7.36	5.00	36.80
	其他材料费	%	1	2800.00	28.00
③	机械使用费				338.38
	钢筋调直机 14kW	台时	0.63	23.09	14.55
	风砂枪	台时	1.58	32.64	51.57
	钢筋切断机 20kW	台时	0.42	31.66	13.30
	钢筋弯曲机 φ6～40	台时	1.1	19.61	21.57
	电焊机 25kVA	台时	10.5	15.16	159.18
	电弧对焊机 150 型	台时	0.42	96.45	40.51
	载重汽车 5t	台时	0.47	38.98	18.32
	塔式起重机 10t	台时	0.11	115.94	12.75
	其他机械费	%	2	331.75	6.63
（2）	其他直接费	%	7.5	4111.22	308.34
2	间接费	%	5.5	4419.56	243.08
3	利润	%	7	4662.64	326.38
4	材料补差				1340.76
	钢筋		1.07	1240.00	1326.80
	汽油		0.47	29.70	13.96
5	税金	%	9	6329.78	569.68
6	单价合计				6899.46

注：载重汽车 5t 的台时费中，汽油为 7.2kg，价差 = 7.2×（7.2 - 3.075）= 29.70（元）。

五、模板工程单价编制

模板用于支撑具有塑流性质的混凝土拌合物的重量和侧压力，使之按设计要求的形状凝固成型。混凝土浇筑立模的工作量很大，其费用和耗用的人工较多，故模板作业对混凝土质量、进度、造价影响较大。

为满足国际招标工程的需要和向实物量法过渡，现行定额单独列出一章模板工程定额，因此可根据不同工程的实际情况计算模板工程单价。

（一）模板类型

模板按形式可分为平面模板、曲面模板、异形模板（如渐变段、厂房蜗壳及尾水管等）、针梁模板、滑模、钢模台车。

模板按材质可分为木模板、钢模板、预制混凝土模板。木模板的周转次数少、成本高、易于加工，大多用于异形模板。钢模板的周转次数多、成本低，广泛用于水利水电工程建设中。预制混凝土模板的优点是不需要拆模，与浇筑混凝土构成整体，因成本较高，一般用于闸墩、廊道等特殊部位。

模板按安装性质可分为固定模板和移动模板。固定模板每使用一次，就拆除一次。移动模板与支撑结构构成整体，使用后整体移动，如隧洞中常用的钢模台车或针梁模板，能大大缩短模板安拆的时间和人工、机械费用，也能提高模板的周转次数，故广泛应用于较长的隧洞中。对于边浇筑边移动的模板称为滑动模板或简称滑模，采用滑模浇筑具有进度快、浇筑质量高、整体性好等优点，故广泛应用于大坝及与溢洪道的溢流面、闸（桥）墩、竖井、闸门井等部位。

模板按使用性质可分为通用模板和专用模板。通用模板制作成标准形状，经组合安装至浇筑仓面，是水利水电工程建设中最常用的一种模板。专用模板按需要制成后，不再改变形状，如上述钢模台车、滑模。专用模板成本较高，可使用次数多，故广泛应用于工厂化生产的混凝土预制厂。

（二）定额选用

模板单价包括模板及其支撑结构的制作、安装、拆除、场内运输及修理等全部工序的人工、材料和机械费用。

（1）模板制作与安装拆除定额，均以 100m^2 立模面积为计量单位，立模面积即为混凝土与模板的接触面积。

（2）模板材料均按预算消耗量计算，包括制作、安装、拆除、维修的损耗和消耗，并考虑周转和回收。

（3）模板定额中的材料，除模板本身外，还包括支撑模板的立柱、围令、桁（排）架及铁件等。对于悬空建筑物（如渡槽槽身）的模板，计算到支撑模板结构的承重梁为止。承重梁以下的支撑结构应包括在"其他施工临时工程"中。

（4）隧洞衬砌钢模台车、针梁模板台车、竖井衬砌的滑模台车及混凝土面板滑模台车中，包括行走机构、构架、模板及支撑型钢、电动机、卷扬机、千斤顶的动力设备，均作为整体设备，以工作台时计入定额。但定额中未包括轨道及埋件，只有溢流面滑模定额中含轨道及支撑轨道的埋件、支架等材料。

（5）坝体廊道预制混凝土模板，按混凝土工程中有关定额子目计算。

（6）概算定额中列有模板制作定额，并将模板安装拆除定额子目中嵌套模板制作数量100m²，这样便于计算模板综合工程单价。而预算定额中模板制作、安装拆除定额分别计列，使用预算定额时将模板制作与安装拆除工程单价算出后再相加，即为模板综合单价。

（7）使用概算定额计算模板综合单价时，模板制作单价有两种计算方法：

1）若施工企业自制模板，按模板制作定额计算出基本直接费，作为模板的预算价格代入安装拆除定额，统一计算模板综合单价。

2）若外购模板，安装拆除定额中的模板预算价格计算公式为：

$$（外购模板预算价格-残值）÷周转次数×综合系数\qquad（6-8）$$

式中：残值为10%，周转次数为50次，综合系数为1.15（含露明系数及维修损耗系数）。

（8）概算定额中的模板安装、拆除定额中凡嵌套有模板100m²的子目，计算"其他材料费"时，计算基数不包括模板本身的价值。

例6-9　某县水利枢纽的隧洞（平洞）混凝土衬砌，设计开挖直径3.5m（不包括超挖），衬砌厚度50cm，混凝土强度等级为C25，二级配；混凝土拌和地点距隧洞进口100m，隧洞长200m，采用钢模板单向衬砌作业。0.8m³拌和机拌制混凝土，人工推胶轮架子车运输至浇筑现场，混凝土泵入仓。计算隧洞混凝土衬砌综合单价。

基本资料如下：

（1）人工预算单价：工长11.98元／工时，高级工11.09元／工时，中级工9.33元／工时，初级工6.55元／工时。

（2）材料预算价格：42.5级普通硅酸盐水泥360元／t，粗砂65元／m³，卵石78元／m³，施工用水0.92元／m³，施工用电0.83元／kW·h，汽油6.56元／kg，施工用风0.17元／m³，锯材1700元／m³，组合钢模板6.5元／kg，型钢3.5元／kg，卡扣件4.6元／kg，铁件6.7元／kg，电焊条7.2元／kg，预制混凝土柱330元／m³。以上均为未含增值税进项税额的价格。

解：（1）计算混凝土材料单价

查水利概算定额附录，得到纯混凝土材料用量，见表6-31，混凝土材料单价计算见表6-32。

（2）计算施工机械台时费

查水利机械台时费定额，主要机械台时费的计算结果见表6-33。其他略。

单位混凝土材料用量 表 6-31

混凝土强度等级	水泥强度等级	级配	每 1m³ 混凝土材料用量					
			水泥	粗砂		卵石		水
			kg	kg	m³	kg	m³	m³
C25	32.5	2	310	699	0.47	1389	0.81	0.15
	32.5	3	260	565	0.38	1644	0.96	0.125
	42.5	2	289	733	0.49	1382	0.81	0.15
	42.5	3	238	594	0.40	1637	0.96	0.125

C25 混凝土二级配单价计算表 表 6-32

名称及规格	单位	预算量	材料预算单价			混凝土材料价格	
			预算价	基价	价差	基价	价差
			（元）	（元）	（元）	（元）	（元）
42.5 水泥	kg	289	0.36	0.255	0.105	73.70	30.35
粗砂	m³	0.49	65	65		31.85	
卵石	m³	0.81	78	70	8	56.70	6.48
水	m³	0.15	0.92	0.92		0.14	
C25 混凝土	m³					162.38	36.83

施工机械台时费计算表（水利枢纽隧洞） 表 6-33

定额编号	名称及规格		台时费（元）	一类费用（元）			二类费用（元）	
				折旧费	修理及替换设备费	安装拆卸费	人工费	汽油
4085	汽车起重机 5t	基价	65.85	11.43	11.39	0.00	25.19	17.84
		价差	20.21					20.21
3004	载重汽车 5t	基价	51.11	6.88	9.96	0.00	12.13	22.14
		价差	25.09					25.09

（3）计算模板制作单价

计算结果见表 6-34。

（4）计算钢模板制作安装综合单价

为避免重复计算，模板安装材料定额中只计入模板制作的基本直接费，由此求得模板制作安装工程单价为 160.72 元 /m²，见表 6-35。再查附录圆形混凝土隧洞立模面系数参考值为 1.45m²/m³，可得圆形混凝土隧洞钢模板制作安装综合单价为 160.72 × 1.45 ＝ 233.04（元 /m³）。

模板制作单价计算表

表 6-34

单价编号		项目名称		圆形隧洞钢模板制作	
定额编号	50086			定额单位	100m²
施工方法	回直、除锈、切断、弯制、焊接、绑扎及加工厂至施工场地运输				
编号	名称及规格	单位	数量	单价（元）	合计（元）
1	直接费				3268.25
（1）	基本直接费				3040.23
①	人工费				248.80
	工长	工时	1.70	11.98	20.37
	高级工	工时	4.00	11.09	44.36
	中级工	工时	16.50	9.33	153.95
	初级工	工时	4.60	6.55	30.13
②	材料费				2597.16
	锯材	m³	0.80	1700.00	1360.00
	组合钢模板	kg	78.00	6.50	507.00
	型钢	kg	90.00	3.50	315.00
	卡扣件	kg	26.00	4.60	119.60
	铁件	kg	32.00	6.70	214.40
	电焊条	kg	4.20	7.20	30.24
	其他材料费	%	2.00	2546.24	50.92
③	机械使用费				194.26
	圆盘锯	台时	0.77	28.73	22.12
	双面刨床	台时	0.76	21.09	16.03
	型钢剪断机 13kW	台时	0.78	33.42	26.07
	型材弯曲机	台时	1.74	22.26	38.73
	钢筋切断机 20kW	台时	0.04	28.74	1.15
	钢筋弯曲机 φ6～40	台时	0.08	18.59	1.49
	载重汽车 5t	台时	0.32	51.11	16.36
	电焊机 25kVA	台时	4.97	12.69	63.07
	其他机械费	%	5.00	185.01	9.25
（2）	其他直接费	%	7.50	3040.23	228.02
2	间接费	%	9.50	3268.25	310.48
3	利润	%	7.00	3578.73	250.51
4	材料补差				8.03
	汽油		0.32	25.09	8.03
5	税金	%	9.00	3837.27	345.35
6	单价合计				4182.62

模板制作安装单价计算表 　　表 6-35

单价编号		项目名称		圆形隧洞衬砌钢模板	
定额编号		50026		定额单位	100m²
施工方法		模板及钢架安装、拆除、除灰、刷隔离剂、维修、倒仓			
编号	名称及规格	单位	数量	单价（元）	合计（元）
1	直接费				12306.79
（1）	基本直接费				11448.18
①	人工费				5443.51
	工长	工时	28.3	11.98	339.03
	高级工	工时	79.2	11.09	878.33
	中级工	工时	445.1	9.33	4152.78
	初级工	工时	11.2	6.55	73.36
②	材料费				4890.99
	模板	m²	100	30.40	3040.00
	铁件	kg	249	6.7	1668.30
	预制混凝土柱	m³	0.4	330	132.00
	电焊条	kg	2	7.2	14.40
	其他材料费	%	2	1814.7	36.29
③	机械使用费				1,113.68
	汽车起重机 5t	台时	15.71	65.85	1,034.50
	电焊机 25kVA	台时	2.06	12.69	26.14
	其他机械费	%	5	1060.64	53.03
（2）	其他直接费	%	7.5	11448.18	858.61
2	间接费	%	9.5	12306.79	1169.14
3	利润	%	7	13475.93	943.32
4	材料补差				325.53
	汽油		15.71	20.21	325.53
5	税金	%	9	14744.78	1327.03
6	单价合计				16071.81

注：汽油补差为 15.71 × 20.21 + 8.03（模板制作补差）= 325.53（元）。

（5）计算混凝土拌制单价

计算结果见表 6-36。

混凝土拌制单价计算表　　　　表 6-36

单价编号		项目名称		混凝土拌制	
定额编号	40172			定额单位	100m³
施工方法	搅拌机拌制混凝土				
编号	名称及规格	单位	数量	单价（元）	合计（元）
1	直接费				2310.13
（1）	基本直接费				2148.96
①	人工费				1689.97
	中级工	工时	93.8	9.33	875.15
	初级工	工时	124.4	6.55	814.82
②	材料费				42.14
	零星材料费	%	2	2106.82	42.14
③	机械使用费				416.85
	搅拌机 0.8m³	台时	9.07	38.08	345.39
	胶轮车	台时	87.15	0.82	71.46
（2）	其他直接费	%	7.5	2148.96	161.17
2	间接费	%	9.5	2310.13	219.46
3	利润	%	7	2529.59	177.07
4	材料补差				
5	税金	%	9	2706.66	243.60
6	单价合计				2950.26

（6）计算混凝土运输单价

混凝土运输分为洞内和洞外，洞外运距 100m；洞内运距 200m（按平均运距 100m 计算）。查定额资料如表 6-37 所示。由于洞内外运输是一个连续过程，在选用定额时，洞内运输段应采用洞内增运定额（每增运 50m）。洞内外综合运输定额为：洞外运输定额＋洞内增运定额。计算结果见表 6-38。

胶轮车运输混凝土定额资料表　　　　表 6-37

项目	单位	运距（m）					增运 50m
		50	100	200	300	400	
初级工	工时	76.6	102.6	160.7	218.9	277	29.1
零星材料费	%	6	6	6	6	6	6

续表

项目	单位	运距（m）					增运 50m
		50	100	200	300	400	
胶轮车	台时	58.8	78.75	123.38	168	212.63	22.31
编号		40180	40181	40182	40183	40184	40185

注：洞内运输，人工、胶轮车定额乘以 1.5 系数。

混凝土运输单价表（胶轮车）　　表 6-38

单价编号			项目名称		混凝土运输
定额编号		［40181］＋［40185］×2×1.5		定额单位	100m³
施工方法		胶轮车运混凝土，洞外 100m，洞内 100m			
编号	名称及规格	单位	数量	单价（元）	合计（元）
1	直接费				1553.48
（1）	基本直接费				1445.10
①	人工费				1243.85
	初级工	工时	189.9	6.55	1243.85
②	材料费				81.80
	零星材料费	%	6	1363.30	81.80
③	机械使用费				119.46
	胶轮车	台时	145.68	0.82	119.46
（2）	其他直接费	%	7.5	1445.10	108.38
2	间接费	%	9.5	1553.48	147.58
3	利润	%	7	1701.06	119.07
4	材料补差				
5	税金	%	9	1820.14	163.81
6	单价合计				1983.95

（7）计算混凝土浇筑单价

根据开挖断面和衬砌厚度，查定额子目。为避免重复计算，混凝土拌制和运输定额只计入定额基本直接费，见表 6-39。由此可得到圆形隧洞混凝土浇筑单价为 621.87 元 /m³。

（8）计算隧洞混凝土衬砌综合单价

圆形隧洞混凝土衬砌综合单价包括混凝土材料单价、模板制作及安装单价、混凝土拌制单价、混凝土运输单价和混凝土浇筑单价。本案例混凝土材料、混凝土拌制及运输单价已计入混凝土浇筑单价中。如有温控措施，还需计温控费用。因此，本案例隧洞混凝土衬砌综合单价＝233.04＋621.87＝854.91（元 /m³）。

混凝土浇筑单价表（圆形隧洞）　　表 6-39

单价编号		项目名称		混凝土浇筑	
定额编号	40035			定额单位	100m³
施工方法	平洞衬砌混凝土浇筑				
编号	名称及规格	单位	数量	单价（元）	合计（元）
1	直接费				44010.43
（1）	基本直接费				40939.93
①	人工费				7617.32
	工长	工时	27.1	11.98	324.66
	高级工	工时	45.1	11.09	500.16
	中级工	工时	487.3	9.33	4546.51
	初级工	工时	342.9	6.55	2246.00
②	材料费				24390.49
	混凝土	m³	149	162.38	24194.62
	水	m³	81	0.92	74.52
	其他材料费	%	0.5	24269.14	121.35
③	机械使用费				3577.07
	混凝土泵 30m³/h	台时	17.52	91.52	1603.43
	振动器 1.1kW	台时	60.98	2.07	126.23
	风水枪	台时	44.94	38.79	1743.22
	其他机械费	%	3	3472.88	104.19
④	混凝土拌制	m³	149	21.49	3202.01
⑤	混凝土运输	m³	149	14.45	2153.05
（2）	其他直接费	%	7.5	40939.93	3070.50
2	间接费	%	9.5	44010.43	4180.99
3	利润	%	7	48191.42	3373.40
4	材料补差				5487.67
	C25 混凝土		149	36.83	5487.67
5	税金	%	9	57052.49	5134.72
6	单价合计				62187.21

六、基础处理工程单价编制

基础处理工程是指为了提高地基承载能力和稳定性，改善和加强其防渗性能及结构物本身整体坚固性所采取的工程措施。从施工角度来讲，主要是灌浆、地下连续墙、桩基、预应力锚固、开挖回填等几种方法的组合应用。其中灌浆是基础处理工程中最常用的有效手段。

（一）钻孔灌浆

灌浆是利用灌浆机施加一定的压力，将浆液通过预先设置的钻孔或灌浆管，灌入岩石、土或建筑物中，使其胶结成坚固、密实而不透水的整体。

1. 灌浆的分类

（1）按灌浆材料分，主要有水泥灌浆、水泥黏土灌浆、黏土灌浆、沥青灌浆和化学灌浆等。

（2）按灌浆作用分，主要有帷幕灌浆、固结灌浆、接触灌浆、接缝灌浆、回填灌浆等。

2. 灌浆工艺流程

灌浆工艺流程一般为：施工准备→钻孔→冲洗→表面处理→压水试验→灌浆→封孔→质量检查等。

（1）施工准备。包括场地清理、劳动组合、材料准备、孔位放样、电风水布置、机具设备就位、检查等。

（2）钻孔。采用手风钻、回转式钻机和冲击钻等钻孔机械进行。

（3）冲洗。用水将残存在孔内的岩粉和铁砂末冲出孔外，并将裂隙中的充填物冲洗干净，以保证灌浆效果。

（4）表面处理。为防止有压情况下浆液沿裂隙冒出地面而采取的塞缝、浇盖面混凝土等措施。

（5）压水试验。压水试验的目的是确定地层的渗透特性，为岩基处理设计和施工提供依据。压水试验是在一定压力下将水压入壁四周缝隙，根据压入流量和压力，计算出代表岩层渗透特性的技术参数。国家相关规范规定，渗透特性用透水率表示，单位为吕容（Lu），定义为：压水压力为1MPa，每米试段长度每分钟注入水量1L时，称为1Lu。

（6）灌浆。按照灌浆时浆液灌注和流动的特点，可分为纯压式和循环式两种灌浆方式。

纯压式灌浆：单纯地把浆液沿灌浆管路压入钻孔，再扩张到岩层裂隙中，适用于裂隙较大、吸浆量多和孔深不超过15m的岩层。该方式设备简单，操作方便，当吃浆量逐渐变小时，浆液流动慢，易沉淀，影响灌浆效果。

循环式灌浆：浆液通过进浆管进入钻孔后，一部分被压入裂隙，另一部分由回浆管返回拌浆筒，这样可使浆液始终保持流动状态，防止水泥沉淀，保证了浆液的稳定和均匀，提高灌浆效果。

按照灌浆顺序，灌浆方法有一次灌浆法和分段灌浆法，后者又可分为自上而下分段灌浆法、自下而上分段灌浆法及综合灌浆法。

一次灌浆法：将孔一次钻到设计深度，再沿全孔一次灌浆。施工简便，大多用于孔深10m以内、基岩较完整、透水性不大的地层。

分段灌浆法：①自上而下分段灌浆法：自上而下钻一段（一般不超过 5m）后，冲洗、压水试验、灌浆。待上一段浆液凝结后，再进行下一段钻灌工作。如此钻、灌交替，直至设计深度。此法灌浆压力较大，质量好，但钻、灌工序交叉，工效低，大多用于岩层破碎、竖向节理裂隙发育地层。②自下而上分段灌浆法：一次将孔钻到设计深度，然后自下而上利用灌浆塞逐段灌浆。这种方法钻灌连续，速度较快，但不能采用较高压力，质量不易保证，一般适用于岩层较完整、坚固的地层。③综合灌浆法：通常接近地表的岩层较破碎，越往下则越完整，上部采用自上而下分段灌浆法，下部采用自下而上分段灌浆法，使之既能保证质量，又能加快速度。

（7）封孔。人工或机械（灌浆及送浆）用砂浆封填孔口。

（8）质量检查。质量检查的方法较多，最常用的是打检查孔检查，取岩心、做压水试验检查透水率是否符合设计和规范要求。检查孔的数量，一般帷幕灌浆为灌浆孔的 10%，固结灌浆为灌浆孔的 5%。

（二）混凝土防渗墙

在工程施工中，建筑在冲积层上的挡水建筑物，一般设置混凝土防渗墙，是有效的防渗处理方式。防渗墙施工包括造孔和浇筑混凝土两部分内容。

1. 造孔

防渗墙的造孔成槽方式一般采用槽孔法。造孔施工常使用冲击钻、反循环钻、液压开槽机、射水成槽机等进行。通常用冲击钻较多，其施工程序包括造孔前准备、泥浆制备、造孔、终孔验收、清孔换浆等。冲击钻造孔工效不仅受地层土石类别的影响，而且与钻孔深度大有关系。随着孔深增加，钻孔效率下降较大。

2. 浇筑混凝土

防渗墙采用导管法浇筑水下混凝土。其施工工艺为浇筑前准备、配料拌和、浇筑混凝土、质量验收。由于防渗墙混凝土不经振捣，因而混凝土应具有良好的和易性。要求入孔时混凝土的坍落度为 18～22cm，扩散度为 34～40cm，最大骨料粒径不大于 4cm。

（三）桩基工程

桩基工程是地基加固的主要方法之一，目的是提高地基承载力、抗剪强度和稳定性。

1. 振冲桩

软弱地基中，利用能产生水平向振动的管状振冲器，在高压水流下边振边冲成孔，再在孔内填入碎石或水泥、碎石等坚硬材料成桩，使桩体和原来的土体构成复合地基，这种加固技术称为振冲桩法。

（1）施工机具。振冲桩主要机具为振冲器、吊机（或专用平车）和水泵，振冲器是利用一个偏心体的旋转产生一定频率和振幅的水平向振动力进行振冲挤密或置换施工的专用机械。起吊机械包括履带或轮胎吊机、自行井架或专用平车等。每台振冲器配备一台水泵。

（2）制桩步骤。① 振冲器对准桩位，开水、开电。② 启动吊机，使振冲器徐徐下沉，并记录振冲器经各深度的电流值和时间。③ 当达到设计深度以上30～50cm时，将振冲器提到孔口，再下沉，提起进行清孔。④ 往孔内倒填料，将振冲器沉到填料中振实，当电流达到规定值时，认为该深度已振密，并记录深度、填料量、振密时间和电流量；再提出振冲器，准备做上一深度桩体；重复上述步骤，自下而上制桩，直到孔口。⑤ 关振冲器，关水、关电，移位。

（3）单价编制。振冲桩单价按地层不同分别采用定额相应子目。由于不同地层对孔壁的约束力不同，所以形成的桩径不同，因此耗用的填料（碎石、水泥）数量也不相同。

2. 灌注桩

灌注桩施工工艺类似于防渗墙的圆孔法，主要采用泥浆固壁成孔，另外还有干作业成孔、套管法成孔等。

造孔设备有推钻、冲抓钻、冲击钻、回旋钻等。灌注混凝土一般采用导管法浇筑水下混凝土，定额一般按造孔和灌注分节。灌注孔口管是指坝基砂砾石灌浆在表面一定的深度钻孔下入孔口套管后，在管外壁的孔壁之间填入稠浆，形成孔口封闭灌浆用的孔口管。

例 6-10 某水库（一般地区）坝基岩石基础固结灌浆，采用手风钻钻孔，一次灌浆法，灌浆孔深 5m，岩石级别为Ⅸ级。坝基岩石层平均单位吸水率 3Lu，合金钻头 55 元／个，空心钢 11 元／kg，水泥 350 元／t，施工用水 0.90 元／m^3，施工用电 1.00 元／（kW·h），施工用风 0.14 元／m^3。计算坝基岩石固结灌浆综合概算单价。

解：施工机械台时费计算过程略。查水利部《水利建筑工程概算定额》（2002年），风钻钻灌浆孔、岩石级别Ⅸ级的定额子目为 70018，计算结果见表 6-40。

钻岩石层固结灌浆孔工程单价表 表 6-40

单价编号		项目名称	钻岩石层固结灌浆孔	
定额编号	70018		定额单位	100m
施工方法	孔位转移、接拉风管、钻孔、检查孔钻孔、手风钻钻孔，孔深5m			
编号	名称及规格	单位	数量	单价（元）	合计（元）
1	直接费				1950.08
（1）	基本直接费				1814.03
①	人工费				801.95
	工长	工时	3	11.55	34.65
	中级工	工时	38	8.90	338.20
	初级工	工时	70	6.13	429.10

续表

编号	名称及规格	单位	数量	单价（元）	合计（元）
②	材料费				197.37
	合金钻头	个	2.72	55.00	149.60
	空心钢	kg	1.46	11.00	16.06
	水	m³	10	0.90	9.00
	其他材料费	%	13	174.66	22.71
③	机械使用费				814.71
	手持式风钻	台时	25.8	27.70	714.66
	其他机械费	%	14	714.66	100.05
（2）	其他直接费	%	7.5	1814.03	136.05
2	间接费	%	10.5	1950.08	204.76
3	利润	%	7	2154.84	150.84
4	材料补差	%			0.00
5	税金	%	9	2305.68	207.51
6	单价合计	%			2513.19

查水利部《水利建筑工程概算定额》（2002 年），岩石层透水率为 3Lu 的基础固结灌浆的定额子目为 70046，计算结果见表 6-41。

基础固结灌浆工程单价表　　　　表 6-41

单价编号			项目名称	基础固结灌浆	
定额编号		70046		定额单位	100m
施工方法		冲洗、制浆、封孔、孔位转移、检查孔压水试验、灌浆，岩石层透水率为 3Lu			
编号	名称及规格	单位	数量	单价（元）	合计（元）
1	直接费				11981.58
（1）	基本直接费				11145.66
①	人工费				3522.30
	工长	工时	23	11.55	265.65
	高级工	工时	48	10.67	512.16
	中级工	工时	141	8.90	1254.90
	初级工	工时	243	6.13	1489.59
②	材料费				1484.88
	水泥	t	3.2	255.00	816.00
	水	m³	528	0.90	475.20
	其他材料费	%	15	1291.20	193.68

续表

编号	名称及规格	单位	数量	单价（元）	合计（元）
③	机械使用费				6138.48
	灌浆泵中压泥浆	台时	93	43.61	4055.73
	灰浆搅拌机	台时	85	20.90	1776.50
	胶轮车	台时	17	0.82	13.94
	其他机械费	%	5	5846.17	292.31
（2）	其他直接费	%	7.5	11145.66	835.92
2	间接费	%	10.5	11981.58	1258.07
3	利润	%	7	13239.65	926.78
4	材料补差				304.00
	水泥	t	3.2	95.00	304.00
5	税金	%	9	14470.42	1302.34
6	单价合计				15772.76

坝基岩石基础固结灌浆综合概算单价包括钻孔和灌浆单价，即：25.13＋157.73＝182.86（元/m）。

例 6-11 某水电工程（三类区）的基础处理项目坝基防渗采用混凝土防渗墙，坝轴线长 500m，地层为砂卵石，混凝土防渗墙墙厚 0.8m，平均深度为 38m，其中要求入岩 0.5m（岩石级别为Ⅶ级）。施工方法采用钻劈法，冲击钻机成槽，槽段连接方式采用钻凿法，接头系数为 1.11，扩孔系数为 1.20。混凝土拌制采用拌合楼（2×1.5m³）拌制，10t 自卸汽车运混凝土 2km，不考虑垂直运输。电站坝顶高程为 1800.00m。计算混凝土防渗墙浇筑单价。

解：基础单价及取费标准略。混凝土防渗墙浇筑选用定额为：

［70231］＋［40387］×1.33＋［40163］×1.33，其中 1.11×1.20＝1.33（混凝土耗量）。

计算结果见表 6-42。

混凝土防渗墙浇筑工程单价表　　　　表 6-42

单价编号			项目名称	防渗墙浇筑工程	
定额编号	［70231］＋［40387］×1.33＋［40613］×1.33			定额单位	100m³
施工方法	混凝土防渗墙浇筑，2×1.5m³ 拌合楼拌制，10t 自卸汽车运混凝土 2km				
编号	名称及规格	单位	数量	单价（元）	合计（元）
1	直接费				49071.75
（1）	基本直接费				45818.63
①	人工费				3067.22
	高级熟练工	工时	12	13.78	165.36

续表

编号	名称及规格	单位	数量	单价（元）	合计（元）
	熟练工	工时	73.31	10.37	760.22
	半熟练工	工时	141.6	8.23	1165.37
	普工	工时	141.9	6.88	976.27
②	材料费				32,210.89
	掺外加剂混凝土C30（二级配）	m³	133	225.80	30031.40
	板枋材	m³	0.6	1715.97	1029.58
	钢管	m	13.6	20.00	272.00
	橡皮板	kg	27.1	12.00	325.20
	水	m³	60	0.91	54.60
	其他材料费	元	409	1.00	409.00
	零星材料费	元	89.11	1.00	89.11
③	机械使用费				10540.51
	自卸汽车（柴油型）10t	台时	12.7547	163.38	2083.86
	混凝土拌合系统	组时	3.0457	678.78	2067.36
	水泥输送系统	组时	3.0457	805.86	2454.41
	骨料输送系统	组时	3.0457	339.55	1034.17
	冲击钻机CZ-22	台时	26.17	89.19	2334.10
	载重汽车（汽油型）5t	台时	2.06	109.52	225.61
	其他机械使用费	元	341	1.00	341.00
（2）	其他直接费	%	7.1	45818.63	3253.12
2	间接费	%	19.04	49071.75	9343.26
3	利润	%	7	58415.01	4089.05
4	材料补差				8825.32
	水泥	t	40.565	217.56	8825.32
5	税金	%	9	71329.38	6419.64
6	单价合计				77749.03

注：水泥预算价657.56元/t，补差：（133×0.305）×（657.56－440）＝40.565×217.56＝8825.32元，
0.305t为每立方米掺外加剂混凝土C30（二级配）的水泥用量。

七、疏浚工程单价编制

（一）疏浚工程分类

疏浚项目包括疏浚工程和吹填工程。疏浚工程主要用于河湖整治，内河航道疏浚，出海口门疏浚，湖、渠道、海边的开挖与清淤工程，以挖泥船应用最广。

挖泥船按工作机构原理和输送方式的不同划分为机械式、水力式和气动式三大类，常用的机械式挖泥船有链斗式、抓斗式、铲斗式；水力式挖泥船有绞吸式、斗轮式、耙吸式、射流式及冲吸式等，以绞吸式运用最广。吹填施工的工艺流程是采用机械挖土，以压力管道输送泥浆至作业面，完成作业面上土颗粒沉积淤填。

江河疏浚开挖经常与吹填工程结合，如此可充分利用江河疏浚开挖的弃土对堤身两侧的池塘洼地做充填，进行堤基加固；吹填法施工不受雨天和黑夜的影响，能连续作业，施工效率高。在土质符合要求的情况下，也可用以堵口或筑新堤。

（二）定额使用

疏浚工程定额包括绞吸、链斗、抓斗及铲斗式挖泥船，吹泥船，水力冲挖机组等。

（1）土、砂分类

1）绞吸、链斗、抓斗及铲斗式挖泥船、吹泥船开挖水下方的泥土及粉细砂分为Ⅰ～Ⅶ类，中、粗砂各分为松散、中密、紧密三类。

2）水力冲挖机组的土类划分为Ⅰ～Ⅳ类。

（2）定额计量单位

现行概算定额计量单位，除注明者外，均按水下自然方计算，疏浚或吹填工程量应按设计要求计算，吹填工程陆上方应折算为水下自然方。在开挖过程中的超挖、回淤等因素均包括在定额内。在河道疏浚遇到障碍物清除时，应按实单独列项。

（3）绞吸、链斗式挖泥船及吹泥船均按名义生产率划分船型；抓斗、铲斗式挖泥船按斗容划分船型。

（4）定额中的人工是指从事辅助工作的用工，如对排泥管线的巡视、检修、维护等，不包括绞吸式挖泥船及吹泥船岸管的安装、拆移（除）及各排泥场（区）的围堰填筑和维护用工。当各式挖泥船、吹泥船及其系列的配套船舶定额调整时，人工定额亦做相应调整。

（5）绞吸式挖泥船的排泥管线长度，指自挖泥（砂）区中心至排泥（砂）区中心，浮筒管、潜管、岸管各管线长度之和。如所需排泥管线长度介于两定额子目之间时，应按插入法计算。

例6-12 某水库（一般地区）进行清淤疏浚工程，采用绞吸式挖泥船进行施工，挖泥船的名义生产车为200m³/h，库底土质为Ⅱ类可塑壤土，挖深为6m，排泥管线长度为600m，柴油预算价格为6.10元/kg。计算该水库疏浚工程的概算单价。

解：根据挖泥船的名义生产率（200m³/h）、土质类别（Ⅱ类土）及排泥管线长度（600m），选用水利建筑工程概算定额子目80198。

挖泥船200m³/h、拖轮176kW、锚艇88kW、机艇88kW的机械台时费中柴油分别为：130kg、21.6kg、14.2kg、16kg。计算结果见表6-43。

疏浚工程单价表　　　　　　表 6-43

单价编号		项目名称		疏浚工程	
定额编号	80198			定额单位	10000m³
施工方法	固定船位、挖、排泥（砂），移浮筒管，配套船舶定位、行驶及其他辅助工作				
编号	名称及规格	单位	数量	单价（元）	合计（元）
1	直接费				42019.83
（1）	基本直接费				39088.22
①	人工费				538.01
	中级工	工时	29.8	8.90	265.22
	初级工	工时	44.5	6.13	272.79
②	材料费				0.00
③	机械使用费				38550.21
	挖泥船 200m³/h	艘时	42.15	694.07	29255.05
	浮筒管 φ400mm×7500mm	组时	1124	0.92	1034.08
	岸管 φ400mm×6000mm	组时	2810	0.47	1320.70
	拖轮 176kW	艘时	10.54	211.91	2233.53
	锚艇 88kW	艘时	12.64	118.00	1491.52
	机艇 88kW	艘时	13.91	124.56	1732.63
	其他机械费	%	4	37067.51	1482.70
（2）	其他直接费	%	7.5	39088.22	2931.62
2	间接费	%	7.25	42019.83	3046.44
3	利润	%	7	45066.27	3154.64
4	材料补差				18999.64
	柴油	kg	6109.21	3.11	18999.64
5	税金	%	9	67220.55	6049.85
6	单价合计				73270.40

注：柴油补差为 42.15×130 + 10.54×21.6 + 12.64×14.2 + 13.91×16 = 6109.21（kg）。

第三节　设备及安装工程单价编制

设备及安装工程包括机电设备及安装工程、金属结构设备及安装工程两部分。设备安装工程投资由设备费与安装费两部分组成。设备及安装工程单价的编制是设计概预算的基础工作，应充分收集设备型号、重量、价格等有关资料，正确使用安装定额编制单价。

一、设备单价编制

水利工程中设备费包括设备原价、运杂费、运输保险费、采购保管费共4项；水电工程中设备费包括设备原价、运杂费、运输保险费、特大（重）件运输增加费、采购及保管费共5项。

1. 设备原价

（1）国产设备以出厂价为原价，可根据厂家询价和市场价格水平分析确定。

（2）进口设备以到岸价和进口征收的关税、增值税、银行财务费、外贸手续费、进口商品检验费、港口费等之和作为原价。到岸价采用与厂家签订的合同价或询价计算，有关税费等按规定计算。

（3）大型机组分瓣运至工地后的拼装费用，应包括在设备原价内；如需设置拼装场，其建场费用应计入设备原价中。

2. 设备运杂费

分为主要设备运杂费和其他设备运杂费，均按占设备原价的百分率计算。主要设备运杂费费率见表6-44、表6-45，其他设备运杂费费率见表6-46。

设备由铁路直达或铁路、公路联运时，分别按里程求得费率后叠加计算；如果设备由公路直达，应按公路里程计算费率后，再加公路直达基本费率。

水利工程主要设备运杂费费率表　　　　　　　　表6-44

设备分类	铁路费费率（%）		公路费费率（%）		公路直达基本费费率（%）
	基本运距1000km	每增运500km	基本运距100km	每增运20km	
水轮发电机组	2.21	0.30	1.06	0.15	1.01
主阀、桥机	2.99	0.50	1.85	0.20	1.33
主变压器					
120000kVA以下	2.97	0.40	0.92	0.15	1.20
120000kVA及以上	3.50	0.40	2.80	0.30	1.20

水电工程主要设备运杂费费率表　　　　　　　　表6-45

设备分类	铁路费费率（%）		公路费费率（%）		公路直达基本费费率（%）
	基本运距1000km	每增运500km	基本运距50km	每增运10km	
水轮发电机组	2.21	0.40	1.06	0.10	1.01
主阀、桥机	2.99	0.70	1.85	0.18	1.33
主变压器					
120000kVA以下	2.97	0.56	0.92	0.10	1.20
120000kVA及以上	3.50	0.56	2.80	0.25	1.20

其他设备运杂费费率表　　　　　　　　　　表 6-46

类别	适用范围	水利工程费费率（%）	水电工程费费率（%）
I	北京、天津、上海、江苏、浙江、江西、安徽、湖北、湖南、河南、广东、山西、山东、河北、陕西、辽宁、吉林、黑龙江等省（直辖市）	3～5	5～7
II	甘肃、云南、贵州、广西、四川、重庆、福建、海南、宁夏、内蒙古、青海等省（自治区、直辖市）	5～7	7～9

工程地点距铁路线近者费率取小值，远者取大值。新疆、西藏地区的设备运杂费费率可视具体情况另行确定。

3. 设备运输保险费

国产设备的运输保险费费率可按工程所在省、自治区、直辖市的规定计算，省、自治区、直辖市无规定的，可按保险公司的有关规定计算。进口设备的运输保险费按相应规定计算。

4. 特大（重）件运输增加费

特大（重）件运输增加费，应根据设计方案确定，在无资料的情况下，可按设备原价的 0.60%～1.5% 估算。其中：工程地处偏远、运输距离远、运输条件差的取大值，反之取小值。抽水蓄能电站可根据工程所在地具体条件取中值或小值。

5. 设备采购及保管费

按设备原价与运杂费之和的 0.7% 计算。

6. 运杂综合费费率的计算

水利工程：

$$运杂综合费费率＝运杂费费率＋（1＋运杂费费率）×$$
$$采购及保管费费率＋运输保险费费率 \qquad （6-9）$$

水电工程：

$$运杂综合费费率＝运杂费费率＋（1＋运杂费费率）×$$
$$设备采购及保管费费率＋设备运输保险费费率｜$$
$$特大（重）件运输增加费费率 \qquad （6-10）$$
$$设备费＝设备原价×（1＋运杂综合费费率） \qquad （6-11）$$

上述运杂综合费费率，适用于计算国产设备运杂费。进口设备的国内段运杂综合费费率，按国产设备运杂综合费费率乘以相应国产设备原价占进口设备原价的比例系数进行计算。

例 6-13　某进口设备离岸价（FOB）为 20000000 美元，国际运费费率为 5%，国际运输保险费费率为 0.4%，关税税率为 10%，增值税税率为 13%，银行财务费费率为 0.4%，外贸手续费费率为 1%，消费税税率为 10%，基准日美元兑人民币的汇率为 6.85。计算该进口设备的原价。

解：计算结果见表 6-47。

进口设备原价计算表   表 6-47

项目	计费公式	费率	金额（万元）
离岸价（FOB）（美元）	原币货价		2000
国际运费（美元）	原币货价（FOB）×运费费率	5%	100
国际运输保险费（美元）	（FOB＋国际运费）/（1－保险费率）×保险费费率	0.4%	8.43
到岸价（CIF）外币（美元）			2108.43
CIF 人民币	CIF 外币×外汇汇率		14442.77
银行财务费	FOB×外汇汇率×银行财务费费率	0.4%	54.80
外贸手续费	CIF（人民币，下同）×外贸手续费费率	1.0%	144.43
关税	CIF×进口关税税率	10%	1444.28
消费税	（CIF＋关税）/（1－消费税税率）×消费税税率	10%	1765.23
增值税	（CIF＋关税＋消费税）×增值税税率	13%	2294.80
进口从属费	银行财务费＋外贸手续费＋关税＋消费税＋增值税		5703.53
原价（抵岸价）	进口设备到岸价＋进口从属费		20146.30

例 6-14　某水电工程水轮机铁路运 1380km、公路运 80km 到工地安装现场。水轮机设备原价 300 万元，运输保险费费率取 0.4%，特大（重）件运输增加费费率取 1.0%。计算水轮机设备费。

解：水轮机铁路运杂费费率＝2.21%＋0.4%×（1380－1000）/500＝2.514%

水轮机公路运杂费费率＝1.06%＋0.1%×（80－50）/10＝1.36%

运杂费费率合计＝2.514%＋1.36%＝3.874%

运杂综合费费率＝3.874%＋（1＋3.874%）×0.7%＋0.4%＋1.0%＝6.00%

设备费＝300×（1＋6%）＝318（万元）

二、安装工程单价编制

安装工程费是项目费用构成中的一个重要组成部分。安装工程单价的编制是设计概算的基础工作，应充分收集设备型号、重量、价格等有关资料，正确使用安装定额编制安装工程单价。

（一）编制步骤

1. 了解工程设计情况，收集整理和核对设计提供的项目全部设备清单，并按项目划分的规定进行项目归类。设备清单必须包括设备的规格、型号、重量以及推荐的厂家。

2. 熟悉现行概预算定额的相关内容：定额的总说明及各章节的说明，各安装项目包含的安装工作内容，定额安装费的费用构成和其他有关资料。

3. 根据设备清单提供的各项参数，正确选用定额。

4.按编制规定计算安装工程单价。

（二）计算方法

安装工程单价采用定额计算，主要有两种方法。安装工程定额主要以实物量形式表示，只有少量的安装工程定额是以安装费费率形式表示的。

1. 实物量形式的安装单价

以实物量形式表示的安装工程定额，其安装工程单价的计算与前述建筑工程单价计算方法和步骤相同，不再赘述，详见表6-2。这种形式编制的单价较准确，但计算相对烦琐。由于这种方法量价分离，所以能满足动态变化的要求。

2. 费率形式的安装单价

安装费费率是以安装费占设备原价的百分率形式表示的定额，计算方法见表6-3。定额中给定了人工费、材料费和机械使用费各占设备原价的百分比。在编制安装工程单价时，由于设备原价本身受市场价格的变化而浮动，因此材料费和机械使用费不需调整。当人工费组成结构发生变化时，根据人工预算单价计算出人工费调整系数进行调整。"营改增"后，水利工程安装定额中人工费费率不做调整，材料费费率除以 1.03 调整系数，机械使用费费率除以 1.10 调整系数，装置性材料费费率除以 1.13 调整系数；水电工程安装定额中人工费费率不做调整，材料费费率调整系数为 1.04，机械使用费费率调整系数为 1.06，装置性材料费费率调整系数为 1.11。其计算基数不变，仍为含增值税的相应设备费。这种简化计算方法对于投资不大的辅助设备、试验设备等次要设备不失为一种节省计算工作量的好方法。

（三）定额选用

1. 区分采用实物量与费率计算单价的项目

（1）采用实物量计算单价的项目主要有：水轮机，水轮发电机，进水阀，大型水泵，水力机械辅助设备中的管路，电气设备中的电缆、母线、接地、保护网、铁构件，变电站设备中的电力变压器、断路器、一次拉线设备，通信设备，起重设备，闸门以及压力钢管等。

（2）采用安装费费率计算单价的项目主要有：水力机械辅助设备，电气设备中的发电电压设备，控制保护系统，计算机监控系统，直流系统，厂用电系统，电气试验设备，变电站设备中的高压电气设备等。

2. 设备与材料的区分

（1）随设备成套供货的零部件（包括备品备件、专用工器具）、设备体腔内定量充填物（如透平油、绝缘油、SF_6 气体等）均作为设备。

（2）成套供应、现场加工或零星购置的贮气罐、贮油罐、盘用仪表、机组本体上的梯子、平台和栏杆等均作为设备。

（3）SF_6 管型母线，110kV 及以上高压电缆、电缆头等均作为设备。

（4）管道和阀门如构成设备本体时作为设备，否则应作为材料。

（5）随设备供应的保护罩、网门等，已计入相应出厂价格中的作为设备，否则应作为材料。

（6）电力电缆、电缆头、母线、金具、滑触线、管道用支架、设备基础用型钢、钢轨、接地型钢、穿墙隔板、绝缘子、一般用保护网、罩、门等均作为材料。

3. 装置性材料的计算

装置性材料是指本身属于材料，但又是被安装对象，安装后构成工程的实体。装置性材料可分为主要装置性材料和次要装置性材料。凡在定额项目中作为安装对象单列的材料，即为主要装置性材料，如轨道、管路、电缆、母线、滑触线等。其余的即为次要装置性材料，如轨道的垫板、电缆支架、母线金具等。主要装置性材料在定额中一般作为未计价材料，应按设计提供的型号、规格和数量与该工程材料预算价另外计算费用，并按定额规定加计操作损耗费用。次要装置性材料的品种多，规格杂，且价值也较低，定额中部分项目已列入一般的装置性材料（即次要装置性材料，也称已计价装置性材料）的费用，不必另计。定额中已计价和未计价的装置性材料费均构成安装工程单价。

4. 按设备重量划分子目的定额

当所求设备的重量介于同类型设备的子目之间时，可按插入法计算安装费。

例 6-15 编制一般地区水电工程厂房控制保护设备安装工程单价。已知设备原价为 70 万元，人工费调整系数为 1.1。

解：查水电设备安装工程概算定额子目为 06005，对定额进行调整，再根据调整后的定额编制安装工程单价，计算结果见表 6-48。

控制保护设备安装工程单价表　　　　　　　　　　　　　表 6-48

单价编号		项目名称	控制保护设备安装工程		
定额编号		06005		定额单位	台
型号规格		设备原价 70 万元			
编号	名称及规格	定额原费率（%）	调整后费率（%）	单价（万元）	费用（万元）
1	直接费				5.94
（1）	基本直接费	7.83	7.86	70.00	5.50
①	人工费	3.54	3.89	70.00	2.73
②	材料费	1.02	0.98	70.00	0.69
③	机械使用费	1.02	0.96	70.00	0.67
④	装置性材料费	2.25	2.03	70.00	1.42
（2）	其他直接费		7.9	5.50	0.43
2	间接费		138	2.73	3.76
3	利润		7	9.70	0.68

续表

编号	名称及规格	定额原费率（%）	调整后费率（%）	单价（万元）	费用（万元）
4	未计价装置性材料费		0	0.00	0.00
5	税金		9	10.38	0.93
6	单价合计				11.31

例 6-16 已知某河道工程（一般地区）大型泵站水泵自重 18t，叶片转轮为半调节方式。计算水泵安装工程单价。

解：基础资料略。依据水利水电设备安装工程定额列表计算，结果见表 6-49。

水泵安装工程单价表　　　　　　　　　表 6-49

单价编号		项目名称		水泵安装	
定额编号		03002		定额单位	台
型号规格		轴流式水泵自重 18t，叶片转轮为半调节方式			
编号	名称及规格	单位	数量	单价（元）	合计（元）
1	直接费				52463.46
（1）	基本直接费				49775.58
①	人工费				36413.02
	工长	工时	286	8.02	2293.72
	高级工	工时	1374	7.40	10167.60
	中级工	工时	3492	6.16	21510.72
	初级工	工时	573	4.26	2440.98
②	材料费				5533.71
	钢板	kg	108	3.60	388.80
	型钢	kg	173	3.40	588.20
	电焊条	kg	54	7.00	378.00
	氧气	m³	119	3.00	357.00
	乙炔气	m³	54	12.80	691.20
	汽油	kg	51	3.075	156.83
	油漆	kg	29	15.50	449.50
	橡胶板	kg	23	7.90	181.70
	木材	m³	0.4	1600.00	640.00
	电	kW·h	940	0.83	780.20
	其他材料费	%	20	4611.43	922.29
③	机械使用费				7828.85

续表

编号	名称及规格	单位	数量	单价（元）	合计（元）
	桥式起重机 20t	台时	54	57.16	3086.64
	电焊机 20～30kVA	台时	60	12.69	761.40
	车床 φ400～φ600	台时	54	27.97	1510.38
	刨床 B650	台时	38	17.55	666.90
	摇臂钻床 φ50	台时	33	21.93	723.69
	其他机械费	%	16	6749.01	1079.84
（2）	其他直接费	%	5.4	49775.58	2687.88
2	间接费	%	70	36413.02	25489.11
3	利润	%	7	77952.58	5456.68
4	材料补差				214.46
	汽油	kg	51	4.205	214.46
5	未计价装置性材料费				0.00
6	税金	%	9	83623.71	7526.13
7	单价合计				91149.85

注：汽油为 7.28 元 /kg，补差：51×（7.28－3.075）＝51×4.205＝214.46（元）。

第七章

建设征地移民安置补偿费用编制

第一节　编制依据

水利水电工程建设征地处理范围包括水库淹没影响区和枢纽工程建设区。水库淹没影响区又包括水库淹没区和水库影响区。枢纽工程建设区包括永久占地区和临时占地区。

建设征地移民安置补偿就是对枢纽工程建设区和水库淹没影响区范围内所有对象，采用征用、补偿、搬迁、改建、恢复、防护、清理等处理方式所需开展的各项工作的统称。编制依据主要包括：

（1）国家有关法律、法规。主要包括《中华人民共和国水法》《中华人民共和国土地管理法》《中华人民共和国森林法》《中华人民共和国草原法》《中华人民共和国文物保护法》和《大中型水利水电工程建设征地补偿和移民安置条例》等。

（2）各省（自治区、直辖市）颁布的《〈中华人民共和国土地管理法〉实施办法》等有关规定。

（3）《水利水电工程建设征地移民安置规划设计规范》SL 290—2009。

（4）《水利工程设计概（估）算编制规定》。

（5）《水电工程建设征地移民安置补偿费用概（估）算编制规范》NB/T 10877—2021。

（6）行业标准及有关部委的其他有关规定。

（7）有关征地移民实物调查和移民安置规划等设计成果。

（8）有关协议和承诺文件等。

第二节　基础价格编制

基础价格应按概算编制年的有关政策、规定及市场价格水平进行编制。

（1）农副产品价格。在建设征地影响区主要农副产品订购价格和市场价格的基础上分析确定。

（2）林产品单价。按建设征地影响区市场价格计算。

（3）亩产值。亩产值按年内土地各类作物设计亩产量和相应单价计算。

（4）征收园地、林地、牧草地的土地补偿费和安置补助的基础价格按照省、自治区、直辖市的有关规定计算。需要计算各类土地的规划水平年亩产值的，可参照耕地的规划水平年亩产值的计算方法计算。

（5）征收未利用地的土地补偿费，其基础价格按照省、自治区、直辖市的有关规定计算。

（6）房屋及附属建筑物补偿费的基础价格，按照当地工程建设管理部门颁发的计价依据中相关基础价格的规定编制。没有计价依据的，如土木结构房屋、附属建筑物中的人工工资、部分材料价格等，可由设计单位自行采集移民安置区有关资料编制。

（7）青苗和林木补偿费可参照耕地规划水平年亩产值的确定方法编制。省、自治区、直辖市已颁布具体规定的，从其规定。

（8）设施和设备拆迁、运输、安装补偿费的基础价格，涉及人工费、机械使用费、材料价格等基础价格，参照工程建设费用有关基础价格的规定编制。设施和设备的搬迁损失等其他基础价格，由设计单位采集和编制。

（9）工程基础单价，包括人工预算单价，材料预算价格，电、水、风价格，施工机械台时费，砂石料单价及混凝土材料单价，应根据各工程项目所涉及的专业，按相应专业的概算编制办法、计算标准和定额计算。

第三节 项目单价编制

一、水利工程单价分析

（一）补偿补助单价

1. 征收土地补偿费和安置补助费的单价

大中型水利水电工程建设征收土地的土地补偿费和安置补助费，实行与铁路等基础设施项目用地同等补偿标准，按照被征收土地所在省、自治区、直辖市规定的标准执行《国务院关于修改〈大中型水利水电工程建设征地补偿和移民安置条例〉的决定》（国务院令第 679 号）。

2. 征用土地补偿单价

按规划水平年征用土地亩产值乘以用地年限计算。

3. 林地、园地的林木补偿单价

按照征地所在省（自治区、直辖市）人民政府的规定确定。对没有具体规定的，

参照本省类似水利水电工程林木补偿单价分析确定，或者参照邻省类似水利水电工程林木补偿单价分析确定。

4. 征用土地复垦单价

采用相关省（自治区、直辖市）人民政府的规定。没有规定的，根据土地复垦方案及相关行业的定额分析确定。

5. 青苗补偿单价

按照规划水平年一季亩产值确定。

6. 房屋补偿单价

对不同结构的房屋，应选择主要结构进行典型设计；按地方建筑工程概算定额和编制办法及当地人工、材料、机械等基础价格，按重置价计算其造价，并以此为依据确定相应结构房屋的补偿单价。对其他次要结构的房屋，可参照主要结构房屋补偿单价分析确定。

7. 房屋装修补助单价

参照房屋补偿单价分析方法确定。

8. 附属建筑物补偿单价

采用各省（自治区、直辖市）人民政府规定的补偿单价。没有规定的，按重置单价或参照类似工程的相应补偿单价确定。

9. 农副业设施补偿单价

采用各省（自治区、直辖市）人民政府规定的补偿标准。对地方没有规定标准的，可参照类似工程移民相应补偿单价确定。

10. 小型水利水电设施补偿单价

对需要恢复的，参照同类型工程建设项目的单价分析方法确定；对不需要恢复的，按照适当补偿的原则确定。

11. 搬迁补助单价

搬迁补助单价包括车船运输、途中食宿、物资搬迁运输、搬迁保险、物资损失补助、误工补助和移民临时住房补贴等。

（1）车船运输单价。根据移民安置规划确定的平均搬迁距离、运输方案和相应的费用，按就近和远迁分别确定。

（2）途中食宿单价。根据移民安置规划确定的平均搬迁距离、途中时间和相应的费用，按就近和远迁分别确定。

（3）物资搬迁运输单价。典型推算人均或单位房屋面积（主房）物资搬运量，根据移民安置规划确定的平均搬迁距离、运输方式及相应费用，按就近和远迁分别确定人均或单位房屋面积的物资搬迁运输单价。

（4）搬迁保险单价。根据保险业相关人身意外伤害险规定确定。

（5）物资损失补助单价。按搬迁过程中人均物资损失价值计列。

（6）误工补助。误工期根据搬迁距离可取 1～2 个月，补助单价可根据当地人均纯收入情况分析确定。

（7）移民临时住房补贴单价。采用人均或户均指标。可按户均租房面积30～40m² 和租期 3 个月，根据当地房租单价分析确定。

12. 工业企业补偿单价

（1）房屋及附属建筑物单价。采用农村个人房屋及附属建筑物单价分析方法确定。

（2）搬迁补助单价。按办公和住房房屋面积计算搬迁运输费。单价参照农村搬迁运输补助单价分析方法确定。

（3）基础设施和生产设施补偿单价。基础设施指供水、排水、供电、电信、照明、广播电视、各种道路以及绿化设施等；生产设施指各种井巷工程及池、窑、炉座、机座、烟囱等。可按国家和省（自治区、直辖市）有关规定分别计算补偿单价，也可根据工程所在地区造价指标或有关实际资料，采用类比扩大单位指标计算补偿单价。对于不需要或难以恢复的对象，可按适当的补偿原则计算单价。对闲置、报废的设施可根据实际情况予以适当补助。

（4）生产设备补偿单价。包括不可搬迁设备补偿单价和可搬迁设备补偿单价。

1）不可搬迁设备补偿单价。应按设备重置全价扣减可变现的残值计算，设备重置全价包括设备购置（或自制）到正式投入使用期间发生的费用，含设备购置价费（或自制成本）、运杂费、安装调试费等。

2）可搬迁设备补偿单价。应按该设备在搬迁过程中的拆卸、运输、安装、调试等费用计算。

（5）停产损失。根据工业企业的年工资总额、福利费、管理费、利润等测算。

13. 工商企业补偿单价

（1）房屋及附属建筑物单价。采用农村个人房屋及附属建筑物单价分析方法确定。

（2）生产设施、生产设备补偿和停产损失补助单价。参照工业企业生产设施、生产设备补偿和停产损失补助单价分析方法确定。

14. 文化、教育、医疗卫生等单位迁建补偿单价

（1）房屋及附属建筑物、设备和设施单价按照工商企业相应项目补偿单价分析方法确定。

（2）学校和医疗卫生单位增容补助单价。根据国家和省（自治区、直辖市）的有关规定，结合当地的实际情况分析确定。

15. 其他补偿补助单价

其他补偿补助单价包括零星林（果）木补偿单价、鱼塘设施补偿单价、坟墓补偿单价等。

（1）零星林（果）木补偿单价，应根据各省（自治区、直辖市）人民政府的规定计算。对没有具体规定的，可参照林（果）木补偿标准计算。

（2）鱼塘设施补偿单价，可按照征地所在省（自治区、直辖市）人民政府的规

定确定。对没有具体规定的，可参照本省类似水利水电工程鱼塘补偿单价分析确定，本省没有的，可参照邻省类似水利水电工程鱼塘补偿单价确定。

（3）坟墓补偿单价，按照征地所在省（自治区、直辖市）人民政府的规定确定。对没有具体规定的，可参照本省类似水利水电工程坟墓补偿单价确定，本省没有的，可参照邻省类似水利水电工程坟墓补偿单价确定。

（4）对补偿费用不足以修建基本用房的贫困移民，应当给予适当补助。

16．过渡期补助

过渡期补助指移民搬迁和生产恢复期间的补助费，应根据农村移民安置规划合理确定人均补助标准。过渡期可按 1～3 年考虑，调整现有耕地安置时过渡时间可取下限，开垦耕地安置时过渡时间可取上限。

（二）工程建设单价

1．建筑工程单价

（1）建筑工程单价按照水利工程、市政工程和各行业概（估）算编制办法、定额计算。当地有规定的，按当地规定执行。

（2）农村居民点、集镇的场地平整及新址防护，宜采用水利工程概（估）算编制办法和定额；其他基础设施，可采用市政和相应行业概（估）算编制办法和定额。

（3）城镇部分的基础设施，宜采用市政和相应行业概（估）算编制办法和定额。

（4）专业项目和防护工程，宜采用相应行业的概（估）算编制办法和定额。

（5）防护工程，应采用水利行业的概（估）算编制办法和定额。

（6）库底清理，按清理技术要求分项计算。

2．机电设备及安装工程单价

按照相应行业的概（估）算编制办法和定额计算，当地有规定的，按当地规定执行。

3．金属结构设备及安装工程单价

按照相应行业的概（估）算编制办法和定额计算，当地有规定的，按当地规定执行。

4．临时工程和工程建设其他费

根据项目类型和规模，按照相应行业和地区的有关规定计算。

二、水电工程单价分析

（一）补偿补助费用单价编制

1．土地补偿费和安置补助费单价编制

（1）征收耕地的土地补偿费和安置补助费单价为：

$$CL_{pn} = (M_{n1} + M_{n2}) AP_n \tag{7-1}$$

式中　CL_{pn}——第 n 个计算单元征收 1 亩耕地的土地补偿费和安置补助费之和；

M_{n1}、M_{n2}——计算征收耕地的土地补偿费和安置补助费的亩均倍数；

AP_n——第 n 个计算单元被征收耕地的规划水平年亩产值。

水库淹没影响区、枢纽工程建设区征收耕地的，按照《大中型水利水电工程建设征地补偿和移民安置条例》（国务院令第 471 号）。其他范围涉及征收耕地的，按照省、自治区、直辖市的相关规定取值。2017 年《大中型水利水电工程建设征地补偿和移民安置条例》作如下修改："大中型水利水电工程建设征收土地的土地补偿费和安置补助费，实行与铁路等基础设施项目用地同等补偿标准，按照被征收土地所在省、自治区、直辖市规定的标准执行。"

对于耕地的亩产值，省、自治区、直辖市已颁布计算规定的，从其规定。

省、自治区、直辖市已颁布有关征收耕地的土地补偿费和安置补助费单价的具体规定的，从其规定。

要求一个项目或一个地区以一个单价出现的，应采用相应范围内各计算单元单价的加权平均值。

（2）征收园地、林地、其他农用地以及其他未利用土地的土地补偿费和安置补助费单价，按照省、自治区、直辖市的规定结合上述规定编制。

（3）征用耕地的土地补偿费单价，可按下式计算：

$$征用耕地的土地补偿费单价 = AP_n \times 用地年限 + 每亩复垦工程费用 +$$
$$每亩恢复期补助费 \qquad (7\text{-}2)$$

每亩复垦工程费用，采用相关省、自治区、直辖市的规定。没有规定的，应进行复垦设计（包括场地清理、犁底层回填、耕作层回填、土壤改良等），根据设计成果确定复垦费用单价。

复垦工程也可按设计成果计列总数。

（4）征用园地、林地、其他农用地的土地补偿费单价，按照省、自治区、直辖市的规定结合上述规定编制。征用其他未利用土地可不计补偿费。

土地征收与征用既有共同之处，又有不同之处。共同之处在于，都是为了公共利益需要，都要经过法定程序，依法给予补偿。不同之处在于，征收主要是所有权的改变，征收后土地由农民集体所有变为国家所有；而征用只是使用权的改变，用完后仍将土地归还原土地所有权人。

2. 划拨土地补偿费单价编制

划拨农用地的，适当补偿，补偿费用单价可采用相邻农村集体经济组织同地类的补偿费用单价。划拨未利用地的，不计补偿费用。

3. 房屋及附属建筑物补偿费单价编制

房屋及附属建筑物的补偿均以原有数量和结构计算补偿费用。

省、自治区、直辖市对水电工程建设征地移民安置补偿涉及的房屋及附属建筑物的补偿费单价编制有规定的，从其规定。

行政事业单位、企业和集镇、城市居民等所有房屋补偿费用单价，参照当地建设行政主管部门的有关规定，结合上述房屋补偿费用单价编制规定计算。

4. 青苗和林木补偿费单价

（1）青苗补偿费单价按下式计算：

$$RC_n = AP_n / Cl_n \qquad (7-3)$$

式中　RC_n——第 n 个计算单元征收耕地的青苗补偿费单价；

　　　AP_n——第 n 个计算单元耕地的规划水平年亩产值；

　　　Cl_n——第 n 个计算单元耕地的复种指数。

（2）林木补偿费单价

零星树木的补偿费单价以及征、占用林地和园地的林木补偿费单价，根据省、自治区、直辖市的规定计算。

5. 农副业及个人所有文化设施补偿费单价

农副业及个人所有文化设施补偿费单价包括小型水利电力、农副业加工、文化、宗教等设施和设备补偿费单价，可按有关政策法规和行业规定分别计算补偿单价，也可根据工程所在地区造价指标或有关实际资料，采用类比扩大单位指标计算补偿单价。

6. 搬迁补偿费单价

搬迁补偿费包括物资设备运输费、物资设备损失费、建房期补助费、人员搬迁补助费、搬迁保险费、途中食宿及医疗补助费、搬迁误工费、临时交通设施费。根据当地有关规定，采用当地人工、材料、机械使用费的单价，按同阶段移民安置设计成果计算确定。

7. 停产损失费单价

企业停产损失按项目可分为农村、城市集镇部分的企业停产损失费，一般不编制企业停产损失费单价，而按照同阶段移民安置规划确定的停产时间（月）和企业月平均工资总额、月平均利润直接编制损失费用。

$$停产损失费 = 停产时间 \times (月平均工资总额 + 月平均利润) \qquad (7-4)$$

需要编制单价的，根据相关规定编制。

8. 义务教育和卫生防疫设施增容补助费单价

义务教育和卫生防疫设施增容补助费，单价单位：元 / 人。增容补助费单价根据同阶段移民安置规划中为满足移民搬迁安置后的教育和卫生防疫的需要，移民安置地相关配套设施改造扩容所需投资和迁入移民人数计算。

9. 其他补偿补助费单价

其他补偿补助费单价根据省级人民政府的政策规定，结合实际情况编制。

（二）工程建设费用单价编制

工程建设费用中，建筑工程、安装工程的单价编制，按照国家有关行业主管部门，有关省、自治区、直辖市对建筑工程和安装工程的单价编制规定执行。

（三）库底清理

（1）建筑物清理。按拆除典型结构的建筑物的人工和机械使用费计算。

（2）卫生清理。按卫生清理要求和估算的平均工作量计算。

（3）坟墓清理。按迁移坟墓所需的平均费用计算。

（4）林地清理。按单位面积林木砍伐、焚烧的人工和必要工具所需费用计算。

（5）其他清理。按有关规定计算。

第四节　移民补偿概算编制

一、水利工程移民补偿概算

（一）农村部分补偿费计算

1. 土地补偿补助费

（1）征收土地的补偿补助费。应按征收的土地面积乘以相应的补偿补助单价计算。

（2）征用土地的补偿费。应按征用的土地面积乘以相应的补偿单价计算。

（3）征用土地复垦费。主要指征用耕地的复垦费，应按需要复垦的耕地面积乘以相应的单价计算。

（4）耕地青苗补偿费。按照工程建设区范围内征收的各类耕地面积乘以青苗补偿单价计算，库区和临时征用的耕地不计此项费用。

2. 房屋及附属建筑物补偿费

（1）房屋补偿费。按需要补偿的各类房屋面积乘以相应的补偿单价计算。

（2）房屋装修补助费。按需要补偿的房屋装修面积乘以补偿单价计算。

（3）附属建筑物补偿费。按需要补偿的各类附属建筑物数量乘以相应的补偿单价计算。对列入基础设施规划投资的项目，不再补偿。

3. 居民点新址征地及基础设施建设费

（1）新址征地补偿费。征收土地补偿补助费根据新址占地范围内的各类土地面积乘以相应的补偿补助单价计算；青苗补偿费按照新址占用耕地面积乘以相应的补偿单价计算；地上附着物补偿费按照新址占地范围内各类附着物数量和相应的补偿单价补偿。

（2）基础设施建设费。应根据各安置点各类项目规划设计工程量及单价计算投资。

4. 农副业设施补偿费

应以调查的农副业设施数量乘以相应的补偿单价计算。

5. 小型水利水电设施补偿费

对于需要恢复的对象，按规划设计工程量及单价计算投资；对于不需要或难以恢复的对象，按实物指标乘以补偿单价计算补偿费。

6. 农村工商企业补偿费

（1）房屋及附属建筑物补偿费。应按调查的各类房屋面积乘以补偿单价计算。

（2）搬迁补助费。人员搬迁补助应按规划的搬迁人数乘以相应的人均单价计算；物资搬迁运输应根据调查的生活用房面积乘以补偿单价计算。

（3）生产设施补偿费。应根据调查各类设施数量乘以补偿单价计算。对闲置的设施可给予适当补偿，对淘汰、报废的设施一般不予补偿。

（4）生产设备补偿费。应根据调查的各类设备数量乘以相应补偿单价计算。对闲置的设备可给予适当补偿，对淘汰、报废的设备一般不予补偿。

（5）停产损失。按停产时间合理分析计算。

（6）零星林（果）木补偿费。应根据调查的各类零星林（果）木数量乘以相应的补偿单价计算。

7. 文化、教育、医疗卫生等单位迁建补偿费

（1）房屋及附属建筑物补偿费。应按需要补偿的各类房屋面积乘以补偿单价计算。

（2）搬迁补助费。人员搬迁补助应按规划的搬迁人数乘以相应的人均单价计算；物资搬迁补助应根据调查的生活用房面积乘以补偿单价计算。

（3）生产设施补偿费。应根据调查各类设施数量乘以相应补偿单价计算。

（4）生产设备补偿费。应根据调查各类设备数量乘以相应补偿单价计算。

（5）增容补助费。应按搬迁的农业人口乘以补助单价计算。

（6）零星林（果）木补偿费。应根据调查的各类零星林（果）木数量乘以相应的补偿单价计算。

8. 搬迁补助费

分别按就近和远迁搬迁人数乘以相应的单价计算。

9. 其他补偿补助费

（1）零星林（果）木补偿费。分别按需要补偿的实物数量乘以补偿单价计算。

（2）鱼塘设施补偿费。按调查的实物数量乘以补偿单价计算。

（3）坟墓补偿费。按调查的实物数量乘以补偿单价计算。

（4）贫困移民建房补助费。按基准年相对贫困移民户数乘以相应的补偿单价计算。

10. 过渡期补助费

根据移民安置人数乘以人均补助标准计算。

（二）城（集）镇部分补偿费计算

1. 房屋及附属建筑物补偿费

（1）房屋补偿费。按需要补偿的移民个人各类房屋面积乘以相应的补偿单价计算。

（2）房屋装修补助费。按需要补偿的移民个人房屋装修面积乘以相应的补偿单价计算。

（3）附属建筑物补偿费。按需要补偿的移民个人各类附属建筑物数量乘以相应的补偿单价计算。对列入基础设施规划投资的项目，不再补偿。

2. 新址征地及基础设施建设费

（1）新址征地补偿费

1）征收土地补偿费及安置补助费。按城（集）镇新址建设征收的土地面积乘以相应的补偿补助单价计算。

2）青苗补偿费。按城（集）镇新址建设征收的耕地面积乘以相应的补偿单价计算。地上附着物补偿费按照新址征地范围内各类附着物数量乘以相应的补偿单价计算。

3）房屋补偿费。按城（集）镇新址建设征收土地上的各类房屋面积乘以相应的补偿单价计算。

4）房屋装修补助费。按城（集）镇新址建设征收土地上房屋装修面积乘以相应的补偿单价计算。

5）附属建筑物补偿费。按城（集）镇新址建设征收土地上的各类附着物数量乘以相应的补偿单价计算。对列入基础设施规划投资的项目，不再补偿。

6）农副业设施补偿费。按城（集）镇新址建设征收土地上的农副业设施数量乘以相应的补偿单价计算。

7）小型水利水电设施补偿费。对于需要恢复的城（集）镇新址建设征收土地上的小型水利水电设施，按规划设计工程量及单价计算；对于不需要或难以恢复的对象，按实物指标乘以补偿单价计算。

8）搬迁补助费。根据新址征地范围内搬迁人口乘以相应的补偿单价计算。

9）过渡期补助费。按城（集）镇新址建设征收土地上应搬迁的农业人口乘以人均补助标准计算。

10）其他补偿补助费。按照农村相应的其他补偿费计算方法计算。

（2）基础设施建设费

根据各城（集）镇各类项目规划设计工程量及单价计算投资。

3. 搬迁补助费

移民搬迁运输费、搬迁损失费、误工补助费和搬迁保险费按照搬迁人数乘以相应的单价计算。

4. 工商企业补偿费

（1）房屋补偿费。根据需要补偿的各类房屋面积乘以相应的补偿单价计算。

（2）附属建筑物补偿费。根据需要补偿的各类附属建筑物乘以相应的补偿单价计算。

（3）搬迁补助费。人员搬迁补助应按规划的搬迁人数乘以相应的人均单价计算；物资搬迁运输应根据调查的生活用房面积乘以补偿单价计算。

（4）生产设施补偿费。应根据调查各类设施数量乘以相应的补偿单价计算。对闲置的设施可给予适当补偿，对淘汰、报废的设施一般不予补偿。

（5）生产设备补偿费。应根据调查各类设备数量乘以相应的补偿单价计算。对闲置的设备可给予适当补偿，对淘汰、报废的设备一般不予补偿。

（6）停产损失费。按停产时间合理分析计算。

（7）零星林（果）木补偿费。分别按调查的实物数量乘以相应的补偿单价计算。

5. 机关事业单位迁建补偿费

房屋补偿费、附属建筑物补偿费、搬迁补助费、生产设施补偿费、生产设备补偿费、零星林（果）木补偿费等各子项计算原则与上述工商企业补偿费中该项的计算规定基本一致。

6. 其他补偿补助费

移民个人所有的零星林（果）木补偿费，分别按需要补偿的实物数量乘以相应的补偿单价计算。

（三）工业企业迁建补偿费计算

1. 用地补偿和场地平整补偿费

用地补偿费根据需要补偿的土地面积乘以相邻耕地的补偿补助单价计算。

场地平整费根据需要补偿的土地面积乘以相邻居民点场地平整项目平均单价计算。

2. 房屋及附属建筑物补偿费

（1）房屋补偿费。根据需要补偿的各类房屋面积乘以相应的补偿单价计算。

（2）附属建筑物补偿费。根据需要补偿的各类附属建筑物乘以相应的补偿单价计算。

3. 基础设施和生产设施补偿费

根据需要补偿的各类设施数量乘以相应的补偿单价计算。对闲置的设施可给予适当补偿，对淘汰、报废的设施一般不予补偿。

4. 生产设备补偿费

根据需要补偿的各类设备数量乘以相应的补偿单价计算。对闲置的设备可给予适当补偿，对淘汰、报废的设备一般不予补偿。

5. 搬迁补助费

根据需要搬迁的各类实物形态的流动资产乘以相应的补助单价计算。

6. 停产损失费

根据企业特点合理分析计算。停产、倒闭破产的企业不计此项费用。

7. 零星林（果）木补偿费

分别按调查的实物数量乘以相应的补偿单价计算。

（四）专业项目恢复改建补偿费计算

专业项目恢复改建补偿费应根据各行业及各省（自治区、直辖市）有关部门颁发的概（估）算、预算编制办法及有关规定计算。各专业项目中有关建设及施工场地补偿费，按照相应规定计算。

（1）铁路工程复建费。根据规划设计成果，采用铁路工程概算编制办法计算。

（2）公路工程复建费。根据规划设计成果，采用公路工程概算编制办法计算。

（3）库周交通工程复建费。桥梁按公路工程概算编制办法计算。对机耕路、人行路、人行渡口和农村码头等以复建指标乘以相应单价计算。

（4）航运工程复建费。根据规划设计成果，按水运等相关行业概算编制规定计算。

（5）输变电工程复建费。根据规划设计成果，按照电力工程设计概（预）算编制办法计算。

（6）电信工程复建费。根据规划设计成果，按照电信工程预算编制办法计算。

（7）广播电视工程复建费。根据规划设计成果，按照广播工程设计概（预）算编制有关规定计算。

（8）水利水电工程补偿费。根据规划设计成果，按照水利或水电行业概预算编制规定计算补偿费。

（9）国有农（林、牧、渔）场补偿费。参照农村部分、专业项目等补偿概算办法编制。

（10）文物古迹保护费。根据规划设计成果，按照文物专业的概预算编制规定计算。

（11）其他项目补偿费。应根据规划成果，按相应行业概（估）算、预算编制规定计算。

（五）防护工程费计算

（1）根据规划设计成果，按照水利行业概预算编制规定计算选定方案的防护工程费。

（2）防护工程建成后的运行管理费用不应计入防护工程投资。由工程项目管理单位负责，在工程项目运行管理费用中计列。

（六）库底清理费计算

库底清理费按水库库底一般清理分项工程量乘以相应的单价计算；特殊清理费用，不应列入建设征地移民补偿投资概（估）算。

（1）建（构）筑物拆除单价应根据建（构）筑物结构、拆除方式，参照相关规定合理确定。

（2）林木清理单价应根据林木种类，参照相关规定合理确定。

（3）易漂浮物清理单价应根据典型调查项目单位数量需人工、施工机械台班数量，乘以相应单价计算。

（4）卫生清理单价应按照库底卫生清理方法、技术要求，计算项目单位数量所需人工、材料及机械台班数量，乘以相应单价计算。卫生清理检测工作费应按卫生清理直接费的 1%～1.5% 计算。

（5）固体废物清理单价应按固体废物清理方法、技术要求，计算项目单位数量所需人工、材料及机械台班数量，乘以相应单价计算。固体废物清理检测工作费应按固体废物清理直接费的 1%～1.5% 计算。

（七）其他费用计算

（1）前期工作费。根据费率计算，计算公式为：

$$前期工作费 = [农村部分 + 城（集）镇部分 + 工业企业 + \\ 专业项目 + 防护工程 + 库底清理] \times A \qquad (7-5)$$

其中费率 A 为 1.5%～2.5%。

（2）综合勘测设计科研费。根据费率计算，计算公式为：

$$综合勘测设计科研费 = [农村部分 + 城（集）镇部分 + 库底清理] \times B_1 + \\ （工业企业 + 专业项目 + 防护工程） \times B_2 \qquad (7-6)$$

其中费率 B_1 为 3%～4%，费率 B_2 为 1%。

初步设计阶段综合勘测设计科研费占 40%～50%，技施设计阶段占 55%～60%。

（3）实施管理费。实施管理费包括地方政府实施管理费和建设单位实施管理费，均按费率计算。

地方政府实施管理费计算公式为：

$$地方政府实施管理费 = [农村部分 + 城（集）镇部分 + 库底清理] \times C_1 + \\ （工业企业 + 专业项目 + 防护工程） \times C_2 \qquad (7-7)$$

其中费率 C_1 为 4%，费率 C_2 为 2%。

建设单位实施管理费用于项目建设单位征地移民管理工作经费，包括办理用地手续等费用。根据费率计算，计算公式为：

$$建设单位实施管理费 = [农村部分 + 城（集）镇部分 + 工业企业 + \\ 专业项目 + 防护工程 + 库底清理] \times D \qquad (7-8)$$

其中费率 D 为 0.6%～1.2%。

当征地移民直接投资在 10 亿元（含）以下时，其费率取 1.2%；10 亿（不含）～20 亿元（含）的部分，其费率取 1%；超出 20 亿元（不含）的部分，其费率取 0.6%。

（4）实施机构开办费。考虑征地移民管理工作要求，按相关规定取值。

（5）技术培训费。可按农村部分费用的 0.5% 计列。

（6）监督评估费。根据费率计算，计算公式为：

$$监督评估费＝[农村部分＋城（集）镇部分＋库底清理]×G_1＋$$
$$（工业企业＋专业项目＋防护工程）×G_2 \qquad（7-9）$$

其中费率 G_1 为 $1.5\%\sim2\%$，费率 G_2 为 $0.5\%\sim1\%$。

计算前期工作费、综合勘测设计科研费、实施管理费、实施机构技术培训费、监督评估费等其他费用时，土地补偿补助费用因政策性变化的部分，按相应费率的 30% 计算其他费用。

如果城（集）镇部分和库底清理投资中单独计算了其他费用，则相应投资的综合勘测设计科研费、地方政府实施管理费、监督评估费的费率应分别按 B_2、C_2、G_2 计算。

（八）预备费计算

（1）基本预备费。根据费率计算，计算公式为：

$$基本预备费＝[农村部分＋城（集）镇部分＋库底清理＋其他费用]×H_1＋$$
$$（工业企业＋专业项目＋防护工程）×H_2 \qquad（7-10）$$

初步设计阶段：$H_1＝10\%$、$H_2＝6\%$；技施设计阶段：$H_1＝7\%$、$H_2＝3\%$。

如果城（集）镇部分和库底清理投资中单独计算了基本预备费，则相应投资的基本预备费费率按 H_2 计算。

（2）价差预备费。应以分年度的静态投资（包括分年度支付的有关税费）为计算基数，按照枢纽工程概算编制所采用的价差预备费费率计算。计算公式参见本书第八章。

（九）有关税费计算

（1）耕地占用税根据国家和各省（自治区、直辖市）规定的计税类别和单位面积税额计算。

（2）耕地开垦费。根据国家和各省（自治区、直辖市）规定的标准进行计算。

（3）森林植被恢复费。按照国家有关规定，分不同林种和用途分别计算。

（4）草原植被恢复费。按照各省（自治区、直辖市）规定的标准进行计算。

（十）分年度投资

分年度投资根据移民安置规划总进度及其分年实施计划确定的各年完成工作量，编制分期和分年度投资计划。

二、水电工程移民补偿概算

（一）农村部分

（1）征收和征用土地的补偿费用。按设计工程量乘以单价计算。

（2）搬迁补偿费。按设计工程量乘以单价计算。

（3）附着物拆迁处理补偿费用。按设计工程量乘以单价计算。

（4）青苗和林木的处理补偿费用。按设计工程量乘以单价计算。

（5）基础设施建设补偿费用。按设计工程量乘以单价计算。

（6）其他项目补偿费用。按设计工程量乘以单价计算。

（二）城市集镇部分

（1）搬迁补助费用。按设计工程量乘以单价计算。

（2）附着物拆迁处理补偿费用。按设计工程量乘以单价计算。

（3）林木补偿费。按设计工程量乘以单价计算。

（4）基础设施建设。按设计工程量乘以单价计算。

（5）其他项目补偿费。按设计工程量乘以单价计算。

（三）专业项目

（1）工矿企业迁建费。按设计工程量乘以单价计算。

（2）工程项目复建费。铁路工程、公路工程、航运工程、水利工程、电力工程、电信工程和广播电视工程等，按各专项工程设计成果、相关行业概算编制规定、定额和标准计算。

（3）库周交通建设费。按设计工程量乘以单价计算。

（4）文物古迹保护费。按设计工程量乘以单价计算。

（5）防护工程建设费。按设计工程量乘以单价计算。

（四）库底清理

（1）建筑物清理。按设计工程量乘以单价计算。

（2）卫生清理。按设计工程量乘以单价计算。

（3）坟墓清理。按设计工程量乘以单价计算。

（4）林地清理。按水库淹没的园地和林地数量乘以林地清理单价计算。

（5）其他清理。按设计工程量乘以单价进行计算。

（五）环境保护和水土保持专项

按照环境保护设计规范和水土保持工程设计规范要求计算。一般采用专题报告设计工程量乘以单价计算。具体编制应执行《水电工程环境保护专项投资编制细则》NB/T 35033—2014、《水电工程水土保持专项投资编制细则》NB/T 35072—2015。

第八章

水利水电工程设计总概算编制

第一节　水利工程设计总概算编制

一、分部工程概算

工程部分总概算由建筑工程概算、机电设备及安装工程概算、金属结构设备及安装工程概算、施工临时工程概算和独立费用概算五部分组成。

（一）第一部分　建筑工程

建筑工程按主体建筑工程、交通工程、房屋建筑工程、供电设施工程、其他建筑工程分别采用不同的方法进行编制。

1. 主体建筑工程

（1）主体建筑工程概算等于设计工程量乘以工程单价。

（2）主体建筑工程量应遵照《水利水电工程设计工程量计算规定》SL 328—2005，按项目划分的要求，计算到三级项目。

（3）当设计对混凝土施工有温控要求时，应根据温控措施设计，计算温控措施费用，也可以经过分析确定指标后，按建筑物混凝土方量进行计算。

（4）细部结构工程。参照水利部《水利工程设计概（估）算编制规定》中"水工建筑工程细部结构指标表"确定。

2. 交通工程

交通工程投资按设计工程量乘以单价进行计算，也可根据工程所在地区造价指标或有关实际资料，采用扩大单位指标编制。

3. 房屋建筑工程

用于生产、办公的房屋建筑面积，由设计单位按有关规定结合工程规模确定，单位造价指标根据当地相应建筑造价水平确定。

值班宿舍及文化福利建筑的投资按主体建筑工程投资的百分率计算。其中：

枢纽工程：① 投资 ≤50000 万元，费率 1.0%～1.5%；② 50000 万元＜投资 ≤100000 万元，费率 0.8%～1.0%；③ 投资＞100000 万元，费率 0.5%～0.8%。引水工程费费率取 0.4%～0.6%，河道工程费费率取 0.4%。

注意：在每档中，投资小或工程偏远者取大值，反之取小值。

室外工程投资一般按房屋建筑工程投资的 15%～20% 计算。

4. 供电设施工程

根据设计的电压等级、线路架设长度及所需配备的变配电设施要求，采用工程所在地区造价指标或有关实际资料计算。

5. 其他建筑工程

安全监测设施工程，指属于建筑工程性质的内外部观测设施。安全监测工程项目投资应按设计资料计算。如无设计资料时，可根据坝型或其他工程形式，按主体建筑工程投资的百分率计算：① 当地材料坝：0.9%～1.1%；② 混凝土坝：1.1%～1.3%；③ 引水式电站（引水建筑物）：1.1%～1.3%；④ 堤防工程：0.2%～0.3%。

照明线路、通信线路等三项工程投资按设计工程量乘以单价，或采用扩大单位指标编制。

其余各项按设计要求分析计算。

（二）第二部分　机电设备及安装工程

机电设备及安装工程投资由设备费与安装工程费两部分组成。

1. 设备费

计算方法见本书第六章第三节。

2. 安装工程费

安装工程投资按设备数量乘以安装单价进行计算。

（三）第三部分　金属结构设备及安装工程

编制方法同第二部分机电设备及安装工程。

（四）第四部分　施工临时工程

1. 导流工程

导流工程按设计工程量乘以工程单价进行计算。

2. 施工交通工程

按设计工程量乘以工程单价进行计算，也可以根据工程所在地区造价指标或有关实际资料，采用扩大单位指标编制。

3. 施工场外供电工程

根据设计的电压等级、线路架设长度及所需配备的变配电设施要求，采用工程所在地区造价指标或有关实际资料计算。

4. 施工房屋建筑工程

包括施工仓库和办公、生活及文化福利建筑两部分。施工仓库，指为工程施工而临时兴建的设备、材料、工器具等仓库；办公、生活及文化福利建筑，指施工单位、建设单位、监理单位及设计代表在工程建设期所需的办公用房、宿舍、招待所和其他文化福利设施等房屋建筑工程。

不包括列入临时设施和其他施工临时工程项目内的电、风、水、通信系统，砂石料系统，木工、钢筋、机修等辅助加工厂，混凝土制冷、供热系统、施工排水等生产用房。

（1）施工仓库。建筑面积由施工组织设计确定，单位造价指标根据当地相应建筑造价水平确定。

（2）办公、生活及文化福利建筑。

1）枢纽工程，按下列公式计算：

$$I = (A \times U \times P \times K_1 \times K_2 \times K_3) \div (N \times L) \tag{8-1}$$

式中　I——房屋建筑工程投资；

A——建安工作量，按工程一至四部分建安工作量（不包括办公、生活及文化福利建筑和其他施工临时工程）之和乘以（1＋其他施工临时工程百分率）计算；

U——人均建筑面积综合指标，按 $12 \sim 15 \mathrm{m}^2/$ 人标准计算；

P——单位造价指标，参考工程所在地的永久房屋造价指标（元 $/\mathrm{m}^2$）计算；

N——施工年限，按施工组织设计确定的合理工期计算；

L——全员劳动生产率，一般不低于 $80000 \sim 120000$ 元 /（人·年）；施工机械化程度高取大值，反之取小值；采用掘进机施工为主的工程全员劳动生产率应适当提高；

K_1——施工高峰人数调整系数，取 1.10；

K_2——室外工程系数，取 $1.10 \sim 1.15$，地形条件差的可取大值，反之取小值；

K_3——单位造价指标调整系数，按不同施工年限，采用表 8-1 中的调整系数。

单位造价指标调整系数表　　　　　　　　　　　表 8-1

工期	2 年以内	2～3 年	3～5 年	5～8 年	8～11 年
系数	0.25	0.40	0.55	0.70	0.80

2）引水工程按一至四部分建安工作量的百分率计算。合理工期小于或等于 3 年，取 1.5%～2.0%；大于 3 年，取 1.0%～1.5%。

一般引水工程取中上限，大型引水工程取下限。

掘进机施工隧洞工程按上述费率乘 0.5 调整系数。

3）河道工程按一至四部分建安工作量的百分率计算。合理工期小于或等于

3 年，取 1.5%～2.0%；大于 3 年，取 1.0%～1.5%。

5. 其他施工临时工程

按工程一至四部分建安工作量（不包括其他施工临时工程）之和的百分率计算。

（1）枢纽工程为 3.0%～4.0%。

（2）引水工程为 2.5%～3.0%。一般引水工程取下限，隧洞、渡槽等大型建筑物较多的引水工程、施工条件复杂的引水工程取上限。

（3）河道工程为 0.5%～1.5%。灌溉田间工程取下限，建筑物较多、施工排水量大或施工条件复杂的河道工程取上限。

（五）第五部分　独立费用

1. 建设管理费
（1）枢纽工程

枢纽工程建设管理费以一至四部分建安工作量为计算基数，按表 8-2 所列费率，以超额累进方法计算。

枢纽工程建设管理费费率表　　　　表 8-2

一至四部分建安工作量（万元）	费率（%）	辅助参数（万元）
50000 及以内	4.5	0
50000～100000	3.5	500
100000～200000	2.5	1500
200000～500000	1.8	2900
500000 以上	0.6	8900

简化计算公式为：一至四部分建安工作量×该档费率＋辅助参数（下同）。

（2）引水工程

引水工程建设管理费以一至四部分建安工作量为计算基数，按表 8-3 所列费率，以超额累进方法计算。原则上应按整体工程投资统一计算，工程规模较大时可分段计算。

引水工程建设管理费费率表　　　　表 8-3

一至四部分建安工作量（万元）	费率（%）	辅助参数（万元）
50000 及以内	4.2	0
50000～100000	3.1	550
100000～200000	2.2	1450
200000～500000	1.6	2650
500000 以上	0.5	8150

（3）河道工程

河道工程建设管理费以一到四部分建安工作量为计算基数，按表8-4所列费率，以超额累进方法计算。原则上应按整体工程投资统一计算，工程规模较大时可分段计算。

河道工程建设管理费费率表

表8-4

一至四部分建安工作量（万元）	费率（%）	辅助参数（万元）
10000 及以内	3.5	0
10000～50000	2.4	110
50000～100000	1.7	460
100000～200000	0.9	1260
200000～500000	0.4	2260
500000 以上	0.2	3260

2. 工程建设监理费

按照国家发展改革委、建设部颁发的《建设工程监理与相关服务收费管理规定》（发改价格〔2007〕670号）及其他相关规定执行。

3. 联合试运转费

费用指标见表8-5。

联合试运转费表

表8-5

水电站工程	单机容量（万 kW）	≤1	1～2	2～3	3～4	4～5	5～6	6～10	10～20	20～30	30～40	>40
	费用（万元/台）	6	8	10	12	14	16	18	22	24	32	44
泵站工程	电力泵站	每千瓦 50～60 元										

4. 生产准备费

（1）生产及管理单位提前进厂费

1）枢纽工程按一至四部分建安工程量的 0.15%～0.35% 计算，大（1）型工程取小值，大（2）型工程取大值。

2）引水工程视工程规模参照枢纽工程计算。

3）河道工程、除险加固工程、田间工程原则上不计此项费用。若工程含有新建大型泵站、泄洪闸、船闸等建筑物时，按建筑物投资规模参照枢纽工程计算。

（2）生产职工培训费

按一至四部分建安工作量的 0.35%～0.55% 计算。枢纽工程、引水工程取中上限，河道工程取下限。

（3）管理用具购置费

1）枢纽工程按一至四部分建安工作量的 0.04%～0.06% 计算，大（1）型工程取小值，大（2）型工程取大值。

2）引水工程按建安工作量的 0.03% 计算。

3）河道工程按建安工作量的 0.02% 计算。

（4）备品备件购置费

按占设备费的 0.4%～0.6% 计算。大（1）型工程取下限，其他工程取中、上限。

注意：

1）设备费应包括机电设备、金属结构设备以及运杂费等全部的设备费。

2）电站、泵站同容量、同型号机组超过一台时，只计算一台的设备费。

（5）工器具及生产家具购置费

按占设备费的 0.1%～0.2% 计算。枢纽工程取下限，其他工程取中、上限。

5. 科研勘测设计费

（1）工程科学研究试验费

按工程建安工作量的百分率计算。其中：枢纽和引水工程取 0.7%；河道工程取 0.3%。

灌溉田间工程一般不计此项费用。

（2）工程勘测设计费

项目建议书、可行性研究阶段的勘测设计费及报告编制费：执行国家发展改革委、建设部颁布的《水利、水电、电力建设项目前期工作工程勘察收费暂行规定》和原国家计委颁布的《建设项目前期工作咨询收费暂行规定》。

初步设计、招标设计及施工图设计阶段的勘测设计费：执行原国家计委、建设部颁布的《工程勘察设计收费管理规定》。

根据完成的相应勘测设计工作阶段确定工程勘测设计费，未发生的工作阶段不计相应阶段勘测设计费。

6. 其他

（1）工程保险费。按工程一至四部分投资合计的 4.5‰～5.0‰ 计算，田间工程原则上不计此项费用。

（2）其他税费。按国家有关规定计取。

二、建设征地移民补偿概算

具体内容见本书第七章。

三、环境保护与水土保持工程概算

编制执行《水利水电工程环境保护概估算编制规程》SL 359—2006、《水土保持工程概（估）算编制规定和定额》等。

四、分年度投资及资金流量编制

（一）分年度投资

分年度投资是根据施工组织设计确定的施工进度和合理工期而计算出的工程各年度预计完成的投资额。

1. 建筑工程

（1）建筑工程分年度投资表应根据施工进度的安排，对主要工程按各单项工程分年度完成的工程量和相应的工程单价计算。对于次要的和其他工程，可根据施工进度，按各年所占完成投资的比例，摊入分年度投资表。

（2）建筑工程分年度投资的编制可视不同情况按项目划分列至一级项目或二级项目，分别反映各自的建筑工程量。

2. 设备及安装工程

设备及安装工程分年度投资应根据施工组织设计确定的设备安装进度计算各年预计完成的设备费和安装费。

3. 费用

根据费用的性质和费用发生的时段，按相应年度分别进行计算。

（二）资金流量

资金流量是为了满足工程项目在建设过程中各时段的资金需求，按工程建设所需资金投入时间计算的各年度使用的资金量。资金流量表的编制以分年度投资表为依据，按建筑安装工程、永久设备购置费和独立费用三种类型分别计算。以下资金流量计算办法主要用于初步设计概算。

1. 建筑及安装工程资金流量

（1）建筑工程可根据分年度投资表的项目划分，以各年度建筑工作量作为计算资金流量的依据。

（2）资金流量是在原分年度投资的基础上，考虑预付款、预付款的扣回、保留金和保留金的偿还等编制的分年度资金安排。

（3）预付款一般可划分为工程预付款和工程材料预付款两部分。

1）工程预付款按划分的单个工程项目的建安工作量的10%～20%计算，工期在3年以内的工程全部安排在第一年，工期在3年以上的可安排在前两年。工程预付款的扣回从完成建安工作量的30%起开始，按完成建安工作量的20%～30%扣回至预付款全部回收完毕为止。

对于需要购置特殊施工机械设备或施工难度较大的项目，工程预付款可取大值，其他项目取中值或小值。

2）工程材料预付款。水利工程一般规模较大，所需材料的种类及数量较多，提前备料所需资金较大,因此考虑向施工企业支付一定数量的材料预付款。可按分年度投资中次年完成建安工作量的 20% 在本年提前支付,并于次年扣回,以此类推,直至本项目竣工。

(4)保留金。水利工程的保留金,按建安工作量的 2.5% 计算。在计算概算资金流量时,按分项工程分年度完成建安工作量的 5% 扣留至该项工程全部建安工作量的 2.5% 时终止(即完成建安工作量的 50% 时),并将所扣的保留金 100% 计入该项工程终止后一年(如该年已超出总工期,则此项保留金计入工程的最后一年)的资金流量表内。

2. 永久设备购置费资金流量

划分为主要设备和一般设备两种类型分别计算。

(1)主要设备的资金流量计算。主要设备为水轮发电机组、大型水泵、大型电机、主阀、主变压器、桥机、门机、高压断路器或高压组合电器、金属结构闸门启闭设备等。按设备到货周期确定各年资金流量比例,具体比例见表 8-6。

主要设备资金流量比例表

表 8-6

到货周期	第 1 年	第 2 年	第 3 年	第 4 年	第 5 年	第 6 年
1 年	15%	75%*	10%			
2 年	15%	25%	50%*	10%		
3 年	15%	25%	10%	40%*	10%	
4 年	15%	25%	10%	10%	30%*	10%

注:* 数据的年份为设备到货年份。

(2)一般设备。其资金流量按到货前一年预付 15% 定金,到货年支付 85 % 的剩余价款。

3. 独立费用资金流量

独立费用资金流量主要是勘测设计费的支付方式应考虑质量保证金的要求,其他项目则均按分年投资表中的资金安排计算。

(1)可行性研究和初步设计阶段的勘测设计费按合理工期分年平均计算。

(2)施工图设计阶段勘测设计费的 95% 按合理工期分年平均计算,其余 5% 的勘测设计费用作为设计保证金,计入最后一年的资金流量表内。

五、总概算编制

(一)预备费

1. 基本预备费

计算方法:根据工程规模、施工年限和地质条件等不同情况,按工程一至五部分投资合计（依据分年度投资表）的百分率计算。

初步设计阶段为 5.0%～8.0%。

技术复杂、建设难度大的工程项目取大值，其他工程取中小值。

2. 价差预备费

计算方法：根据施工年限，以资金流量表的静态投资为计算基数。

按有关部门适时发布的年物价指数计算。计算公式为：

$$E = \sum_{n=1}^{N} F_n \left[(1+P)^n - 1 \right] \tag{8-2}$$

式中　E——价差预备费；

　　　N——合理建设工期；

　　　n——施工年度；

　　　F_n——建设期间资金流量表内第 n 年的投资；

　　　P——年物价指数。

（二）建设期融资利息

计算公式为：

$$S = \sum_{n=1}^{N} \left[\left(\sum_{m=1}^{n} F_m b_m - \frac{1}{2} F_n b_n \right) + \sum_{m=0}^{n-1} S_m \right] i \tag{8-3}$$

式中　S——建设期融资利息；

　　　N——合理建设工期；

　　　n——施工年度；

　　　m——还息年度；

　F_n、F_m——在建设期资金流量表内第 n、m 年的投资；

　b_n、b_m——各施工年份融资额占当年投资的比例；

　　　i——建设期融资利率；

　　　S_m——第 m 年的付息额度。

（三）静态总投资

一至五部分投资与基本预备费之和构成工程部分静态投资。编制工程部分总概算表时，在第五部分独立费用之后，应顺序计列以下项目：

（1）一至五部分投资合计。

（2）基本预备费。

（3）静态投资。

工程部分、建设征地移民补偿、环境保护工程、水土保持工程的静态投资之和构成静态总投资。

（四）总投资

静态总投资、价差预备费、建设期融资利息之和构成总投资。

编制工程概算总表时，在工程投资总计中应顺序计列以下项目：

（1）静态总投资（汇总各部分静态投资）。

（2）价差预备费。

（3）建设期融资利息。

（4）总投资。

六、概算文件

概算文件包括设计概算报告（正件）、附件、投资对比分析报告。

（一）概算正件

1. 编制说明

（1）工程概况

包括流域、河系，兴建地点，工程规模，工程效益，工程布置形式，主体建筑工程量，主要材料用量，施工总工期等。

（2）投资主要指标

包括工程总投资和静态总投资，年度价格指数，基本预备费费率，建设期融资额度、利率和利息等。

（3）编制原则和依据

1）概算编制原则和依据。

2）人工预算单价，主要材料，施工用电、水、风、砂石料等基础单价的计算依据。

3）主要设备价格的编制依据。

4）建筑安装工程定额、施工机械台时费定额和有关指标的采用依据。

5）费用计算标准及依据。

6）工程资金筹措方案。

（4）概算编制中其他应说明的问题

（5）主要技术经济指标表

根据工程特性表编制，反映工程主要技术经济指标。

2. 工程概算总表

工程概算总表应汇总工程部分、建设征地移民补偿、环境保护工程、水土保持工程总概算表。

3. 工程部分概算表和概算附表

（1）概算表

1）工程部分总概算表。

2）建筑工程概算表。

3）机电设备及安装工程概算表。

4）金属结构设备及安装工程概算表。

5）施工临时工程概算表。

6）独立费用概算表。

7）分年度投资表。

8）资金流量表（枢纽工程）。

（2）概算附表

1）建筑工程单价汇总表。

2）安装工程单价汇总表。

3）主要材料预算价格汇总表。

4）次要材料预算价格汇总表。

5）施工机械台时费汇总表。

6）主要工程量汇总表。

7）主要材料量汇总表。

8）工时数量汇总表。

（二）概算附件

（1）人工预算单价计算表。

（2）主要材料运输费用计算表。

（3）主要材料预算价格计算表。

（4）施工用电价格计算书（附计算说明）。

（5）施工用水价格计算书（附计算说明）。

（6）施工用风价格计算书（附计算说明）。

（7）补充定额计算书（附计算说明）。

（8）补充施工机械台时费计算书（附计算说明）。

（9）砂石料单价计算书（附计算说明）。

（10）混凝土材料单价计算表。

（11）建筑工程单价表。

（12）安装工程单价表。

（13）主要设备运杂费费率计算书（附计算说明）。

（14）施工房屋建筑工程投资计算书（附计算说明）。

（15）独立费用计算书（勘测设计费可另附计算书）。

（16）分年度投资表。

（17）资金流量计算表。

（18）价差预备费计算表。

（19）建设期融资利息计算书（附计算说明）。

（20）计算人工材料、设备预算价格和费用依据的有关文件、询价报价资料及其他。

（三）投资对比分析报告

应从价格变动、项目及工程量调整、国家政策性变化等方面进行详细分析，说明初步设计阶段与可行性研究阶段（或可行性研究阶段与项目建议书阶段）相比较的投资变化原因和结论，编写投资对比分析报告。工程部分报告应包括以下附表：

（1）总投资对比表。

（2）主要工程量对比表。

（3）主要材料和设备价格对比表。

（4）其他相关表格。

投资对比分析报告应汇总工程部分、建设征地移民补偿、环境保护、水土保持各部分对比分析内容。

概算相关表格详见水利工程设计概算编制规定。工程总概算见表8-7。

分年度投资表与资金流量表也应汇总工程部分、建设征地移民补偿、环境保护、水土保持投资，并计算总投资。

水利工程概算总表　　　　　　　表8-7

单位：万元

序号	工程或费用名称	建安工程费	设备购置费	独立费用	合计
Ⅰ	工程部分投资				
	第一部分　建筑工程				
	……				
	第二部分　机电设备及安装工程				
	……				
	第三部分　金属结构设备及安装工程				
	……				
	第四部分　施工临时工程				
	……				
	第五部分　独立费用				
	……				
	一至五部分投资合计				
	基本预备费				
	静态投资				
Ⅱ	建设征地移民补偿投资				
一	农村部分补偿费				

续表

序号	工程或费用名称	建安工程费	设备购置费	独立费用	合计
二	城(集)镇部分补偿费				
三	工业企业补偿费				
四	专业项目补偿费				
五	防护工程费				
六	库底清理费				
七	其他费用				
	一至七项小计				
	基本预备费				
	有关税费				
	静态投资				
Ⅲ	环境保护工程投资				
	静态投资				
Ⅳ	水土保持工程投资				
	静态投资				
Ⅴ	工程投资总计(Ⅰ~Ⅳ合计)				
	静态总投资				
	价差预备费				
	建设期融资利息				
	总投资				

例 8-1 某水利枢纽工程一至五部分的分年度投资如表 8-8 所示,其中机电设备购置费为 400 万元,金属结构设备购置费为 200 万元,基本预备费费率为 5%,物价指数为 6%,融资利率为 7%,各施工年份融资额占当年投资比例均为 60%,编制枢纽工程总概算表。

分年度投资表(部分)　　　　　　表 8-8

单位:万元

序号	工程或费用名称	第 1 年	第 2 年	第 3 年	合计
1	第一部分　建筑工程	5000	8000	2000	15000
2	第二部分　机电设备及安装工程	100	250	250	600
3	第三部分　金属结构设备及安装工程	50	100	150	300
4	第四部分　施工临时工程	150	100	50	300
5	第五部分　独立费用	400	300	200	900
6	一至五部分合计	5700	8750	2650	17100

解：（1）基本预备费

分年度基本预备费以对应项目的分年度投资（一至五部分投资）为基础计算。

第 1 年基本预备费 $= 5700 \times 5\% = 285.00$（万元）

第 2 年基本预备费 $= 8750 \times 5\% = 437.50$（万元）

第 3 年基本预备费 $= 2650 \times 5\% = 132.50$（万元）

建设期的基本预备费 $= 285.00 + 437.50 + 132.50 = 855.00$（万元）

（2）静态投资

静态投资以一至五部分投资与基本预备费之和计算。

第 1 年静态投资 $= 5700 + 285.00 = 5985.00$（万元）

第 2 年静态投资 $= 8750 + 437.50 = 9187.50$（万元）

第 3 年静态投资 $= 2650 + 132.50 = 2782.50$（万元）

建设期的静态投资 $= 5985.00 + 9187.50 + 2782.50 = 17955.00$（万元）

（3）价差预备费

价差预备费以分年度投资（含基本预备费）即静态投资为计算基础。

第 1 年价差预备费 $E_1 = 5985.00 \times [(1 + 6\%) - 1] = 359.10$（万元）

第 2 年价差预备费 $E_2 = 9187.50 \times [(1 + 6\%)^2 - 1] = 1135.58$（万元）

第 3 年价差预备费 $E_3 = 2782.50 \times [(1 + 6\%)^3 - 1] = 531.50$（万元）

建设期的价差预备费 $E = E_1 + E_1 + E_1 = 359.10 + 1135.58 + 531.50 = 2026.18$（万元）

（4）建设期融资利息

利息以静态投资与价差预备费之和减去资本金为计算基础。

第 1 年利息 $S_1 = [(F_1 b_1 - 0.5 \times F_1 b_1) + S_0] \times i$

$\qquad = 0.5 \times F_1 b_1 \times i$

$\qquad = 0.5 \times (5985.00 + 359.10) \times 60\% \times 7\%$

$\qquad = 133.23$（万元）

第 2 年利息 $S_2 = [(F_1 b_1 + F_2 b_2 - 0.5 \times F_2 b_2) + S_1] \times i$

$\qquad - [(5985.00 + 359.10) \times 60\% + 0.5 \times (9187.50 + 1135.58) \times$

$\qquad\quad 60\% + 133.23] \times 7\%$

$\qquad = 492.56$（万元）

第 3 年利息 $S_3 = [(F_1 b_1 + F_2 b_2 + F_3 b_3 - 0.5 \times F_3 b_3) + (S_1 + S_2)] \times i$

$\qquad = [(5985.00 + 359.10) \times 60\% + (9187.50 + 1135.58) \times 60\% +$

$\qquad\quad (2782.50 + 531.50) \times 60\% \times 0.5 + (133.23 + 492.56)] \times 7\%$

$\qquad = 813.42$（万元）

建设期的利息 $S = 133.23 + 492.56 + 813.42 = 1439.21$（万元）

由上述计算结果编制枢纽工程总概算表，见表 8-9。

枢纽工程总概算表 表 8-9

单位：万元

序号	工程或费用名称	建安工程费	设备购置费	独立费用	合计
1	第一部分　建筑工程	15000			15000
2	第二部分　机电设备及安装工程	200	400		600
3	第三部分　金属结构设备及安装工程	100	200		300
4	第四部分　施工临时工程	300			300
5	第五部分　独立费用			900	900
6	一至五部分合计	15600	600	900	17100
7	基本预备费				855
8	静态投资				17955
9	价差预备费				2026.18
10	建设期融资利息				1439.21
11	总投资				21420.39

第二节　水电工程设计总概算编制

一、枢纽工程概算

枢纽工程分为施工辅助工程、建筑工程、环境保护和水土保持专项工程、机电设备及安装工程、金属结构设备及安装工程等。

（一）施工辅助工程

1. 施工交通工程

按设计工程量乘以单价计算，也可根据工程所在地区造价指标或有关实际资料，采用扩大单位指标编制。

投资计算范围包括公路、铁路专用线及转运站、桥梁、施工支洞、架空索道、斜坡卷扬机道、水运工程、桥涵及道路加固，以及建设期间永久和临时交通工程设施的维护等。其中：

施工期自建的公路、桥梁、施工支洞、架空索道、斜坡卷扬道等工程其投资应包括相应的全部设施建设费，施工期的维护费单独计算。

铁路专用线及转运站包括铁路专用线及转运站的全部建设费用或租赁费用，转运站的运行费计入相应材料或设备的运杂费中。如转运站为梯级电站共用，其费用应按分摊原则计算。

水运工程包括水运工程的全部建设费用，水运工程的运行费计入相应材料或设备的运杂费中。

桥涵、道路加固工程费包括场内及对外交通中所需进行的桥涵、道路加固措施费，其最大计算距离不远于转运站或不超过永久对外交通里程。

2. 施工期通航工程

工程设施类费用按设计工程量乘以单价计算，也可根据工程所在地区造价指标或有关实际资料按扩大单位指标编制；工程管理类费用按相关部门的规定计算。

投资计算范围包括通航配套设施、助航设施、货物过坝转运费、施工期航道整治维护费、施工期临时通航管理费、断碍航补偿费、施工期港航安全监督费等。

3. 施工供电工程

按设计工程量乘以单价计算，也可依据设计的电压等级、线路架设长度及所需配备的变配电设施要求，采用工程所在地区造价指标或分析有关实际资料后按扩大单位指标编制。

投资计算范围包括从现有电网向场内施工供电的高压输电线路、施工场内10kV及以上线路、工程出线为10kV及以上的供电设施工程，但不包括供电线路和变配电设施的维护费，该项费用以摊销费的形式计入施工用电价格中。

其中供电设施工程包括变电站的建筑工程、变电设备及安装工程和相应的配套设施等。

4. 施工供水系统工程

按设计工程量乘以单价计算。

投资计算范围包括为生产用水服务的取水建筑物、水处理厂、水池、输水干管敷设、移设和拆除以及配套设施等全部工程的土建和设备费，但水泵和水泵动力设备费除外。水泵和水泵动力设备以及供水设施的维护费，计入施工供水价格中。

5. 施工供风系统工程

按设计工程量乘以单价计算。

投资计算范围包括施工供风站建筑、供风干管敷设、移设和拆除及配套设施等工程，不包括空压机和动力设备费。空压机及动力设备费以及供风设施的维护费，计入施工供风价格中。

6. 施工通信工程

依据设计选用的施工通信方式及所需配备的相应设施，采用工程所在地区造价指标或分析有关实际资料后确定。

投资计算范围包括施工所需的场内外通信设施、通信线路工程及相关设施、线路的维护费等。不包括由当地电信部门建设的设施及收取的话费等。

7. 施工管理信息系统工程

依据设计确定的规模和所需配备的相应设施，采用工程所在地区造价指标或分析有关实际资料后确定。

投资计算范围包括管理信息系统设施、设备、软件。

8. 料场覆盖层清除及防护

按设计工程量乘以单价计算。

投资计算范围包括料场覆盖层清除、无用表层清除、夹泥层清除及料场防护费用。

9. 砂石料生产系统工程

按设计工程量乘以单价计算。

投资计算范围包括建造砂石骨料生产系统所需的建筑、钢构架及配套设施等。但不包括砂石系统设备购置、安装与拆除、砂石料加工运行费用等。

10. 混凝土拌和及浇筑系统工程

按设计工程量乘以单价计算。

投资计算范围包括建造混凝土拌和及浇筑系统所需的建筑工程、钢构架，混凝土制冷、供热系统设施，缆机平台等。但不包括拌合楼（拌合站）、制冷设备、制热设备、浇筑设备购置、安装与拆除以及运行费用等。

11. 导流工程

按设计工程量乘以单价计算。

投资计算范围包括导流明渠、导流洞、导流底孔、施工围堰（含截流）、下闸蓄水及蓄水期下游临时供水工程等。

12. 临时安全监测工程

按设计工程量乘以单价计算。具体编制应执行相应专项投资编制细则。

13. 临时水文测报工程

按设计工程量乘以单价计算或依据设计确定的规模和所需配备的相应设施经分析后确定。

投资计算范围包括施工期临时水文测报设备、安装以及配套的建筑工程，此外还包括水文测报系统（含永久）在施工期内的运行维护、观测资料整理分析与预报等费用。

14. 施工及建设管理用房屋建筑工程

（1）场地平整工程，按设计工程量乘以单价计算。

（2）施工仓库及辅助加工厂，按设计工程量乘以单位造价指标计算。

房屋建筑面积由施工组织设计确定。房屋建筑单位造价指标，可采用工程所在地区的临时房屋造价指标，也可按实际资料分析确定。

（3）办公及生活营地投资，按设计工程量乘以单位造价指标计算。

办公及生活营地的规模、设计标准和建筑面积由设计单位根据工程规模，并结合施工组织设计确定。房屋建筑单位造价指标，应根据工程所在地区的永久房屋造价指标和施工年限确定，也可按实际资料分析确定。建设管理办公及生活营地与电站现场永久生产运行管理房屋统一规划建设时，应将永临结合部分列入建筑工程的房屋建筑工程项下，不应重复计列。

15. 其他施工辅助工程

按施工辅助工程部分的第 1 至 14 项合计的百分率计算。

其他施工辅助工程所包含项目中，如有费用高、工程量大的项目，可根据工程实际情况单独列项处理，并相应减小上述百分率。

（二）建筑工程

按主体建筑工程、交通工程、房屋建筑工程、其他工程四部分分别采用不同的方法进行编制。

1. 主体建筑工程

（1）主体建筑工程按设计工程量乘以单价进行编制。

（2）主体建筑工程的项目清单，一级项目和二级项目均应执行水电工程项目划分的有关规定，三级项目可根据水电工程可行性研究报告编制规程的工作深度要求和工程实际情况增减项目。

（3）主体建筑工程量应遵照水电工程设计工程量计算规定计算。

（4）当设计对主体建筑物混凝土施工有温控要求时，应根据温控措施设计，计算温控措施费用，也可以经过分析后，按建筑物混凝土工程量乘以相应温控费用指标进行计算。

（5）细部结构。按设计资料分析计算。如无设计资料时，可根据坝型或电站型式，参照类似工程分析确定。

2. 交通工程

按设计工程量乘以单价计算，也可根据工程所在地区造价指标或有关实际资料，采用扩大单位指标编制。

3. 房屋建筑工程

（1）辅助生产厂房、仓库建筑面积，由设计根据生产运行管理需要确定，单位造价指标采用当地的永久房屋造价指标。

（2）办公用房、值班公寓及附属设施建筑面积，根据工程规模，按生产定员确定建设规模，单位造价指标采用工程所在地区永久房屋造价指标。

（3）在就近城市建立的建设及生产运行管理设施，根据项目管理需要，按生产定员确定建设规模，并按当地的永久房屋造价指标计列。流域梯级电站共用的设施应按投资分摊的原则计列。

如采取征用土地自建生产运行管理设施，土地征用费根据设计确定的征地规模和土地征用标准计算。

（4）对 100 万 kW 及以上需配备武警部队的大型水电站，营地房屋建设规模根据项目管理需要确定，并按当地的永久房屋造价指标计算。

（5）室外工程可按房屋建筑工程投资百分率计算。

4. 其他工程

安全监测工程、水文测报工程、消防工程、劳动安全与工业卫生工程、地震监测站（台）网工程按专题报告设计工程量乘以单价计算。具体编制应执行相应专项投资编制细则。

动力线路、照明线路、通信线路等工程按设计工程量乘以单价或采用扩大单位指标编制。

其余各项按设计要求分析计算。

（三）环境保护和水土保持专项工程

按设计工程量乘以单价计算。具体编制应执行相应专项投资编制细则。

（四）机电设备及安装工程

按设备费和安装费分别进行编制。

机电设备及安装工程项目清单，一级项目和二级项目均应执行水电工程划分的有关规定，三级项目可根据水电工程可行性研究报告编制规程的工作深度要求和工程实际情况增减项目，并按设计提供的工程量计列。

1. 设备费

机电设备费按设计的设备清单工程量乘以设备价格计算。

2. 安装工程费

安装工程单价为消耗量形式时，按设备清单工程量乘以安装工程单价计算。

安装工程单价为费率形式时，按设备费乘以安装费费率计算。按定额计算的安装费费率适用于国产设备。进口设备的安装费费率应按国产设备安装费费率乘以相应国产设备原价水平占进口设备原价的比例系数，调整为进口设备安装费费率。

3. 流域梯级集控中心设备

如设置流域梯级集控中心，其设备及安装费应按分摊原则计列。

4. 已发布专项投资编制细则的项目，应执行相应专项投资编制细则

5. 设备与材料的划分标准

详见本书第六章第三节。

（五）金属结构设备及安装工程

编制方法和深度同机电设备及安装工程。

二、建设征地移民安置补偿费用概算

具体内容见本书第七章。概算表见表8-10。

建设征地移民安置补偿费用概算表 表 8-10

序号	项目名称	水库淹没影响区补偿费用（万元）	枢纽工程建设区补偿费用（万元）	合计（万元）	占一～五项投资比例（%）
一	农村部分				
二	城市集镇部分				
三	专业项目处理				
四	库底清理				
五	环境保护和水土保持专项				
	合计				

三、独立费用概算

（一）项目建设管理费

1. 工程前期费

管理性费用和进行规划工作所发生的费用可根据项目实际发生情况和有关规定分析计列。河流（河段）规划或抽水蓄能选点规划所发生的费用应按分摊原则计列。

预可行性研究阶段勘察设计工作所发生的费用按水电建设项目前期工作收费有关规定计算。

2. 工程建设管理费

按建筑安装工程费、工程永久设备费、建设征地移民安置补偿费三部分及相应费用标准分别计算。费用标准见表 8-11。

工程建设管理费费率表 表 8-11

序号	计费类别	计算基础	费率（%）
1	工程建设管理费	建筑安装工程费	2.5～3.0
2		工程永久设备费	0.6～1.2
3		建设征地移民安置补偿费	0.5～1.0

注：1. 按建筑安装工程费计算部分，工程规模大的取小值，反之取大值。

2. 按工程永久设备费计算部分，采用进口设备的项目取小值，其他项目根据工程情况选取中值或大值。

3. 建设征地移民安置补偿管理费

（1）移民安置规划配合工作费

按建设征地移民安置补偿费用及相应费用标准计算。

（2）实施管理费

按建设征地移民安置补偿费用及相应费用标准计算。

（3）移民技术培训费

按农村部分补偿费用及相应费用标准计算。

费用标准见表 8-12。

建设征地移民安置补偿管理费费率表　　　　表 8-12

序号	计费类别	计算基础	费率（%）
1	移民安置规划配合工作费	建设征地移民安置补偿费	0.5～1.0
2	实施管理费	建设征地移民安置补偿费	3.0～4.0
3	移民技术培训费	农村部分补偿费	0.5

4. 工程建设监理费

按建筑安装工程费、工程永久设备费两部分及相应费用标准分别计算。费用标准见表 8-13。

工程建设监理费费率表　　　　表 8-13

序号	计费类别	计算基础	费率（%）
1	工程建设监理费	建筑安装工程费	2.0～2.9
2		工程永久设备费	0.4～0.7

注：1. 按建筑安装工程费计算部分，工程规模大的取小值，反之取大值。

2. 按工程永久设备费计算部分，采用进口设备的项目取小值，其他项目根据工程情况选取中值或大值。

5. 移民安置监督评估费

（1）移民综合监理费

按建设征地移民安置补偿费及相应费用标准计算。费用标准见表 8-14。

移民综合监理费费率表　　　　表 8-14

序号	计费类别	计算基础	费率（%）
1	移民综合监理费	建设征地移民安置补偿费	1.0～2.0

（2）移民安置独立评估费

按国家有关规定计算。

6. 咨询服务费

按建筑安装工程费、工程永久设备费、建设征地移民安置补偿费三部分及相应费用标准分别计算。费用标准见表 8-15。

咨询服务费费率表　　　　表 8-15

序号	计费类别	计算基础	费率（%）
1	咨询服务费	建筑安装工程费	0.50～1.33
		工程永久设备费	0.35～0.85
		建设征地移民安置补偿费	0.50～1.20

注：1. 按建筑安装工程费计算部分，技术复杂、建设难度大的项目取大值，反之取小值。

2. 按工程永久设备费计算部分，采用进口设备的项目取小值，其他项目根据工程情况选取中值或大值。

7. 项目技术经济评审费

按枢纽工程技术经济评审费、建设征地移民安置技术经济评审费两部分分别计算。枢纽工程技术经济评审费以建筑安装工程费和工程永久设备费之和及相应费用标准计算，建设征地移民安置技术经济评审费以建设征地移民安置补偿费及相应费用标准计算。费用标准见表8-16。

项目技术经济评审费费率表　　　　　　　表8-16

序号	计费额（万元）	计算基础	费率（%）
1	50000	建筑安装工程费、工程永久设备费之和或建设征地移民安置补偿费	0.50
2	100000		0.43
3	200000		0.35
4	500000		0.26
5	1000000		0.20
6	2000000		0.15
7	5000000		0.10

注：计费额在50000万元及以下的按费率0.50%计算，计费额在50000万～5000000万元的按表中费率内插法计算，计费额在5000000万元以上的按费率0.10%计算。

8. 水电工程质量检查检测费

按建筑安装工程费及相应费用标准计算。费用标准见表8-17。

水电工程质量检查检测费费率表　　　　　　　表8-17

序号	计费额（万元）	计算基础	费率（%）
1	50000	建筑安装工程费	0.27
2	100000		0.24
3	200000		0.20
4	500000		0.17
5	1000000		0.13
6	2000000		0.10
7	5000000		0.06

注：计费额在50000万元及以下的按费率0.27%计算，计费额在50000万～5000000万元的按表中费率内插法计算。计费额在5000000万元以上的按费率0.06%计算。

9. 水电工程定额标准编制管理费

按建筑安装工程费及相应费用标准计算。费用标准见表8-18。

10. 项目验收费

按枢纽工程验收费、建设征地移民安置验收费两部分分别计算。枢纽工程验收费以建筑安装工程费和工程永久设备费之和及相应费用标准计算，建设征地移民安置验收费以建设征地移民安置补偿费及相应费用标准计算。费用标准见表8-19。

水电工程定额标准编制管理费费率表   表 8-18

序号	计费额（万元）	计算基础	费率（%）
1	50000		0.15
2	100000		0.12
3	200000		0.10
4	500000	建筑安装工程费	0.08
5	1000000		0.06
6	2000000		0.05
7	5000000		0.04

注：计费额在 50000 万元及以下的按费率 0.15% 计算，计费额在 50000 万～5000000 万元的按表中费率内插法计算，计费额在 5000000 万元以上的按费率 0.04% 计算。

项目验收费费率表   表 8-19

序号	计费额（万元）	计算基础	费率（%）
1	50000		0.90
2	100000		0.68
3	200000	建筑安装工程费、工程永久设备费之和或建设征地移民安置补偿费	0.50
4	500000		0.30
5	1000000		0.20
6	2000000		0.15
7	5000000		0.10

注：计费额在 50000 万元及以下的按费率 0.90% 计算，计费额在 50000 万～5000000 万元的按表中费率内插法计算，计费额在 5000000 万元以上的按费率 0.10% 计算。

11. 工程保险费

根据保险公司相关规定计算。

（二）生产准备费

常规水电站按永久设备费及相应费用标准计算。费用标准见表 8-20。

生产准备费费率表   表 8-20

序号	计费类别	计算基础	费率（%）
1	生产准备费	永久设备费	1.1～2.1

注：建设规模小或机组台数少的项目取大值，反之取小值。

抽水蓄能电站除按永久设备费及相应费用标准计算生产准备费外，增加初期蓄水费、机组并网调试补贴费。初期蓄水费按所需蓄水量及相应水价计算，机组并网调试补贴费根据装机容量，按 15～25 元 /kW 计算。单机规模小的取大值，反之取小值。

试运行期间的发电收入所得应作为此项费用的冲减。

（三）科研勘察设计费

1. 施工科研试验费

按建筑安装工程费及相应费用标准计算。费率取 0.5%。

如工程规模巨大，技术难度高，或在移民安置实施阶段根据设计要求，需进行重大、特殊专项科学研究试验的，可按研究试验工作项目内容和要求，单独计列费用。

2. 勘察设计费

按工程勘察设计收费管理有关规定计算。

（四）其他税费

1. 耕地占用税、耕地开垦费和森林植被恢复费

根据国家和省、自治区、直辖市有关政策规定的价格进行计算，对于建设征地范围和影响跨省、自治区、直辖市的，则应采用多方协商所达成的统一标准。

2. 水土保持补偿费

根据国家和地方有关征收水土保持补偿费的法规文件，结合水电工程的特点合理计算。

3. 其他

按国家有关法规以及省、自治区、直辖市颁发的有关文件，结合水电工程的特点合理计列。

四、分年度投资及资金流量

（一）分年度投资

分年度投资指根据施工组织设计确定的施工进度和工程建设期移民安置规划的安排，按国家现行统计口径计算出的各年度所完成的投资，是编制资金流量和计算预备费的基础。

分年度投资应按概算项目投资和工程建设工期进行编制。工程建设工期包括工程筹建期、施工准备期、主体施工期和工程完建期四个阶段。

1. 建筑工程

（1）建筑工程（含施工辅助工程）分年度投资应根据施工总进度的安排，凡有单价和工程量的项目，应按分年度完成的工作量逐项进行计算；没有单价和工程量的项目，可根据工程进度和该项目各年度完成的工作量比例分析计算。

（2）建筑工程分年度投资至少应按二级项目中的主要工程项目进行编制，并反映各自的建筑工作量。如：

1）交通工程。

① 公路工程。

② 铁路工程。

……

2）输水工程。

① 引水明渠工程。

② 进（取）水口工程。

……

N）其他工程。

2. 环境保护和水土保持专项工程

（1）各种环境保护、水土保持设施工程应按施工进度安排计算分年度投资。

（2）工程建设过程中采用的各种措施费用，应根据施工进度安排分析编制分年度投资。

3. 设备及安装工程

（1）设备及安装工程分年度投资，应根据施工组织设计中设备安装及投产的日期进行编制。对于主要设备（一般指非标、大型、制造周期长的设备，如水轮发电机组、主阀、主变压器、桥机、门机、高压断路器或高压组合电器、金属结构闸门启闭设备等，具体包括的设备项目应结合工程情况确定），应按不同设备到货后开始安装日期和安装完成日期编制分年度投资；其他设备统一按安装年编制分年度投资；设备运杂费按设备到货年编制分年度投资；安装费统一按安装完成年编制分年度投资。

（2）设备及安装工程分年度投资至少应按二级项目的主要工程项目进行编制。如：

1）发电设备及安装工程。

① 水轮机设备及安装工程。

② 发电机设备及安装工程。

……

N）其他工程。

4. 建设征地移民安置补偿费用

根据农村部分、城市集镇部分、专业项目、库底清理、环境保护和水土保持专项工程的具体项目，各项费用的计划投入时间，按年度分别计算。

5. 独立费用

根据费用的性质、费用发生的先后与施工时段的关系，按相应施工年度分别进行计算。

（1）工程前期费计入工程建设工期的第一年。

（2）工程建设管理费。

1）按建筑安装工程费计算部分，根据建筑安装工程的分年度投资占总建筑安装投资的比例分摊。

2）按工程永久设备费计算部分在设备开始招标至设备安装完成的时段内分摊。

3）按建设征地移民安置补偿费计算部分，根据建设征地移民安置补偿费的分年度投资比例分摊。

（3）建设征地移民安置补偿管理费按建设征地移民安置补偿费的分年度投资比例分摊。

（4）工程建设监理费，参照工程建设管理费分年度投资编制方法编制。

（5）移民安置监督评估费根据建设征地移民安置补偿费的分年度投资比例及独立评估发生的时间分析计算。

（6）咨询服务费根据工程建设过程中需进行咨询服务的时间分析计算。

（7）项目技术经济评审费根据各种技术评审的时间分析计算。

（8）水电工程质量检查检测费按建筑安装工程的分年度投资占总建安投资的比例计算。

（9）水电工程定额标准编制管理费在工程准备期和主体工程施工期内合理安排。

（10）项目验收费根据项目验收时间分析计算。

（11）工程保险费按当年完成投资占各年完成投资之和的比例分摊。

（12）生产准备费在生产筹建开始至最后一台机组投产期内分摊。

（13）科研勘察设计费。

1）施工科研试验费在施工准备期和主体工程施工期内分摊。

2）勘察设计费按如下原则进行编制。

① 可行性研究报告阶段的勘察设计费在工程筹建期内分年平均计算。

② 以招标设计和施工图设计阶段勘察设计费的10%作为设计提前收入，计入工程开工当年；从工程开工之日起至工程竣工之日止支付该项费用的85%，费用分年平均分摊；剩余的5%（即设计保证金），计入工程竣工年。

（14）其他税费。

1）耕地占用税等按建设征地的进度分年投入。

2）水土保持补偿费根据费用计划发生时间计算。

3）其他项目根据费用计划发生时间计算。

（二）资金流量

资金流量是为了满足建设项目在建设过程中各时段的资金需求，按工程建设所需资金投入时间编制的资金使用过程，是建设期利息的计算基础。

资金流量的编制以分年度投资为基础，按建筑安装工程、永久设备、建设征地移民安置补偿、独立费用四种类型分别计算。

1. 建筑安装工程

（1）建筑安装工程（包括施工辅助工程、建筑工程、环境保护和水土保持专项工程、设备安装工程）资金流量是在分年度投资的基础上，考虑工程预付款、预付款的扣回、质量保证金和质量保证金的退还等编制的分年资金安排。在分年度投资项目的基础上，考虑工程的分标项目或按主要的一级项目，以归项划分后的各年度建筑安装工程费作为计算资金流量的依据。

（2）预付款分为分批支付和逐年支付两种形式，可根据单个标段或项目工期合理选择。

1）分批支付。

按划分的单个标段或项目的建筑安装工程费的百分率计算。工期在三年以内的工程全部安排在第一年，工期在三年以上的可安排在前两年。

预付款的扣回从完成建筑安装工程费的一定比例起开始，按起扣以后完成建筑安装工作量的百分率扣回至预付款全部回收完毕为止。

对于需要购置特殊施工机械设备的标段或项目，预付款比例可适当加大。

2）逐年支付。

一般可按分年度投资中次年完成建筑安装工程费的一定百分率在本年提前支付，并于次年扣回，以此类推，直至本标段或项目完工。

（3）质量保证金。按建筑安装工程费的百分率计算。

在编制概算资金流量时，按标段或分项工程分年度完成建筑安装工程费的一定百分率扣留至质量保证金全部扣完为止，并将所扣留的质量保证金在该标段或分项工程终止后一年（如该年已超出总工期，则在工程的最后一年）的资金流量中退还。

2. 永久设备

永久设备的资金流量计算，划分为主要设备和一般设备两种类型分别计算。

（1）主要设备的资金流量应根据计划招标情况和设备制造周期等因素计算，一般应遵循以下原则：

1）签订订货合同年，支付一定的预付款。

2）设备投料期内，支付一定额度的材料预付款。

3）设备本体及附件全部到现场，支付除预付款及质量保证金以外的全部设备价款。

4）设备全部到货一年以后或合同规定的最终验收一年后，支付设备质量保证金，如该年已超出总工期，则此项质量保证金计入总工期的最后一年。

5）分期分批招标时，应根据设备的制造和到货时间，叠加计算。

（2）一般设备，其资金流量按到货前一年预付一定比例的预付定金，到货年支付剩余价款。

3. 建设征地移民安置补偿

以分年度投资为依据，按征地移民工程建设所需资金投入时间进行编制。

4. 独立费用

按分年投资安排资金流量。

五、预备费概算

（一）基本预备费

基本预备费按枢纽工程、建设征地移民安置补偿、独立费用三部分分别计算。各部分的基本预备费，按工程项目划分中各分项投资的百分率计算。

枢纽工程的基本预备费费率，应根据工程规模、施工年限、水文、气象、地质等技术条件，对各分项工程进行风险分析后确定。

建设征地移民安置补偿的基本预备费费率按其相应规定计取。

独立费用的基本预备费根据不同费用项目与枢纽工程、建设征地移民安置补偿的关联关系，分别采用相应综合费率计算。

分年度基本预备费以对应项目的分年度投资为基础计算。

（二）价差预备费

价差预备费应根据施工年限，以分年度投资（含基本预备费）为计算基础，按下列公式计算：

（1）各年价格指数相同时，各年价差预备费计算公式为：

$$E_i = F_i \left[(1+p)^{i-1} - 1 \right] \tag{8-4}$$

（2）各年价格指数不同时，各年价差预备费计算公式为：

$$E_i = F_i \left[(1+p_2)(1+p_3) \cdots (1+p_i) - 1 \right] \tag{8-5}$$

工程价差预备费为各年价差预备费之和，即：

$$E = \sum_{i=1}^{N} E_i \tag{8-6}$$

式中　E——价差预备费；

E_i——第 i 年价差预备费；

N——建设工期；

i——施工年度；

F_i——第 i 年度的分年度投资（含基本预备费）；

p——平均价格指数（适用于各年价格指数相同时）；

p_i——第 i 年的价格指数（适用于各年价格指数不同时）。

价差预备费应从编制概算所采用的价格水平年的次年开始计算。

水电工程年度价格指数依据行业定额和造价管理机构颁布的有关规定执行。

根据水电工程建设特点和市场情况，按年度价格指数的 2% 计算价差预备费。

六、建设期利息概算

应根据项目投资额度、资金来源及投入方式，分别计算债务资金利息和其他融资费用。

（一）资金来源

水电工程的资金来源主要有资本金、银行贷款、企业债券或其他债券等。
根据国务院颁布的固定资产投资项目资本金制度的有关规定。

（二）计算方法

1. 债务资金利息计算

债务资金利息从工程筹建期开始，以分年度资金流量、基本预备费及价差预备费之和扣除资本金后的现金流量为基础，按不同债务资金及相应利率逐年计算。

资本金投入方式一般包括按各年资金流量的固定比例、各年等额度资本金、优先使用资本金等。

各年分类计息额度＝计算年之前累计债务资金本息和＋当年债务资金额度/2

第一台（批）机组投产前发生的债务资金利息全部计入总投资，第一台（批）机组投产后发生的利息根据机组投产时间按其发电容量占总容量的比例进行分割后计入总投资，分割点为每台（批）机组投入商业运行时。其余部分计入生产经营成本。

2. 其他融资费用计算

其他融资费用，如某些债务融资中发生的手续费、承诺费、管理费、信贷保险费等，按相应规定分析测算，并计入建设期利息。

七、总概算编制

（一）总概算构成

水电工程总概算由五部分构成，包括枢纽工程概算、建设征地移民安置补偿费用概算、独立费用概算、预备费、建设期利息等。

1. 工程静态投资

枢纽工程、建设征地移民安置补偿费用、独立费用和基本预备费之和构成工程静态投资。

2. 工程总投资

工程静态投资、价差预备费、建设期利息之和构成工程总投资。

（二）设计概算文件

设计概算文件主要由编制说明、设计概算表和附件组成。

1. 编制说明

（1）工程概况

1）简述工程所在的河系、兴建地点、对外交通条件、建设征地及移民人数、工程规模、工程效益、工程布置、主体建筑工程量、主要材料用量、施工总工期、首台（批）机组发电工期等。

2）说明工程建设资金来源、资本金比例等内容。

3）说明工程总投资和静态投资、价差预备费、建设期利息，单位千瓦投资、单位电量投资，首台（批）机组发挥效益时的总投资和静态投资等。

（2）编制原则和依据

1）说明概算编制采用的国家及省级政府有关法律、法规等依据。

2）说明概算编制采用的有关规程、规范和规定。

3）说明概算编制采用的定额和费用标准。

4）说明概算编制的价格水平年。

5）可行性研究报告设计文件及图纸。

6）其他有关规定。

（3）枢纽工程概算

1）基础价格

详细说明人工预算单价、材料预算价格以及电、风、水、砂石料、混凝土材料单价和施工机械台时费等基础单价的计算方法及成果。

2）建筑安装工程单价

① 说明工程单价组成内容、编制方法及有关费率标准。

② 说明定额、指标采用及调整情况。编制补充定额的项目，应说明补充定额的编制原则、方法和定额水平等情况。

3）施工辅助工程

说明施工辅助工程中各项目投资所采用的编制方法、造价指标和参数。

4）建筑工程

说明主体建筑工程、交通工程、房屋建筑工程和其他工程投资所采用的编制方法、造价指标、相关参数。

5）环境保护和水土保持专项工程

说明环境保护和水土保持专项工程投资编制依据、方法、价格水平及其他应说明的问题。

6）机电、金属结构设备及安装工程

① 说明主要设备原价的确定情况。

② 说明主要设备运杂综合费的计算情况。

③ 说明其他设备价格的计算情况。

④ 说明设备安装工程费编制方法。

（4）建设征地移民安置补偿费用概算

说明补偿费用概算编制依据、方法、价格水平情况及其他应说明的问题。

（5）独立费用概算

说明项目建设管理费、生产准备费、科研勘察设计费和其他税费的计算方法、计算标准和指标采用等情况。

（6）总概算编制

1）说明各部分分年度投资和资金流量的计算原则和方法。

2）说明基本预备费的计算原则和方法。

3）说明价差预备费的计算原则和方法。

4）说明建设期利息的计算原则和方法。

（7）其他需说明的问题

其他需在设计概算中说明的问题。

（8）主要技术经济指标简表

2. 设计概算表

（1）概算表

1）工程总概算表。

2）枢纽工程概算表。

①施工辅助工程概算表。

②建筑工程概算表。

③环境保护和水土保持专项工程概算表。

④机电设备及安装工程概算表。

⑤金属结构设备及安装工程概算表。

3）建设征地移民安置补偿费用概算表。

①水库淹没影响区补偿费用概算表。

②枢纽工程建设区补偿费用概算表。

4）独立费用概算表。

5）分年度投资汇总表。

6）资金流量汇总表。

（2）概算附表

1）建筑工程单价汇总表。

2）安装工程单价汇总表。

3）主要材料预算价格汇总表。

4）施工机械台时费汇总表。

5）主体工程主要工程量汇总表。

6）主体工程主要材料用量汇总表。

7）主体工程工时数量汇总表。

8）主要补偿补助及专业工程单价汇总表。

3. 附件

（1）枢纽工程概算计算书

1）人工预算单价计算表。

2）主要材料运杂费用计算表。

3）主要材料预算价格计算表。

4）其他材料预算价格计算表。

5）施工用电价格计算书。

6）施工用水价格计算书。

7）施工用风价格计算书。

8）补充定额计算书。

9）补充施工机械台（组）时费计算书。

10）砂石料单价计算书。

11）混凝土材料单价计算表。

12）建筑工程单价计算表。

13）安装工程单价计算表。

14）主要设备运杂综合费费率计算书。

15）电厂生产定员计算书。

16）环境保护和水土保持专项工程投资计算书。

17）安全监测工程、劳动安全与工业卫生等项目专项投资计算书。

18）其他计算书。

（2）建设征地移民安置补偿费用概算计算书

1）主要农产品、林产品和副产品的单位面积产量及单价汇总表。

2）主要材料预算价格汇总表。

3）土地补偿补助分析计算书。

4）房屋及附属建筑物重建补偿单价分析计算书。

5）未进行设计的零星工程项目单价分析计算书。

6）其他补偿单价分析计算书。

7）有关补偿概算编制依据的文件、资料、专题概算计算书等。

（3）独立费用计算书

1）独立费用计算书。

2）勘察设计费计算书（单独成册，随设计概算报审）。

（4）其他

1）分年度投资计算表。

2）资金流量计算表。

3）基本预备费分析计算书。

4）价差预备费计算书。

5）建设期利息计算书。

6）其他计算书。

概算相关表格详见水电工程设计概算编制规定。工程总概算表见表 8-21。

水电工程总概算表   表 8-21

编号	项目名称	投资（万元）	占总投资比例（%）
Ⅰ	枢纽工程		
一	施工辅助工程		
二	建筑工程		
三	环境保护和水土保持专项工程		
四	机电设备及安装工程		
五	金属结构设备及安装工程		
Ⅱ	建设征地移民安置补偿费用		
一	水库淹没影响区补偿费用		
二	枢纽工程建设区补偿费用		
Ⅲ	独立费用		
一	项目建设管理费		
二	生产准备费		
三	科研勘察设计费		
四	其他税费		
	Ⅰ、Ⅱ、Ⅲ部分合计		
Ⅳ	基本预备费		
	工程静态投资（Ⅰ～Ⅳ部分合计）		
Ⅴ	价差预备费		
Ⅵ	建设期利息		
	工程总投资（Ⅰ～Ⅵ部分合计）		
	工程开工至第一台（批）机组发电期内静态投资		
	工程开工至第一台（批）机组发电期内总投资		

例 8-2 某水电工程的建筑安装工程和设备采购工程的分年度投资见表 8-22。根据下列条件编制资金流量表。

分年度投资表   表 8-22

单位：万元

项目名称	合计（万元）	建设工期（年）			
		1	2	3	4
建筑安装工程	12000	2000	3000	4000	3000
设备采购工程	8000		1000	4000	3000

（1）建筑安装工程的工程预付款为全部建筑安装工程投资的 10%，安排在前 2 年等额支付，不计材料预付款。自第 2 年起按当年投资的 20% 扣回预付款，直至扣完为止。

（2）建筑安装工程的保留金按建筑安装工程投资的 2.5% 计算，按分年度建筑安装工程投资的 5% 扣留至占全部建筑安装工程投资的 2.5% 时终止，最后一年偿还全部保留金。

（3）设备采购工程资金流量同分年度投资。

（4）基本预备费费率为 10%。

（5）年物价指数为 2%，从第 2 年开始计算价差预备费。

（6）资本金每年 1500 万元等额投入，其余为银行贷款。

（7）贷款年利率为 5%，按年计息，建设期只计息不还款。

解：（1）预付款

工程预付款 ＝ 建筑安装工程总投资 × 10% ＝ 12000 × 10% ＝ 1200（万元）

工程预付款在前 2 年等额支付，即分别支付 600 万元的预付款。预付款的扣回从第 2 年开始，按当年投资的 20% 回扣预付款直至扣完为止。则：

第 2 年扣回的预付款 ＝ 3000 × 20% ＝ 600（万元）

未扣回的预付款 ＝ 1200 － 600 ＝ 600（万元）

第 3 年扣回的预付款 ＝ 4000 × 20% ＝ 800（万元）＞ 600 万元

所以第 3 年扣回的预付款为 600 万元。

（2）保留金

建筑安装工程的保留金 ＝ 建筑安装工程投资 × 2.5% ＝ 12000 × 2.5% ＝ 300（万元）

保留金按分年度建筑安装工程投资的 5% 扣留至占全部建筑安装工程投资的 2.5% 时终止，即保留金要扣留至 300 万元时终止。

第 1 年扣留的保留金 ＝ 2000 × 5% ＝ 100（万元）

第 2 年扣留的保留金 ＝ 3000 × 5% ＝ 150（万元）

第 3 年扣留的保留金 ＝ 4000 × 5% ＝ 200（万元）＞ 50 万元

因此，第 3 年扣留剩下的 50 万元保留金，第 4 年偿还所有的 300 万元保留金。

（3）基本预备费

基本预备费按工程项目划分中各分年度投资的百分比计算。

第 1 年基本预备费 ＝ 2000 × 10% ＝ 200（万元）

第 2 年基本预备费 ＝（3000 ＋ 1000）× 10% ＝ 400（万元）

第 3 年基本预备费 ＝（4000 ＋ 4000）× 10% ＝ 800（万元）

第 4 年基本预备费 ＝（3000 ＋ 3000）× 10% ＝ 600（万元）

基本预备费 ＝ 200 ＋ 400 ＋ 800 ＋ 600 ＝ 2000（万元）

（4）价差预备费

价差预备费以工程静态投资为计算基础。

工程静态总投资＝资金流＋基本预备费

第 1 年价差预备费 ＝（2000＋600－100＋200）×[（1＋2%)⁰－1]＝0（万元）

第 2 年价差预备费 ＝（3000＋600－600－150＋400＋1000）×[（1＋2%)¹－1]
　　　　　　　　＝85（万元）

第 3 年价差预备费 ＝（4000－600－50＋800＋4000）×[（1＋2%)²－1]
　　　　　　　　＝329.26（万元）

第 4 年价差预备费 ＝（3000＋300＋600＋3000）×[（1＋2%)³－1]
　　　　　　　　＝422.34（万元）

价差预备费 ＝ 0＋85＋329.26＋422.34＝836.60（万元）

（5）建设期利息

由于资本金每年 1500 万元等额投入，其余为银行贷款。则：

第 1 年贷款额度 ＝ 2700＋0－1500＝1200（万元）

第 2 年贷款额度 ＝ 4250＋85－1500＝2835（万元）

第 3 年贷款额度 ＝ 8150＋329.26－1500＝6979.26（万元）

第 4 年贷款额度 ＝ 6900＋422.34－1500＝5822.34（万元）

第 1 年利息 ＝ 0.5×1200×5%＝30（万元）

第 2 年利息 ＝（0.5×2835＋1200＋30）×5%＝132.38（万元）

第 3 年利息 ＝（0.5×6979.26＋2835＋132.38＋1200＋30）×5%
　　　　　＝384.35（万元）

第 4 年利息 ＝（0.5×5822.34＋6979.26＋384.35＋2835＋132.38＋
　　　　　1200＋30）×5%＝723.61（万元）

资金流量见表 8-23。

资金流量表　　　　　　　　　　　　　　　　表 8-23

单位：万元

项目名称	合计	建设工期（年）			
		1	2	3	4
1. 建筑工程	12000	2500	2850	3350	3300
分年度投资	12000	2000	3000	4000	3000
工程预付款	1200	600	600		
扣回预付款	－1200		－600	－600	
保留金	－300	－100	－150	－50	
偿还保留金	300				300
2. 设备采购工程	8000		1000	4000	3000
1、2 项小计	20000	2500	3850	7350	6300
基本预备费	2000	200	400	800	600

项目名称	合计	建设工期（年）			
		1	2	3	4
工程静态投资	22000	2700	4250	8150	6900
价差预备费	836.60	0.00	85	329.26	422.34
建设期利息	1270.34	30	132.38	384.35	723.61
工程总投资	24106.94	2730	4467.38	8863.61	8045.95

第三节　工程设计概算编制案例

一、编制说明

（一）工程概况

某水电站位于某省某县境内，水库坝址距县城 15km，对外交通方便。

电站装机容量 500MW，安装 2 台单机容量为 250MW 的混流式水轮发电机组，工程主要枢纽建筑物由钢筋混凝土面板堆石坝、溢洪道、泄洪洞、引水系统、地面厂房等组成，为Ⅱ等大（2）型工程。

工程总工期为 3 年 10 个月，筹建期 1 年，其主体建筑主要工程量为：土石方明挖 348.60 万 m^3、石方洞挖 29.58 万 m^3、土石填筑 322.94 万 m^3、混凝土 44.87 万 m^3、固结灌浆 6.00 万 m^3。主要材料用量：水泥 16.27 万 t、钢筋 2.59 万 t、木材 0.89 万 m^3、柴油 0.97 万 t、炸药 0.20 万 t。总工 1906.85 万工时。

（二）投资主要指标

该工程静态总投资为 166374.78 万元，其中：工程部分投资 136649.55 万元，建设征地移民补偿投资 20096.93 万元，环境保护工程投资 4515.60 万元，水土保持工程投资 5112.71 万元。工程总投资 195923.78 万元，其中：价差预备费 9439.27 万元，建设期融资利息 20109.73 万元。

（三）编制原则及依据

（1）初步设计概算按 2021 年上半年的价格水平编制。

（2）本工程为大型水利基本建设项目，以水利部发布的《水利工程设计概（估）算编制规定》制定的"某水利枢纽工程初步设计概算编制大纲"，作为概算编制的指导原则。

（3）概算编制依据

1)《水利工程营业税改征增值税计价依据调整办法》、《水利部办公厅〈关于调整水利工程计价依据增值税计算标准〉的通知》以及《水利工程设计概（估）算编制规定》。

2）《水利水电工程环境保护概估算编制规程》SL 359—2006、《水土保持工程概（估）算编制规定和定额》与修订形成的《生产建设项目水土保持工程概（估）算编制规定》（2014年）。

3）设计概算编制的有关文件和标准。

（4）采用定额

建筑工程采用《水利建筑工程概算定额》、《水利工程概预算补充定额》；安装工程执行《水利水电设备安装工程概算定额》；施工机械台时费采用《水利工程施工机械台时费定额》。定额不足部分，参考有关资料并结合该工程特点编制补充定额。

（5）基础单价

1）人工预算单价

本工程采用枢纽工程标准，位于三类区。依据编制规定，工长为12.26元/工时、高级工为11.38元/工时、中级工为9.62元/工时、初级工为6.84元/工时。

2）主要材料预算价格

主要材料原价，根据设计选定的供应地或供应厂家按调查价格或询价进行确定。

水泥：由某市的转运站供应，公路运输。

钢材：由某市钢材市场供应，公路运输。钢板先由火车运输，再转公路运至工地。

木材：由某县供应，公路运输。板枋材在工地自行加工。

油料：由中石化公司某县支公司供应，公路运输。

火工材料：由某市民爆经销企业供应，公路运输。

主要材料预算价格如下：

水泥42.5：433.62元/t，钢板：4849.56元/t，钢筋：3803.20元/t，杉原木：895.84元/m，松原木：792.84元/m，汽油：5656.96元/t，柴油：4949.81元/t，炸药：6678.51元/t。

主要材料预算价格超过表5-5规定的材料基价的部分以材料补差形式计算。

3）施工机械使用费

按台时计算，执行水利部颁发的《水利工程施工机械台时费定额》并按照《水利部办公厅〈关于调整水利工程计价依据增值税计算标准〉的通知》进行调整。

4）施工用电、风、水单价

根据施工组织设计，本工程施工用电考虑由电网供电95%，自备柴油发电机供电5%，施工用电预算单价为0.86元/（kW·h）。

本工程共设置左右岸两个供风系统180m³/min，施工用风预算单价为0.10元/m³。

本工程设100D24×4水泵4台、100D24×6水泵4台，施工用水预算单价为0.92元/m³。

5）砂石料单价

工程砂石料根据施工组织设计的工艺流程计算，预算价格如下：混凝土骨料用砾石 41.72 元 /m³、混凝土骨料用砂 40.17 元 /m³。

（6）主要设备价格

主要机电设备、金属结构设备价格根据设计提供的型号、规格，参考国内类似规模电站招标价格和其他类似工程概算价格，分析目前市场价格水平后确定。

（7）费用计算标准及依据

依据编制规定确定取费标准，详见表 8-24。

费率计算表

表 8-24

序号	费率名称	计算基础	费率（%）	
			建筑	安装
一	其他直接费		7.5	8.2
1	冬雨期施工增加费	基本直接费	1.0	1.0
2	夜间施工增加费	基本直接费	0.5	0.7
3	临时设施费	基本直接费	3.0	3.0
4	安全生产措施费	基本直接费	2.0	2.0
5	其他	基本直接费	1.0	1.5
6	其他（砂石备料）	基本直接费	0.5	
二	间接费			
（一）	建筑工程			
1	土方工程	直接费	8.5	
2	石方工程	直接费	12.5	
3	砂石备料工程（自采）	直接费	5.0	
4	模板工程	直接费	9.5	
5	混凝土浇筑工程	直接费	9.5	
6	钢筋制安工程	直接费	5.5	
7	钻孔灌浆工程	直接费	10.5	
8	锚固工程	直接费	10.5	
9	疏浚工程	直接费	7.25	
10	其他工程	直接费	10.5	
（二）	机电、金属结构设备安装工程	人工费		75
三	利润	直接费＋间接费	7	
四	税金	直接费＋间接费＋利润＋材料补差	9	

注：对于以实物量形式计算的安装工程单价，表中计算税率的计算基础还应加未计价装置性材料费。

（8）工程资金筹措

工程建设由某公司投资，资本金为工程总投资的20%，其余需要通过贷款或其他渠道融资。

（四）概算编制中其他应说明的问题

移民和环境部分的概算编制，政策性较强，可按照相关编制办法及计算标准、相关政策规定计算，本设计概算仅简要列入。

基本预备费：工程部分按一至五部分投资合计的6%计算，移民补偿按$H_1=$10%、$H_2=$6%计算，环境保护工程按一至五部分投资合计的6%计算，水土保持工程按一至五部分投资合计的5%计取。

价差预备费按物价指数的2%计算。

本案例资本金按整个建设期内等比例投入（各年资金流量的固定比例20%）考虑，其余80%的投资通过贷款融资。建设期贷款利息以静态总投资与价差预备费之和扣除资本金后的分年投资为基数，逐年计算。从工程筹建期开始计息，按贷款年名义利率5%计算。建设期利息只计息不支付。

（五）主要技术经济指标表

略。

二、工程概算总表

工程概算总表如表8-25所示。

工程概算总表   表 8-25

单位：万元

序号	工程或费用名称	建安工程费	设备购置费	独立费用	合计
I	工程部分投资				136649.55
	第一部分　建筑工程	58821.82			58821.82
	第二部分　机电设备及安装工程	2343.56	34126.82		36470.38
	第三部分　金属结构设备及安装工程	2847.56	6502.14		9349.70
	第四部分　施工临时工程	14248.09			14248.09
	第五部分　独立费用			10024.68	10024.68
	一至五部分投资合计	78261.03	40628.96	10024.68	128914.67
	基本预备费				7734.88
	静态投资				136649.55
II	建设征地移民补偿投资				20096.93
III	环境保护工程投资				4515.60
IV	水土保持工程投资				5112.71

续表

序号	工程或费用名称	建安工程费	设备购置费	独立费用	合计
V	工程投资合计（I～IV合计）				195923.78
	静态总投资				166374.78
	价差预备费				9439.27
	建设期融资利息				20109.73
	总投资				195923.78

三、分部概算表和概算附表

（一）概算表

概算表如表 8-26～表 8-35 所示。

工程部分总概算表　　　　　表 8-26

单位：万元

序号	工程或费用名称	建安工程费	设备购置费	独立费用	合计	占一至五部分投资比例
	第一部分　建筑工程	58821.82			58821.82	45.63%
1	挡水工程	12828.84			12828.84	
2	泄洪工程	18747.81			18747.81	
3	引水工程	11466.24			11466.24	
4	发电厂工程	13334.62			13334.62	
5	升压变电站工程	564.71			564.71	
6	交通工程	950			950	
7	房屋建筑工程	349.6			349.6	
8	其他建筑工程	580			580	
	第二部分　机电设备及安装工程	2343.56	34126.82		36470.38	28.29%
1	发电设备及安装工程	1501.6	26984.05		28485.65	
2	升压变电设备及安装工程	192.8	5002.8		5195.6	
3	公用设备及安装工程	649.16	2139.97		2789.13	
	第三部分　金属结构设备及安装工程	2847.56	6502.14		9349.70	7.25%
1	泄洪工程	386.47	3739.85		4126.32	
2	引水工程	2396.18	2320.75		4716.93	
3	发电厂工程	64.91	441.54		506.45	
	第四部分　施工临时工程	14248.09			14248.09	11.05%
1	导流工程	7277.22			7277.22	
2	施工交通工程	2650.00			2650	

续表

序号	工程或费用名称	建安工程费	设备购置费	独立费用	合计	占一至五部分投资比例
3	施工供电工程	608			608	
4	施工房屋建筑工程	1433.42			1433.42	
5	其他施工临时设施	2279.45			2279.45	
	第五部分　独立费用			10024.68	10024.68	7.78%
1	建设管理费			3239.14	3239.14	
2	工程建设监理费			1735.78	1735.78	
3	联合试运转费			88.00	88.00	
4	生产准备费			995.08	995.08	
5	科研勘测设计费			3331.68	3331.68	
6	其他			635.00	635.00	
	一至五部分投资合计	78261.03	40628.96	10024.68	128914.67	100.00%
	基本预备费（6%）				7734.88	
	静态投资				136649.55	

征地移民补偿投资概算总表　　　　表 8-27

序号	项目	合计（万元）
一	农村移民安置补偿费	3713.64
二	专项项目恢复改建补偿费	12015.27
三	库底清理费	79.48
	一至三项小计	15808.39
四	其他费用	1436.77
五	预备费	1243.91
	其中：基本预备费	1243.91
	价差预备费	0.00
六	有关税费	1607.86
	总投资	20096.93

环境保护工程概算总表　　　　表 8-28

序号	工程或费用名称	合计（万元）
一	环境保护措施	2160
二	环境监测措施	300
三	环境保护仪器设备及安装	270
四	环境保护临时措施	630
五	环境保护独立费用	900
	一至五部分合计	4260

续表

序号	工程或费用名称	合计（万元）
	基本预备费（6%）	255.60
	静态投资	4515.60

水土保持工程概算总表　　　　　　　　　　　　　　表 8-29

序号	工程或费用名称	合计（万元）
一	工程措施	701.95
二	植物措施	589.62
三	监测措施	258.79
四	施工临时工程	1712.68
五	独立费用	1430.67
Ⅰ	一至五部分合计	4693.71
Ⅱ	基本预备费（5%）	234.69
Ⅲ	水土保持补偿费	184.31
	静态投资	5112.71

建筑工程概算表　　　　　　　　　　　　　　表 8-30

序号	工程或费用名称	单位	数量	单价（元）	合计（万元）
	第一部分　建筑工程				58821.82
一	挡水工程				12828.84
1	拦河堆石坝工程				12828.84
	土方开挖	m³	97100	14.60	141.77
	石方明挖	m³	358400	32.35	1159.42
	灌浆洞石方洞挖	m³	1800	194.71	35.05
	上游抛填粉土	m³	54100	13.30	71.95
	垫层料填筑（来自料场）	m³	89400	18.80	168.07
	过渡料填筑（来自料场）	m³	143500	38.17	547.74
	上游抛填石渣	m³	85990	8.70	74.81
	主堆石填筑（来自料场）	m³	1229120	44.06	5415.50
	次堆石填筑（利用料上坝）	m³	878140	6.61	580.45
	下游干砌石护坡（来自料场）	m³	25250	80.71	203.79
	趾板混凝土 C25（二级配）	m³	2480	385.41	95.58
	面板混凝土 C25（二级配）	m³	20100	412.35	828.82
	防浪墙混凝土 C20（二级配）	m³	3200	381.69	122.14
	灌浆平洞底板混凝土 C20（二级配）	m³	148	363.66	5.38
	喷混凝土 C20	m³	1760	624.03	109.83

续表

序号	工程或费用名称	单位	数量	单价（元）	合计（万元）
	钢筋制安	t	2075	7607.47	1578.55
	锚杆 $\phi28$，$L=5m$	根	4200	216.42	90.90
	帷幕灌浆	m	21000	532.87	1119.03
	固结灌浆	m	8100	245.78	199.08
	细部结构工程	m³	2531280	1.11	280.97
二	泄洪工程				18747.81
1	溢洪道工程				13207.38
	土方开挖	m³	255200	13.55	345.80
	石方明挖	m³	1681000	30.92	5197.65
	溢洪道混凝土 C25（二级配）	m³	65180	435.08	2835.85
	溢洪道混凝土 C30（二级配）	m³	17707	456.91	809.05
	喷混凝土	m³	6850	624.03	427.46
	预应力锚索 3500kN，$L=25m$	束	90	19214.13	172.93
	预应力锚索 1200kN，$L=8m$	束	14	4717.84	6.60
	预应力锚索 1200kN，$L=10.5m$	束	14	5456.45	7.64
	钢筋制安	t	3263	7607.47	2482.32
	锚杆 $\phi28$，$L=5m$	根	12099	216.42	261.85
	镀锌铅丝网	m³	50035	25.00	125.09
	固结灌浆	m	15278	245.78	375.50
	细部结构工程	m³	89737	17.79	159.64
2	泄洪洞工程				5540.43
	土方开挖	m³	35000	13.55	47.43
	石方明挖	m³	151100	35.54	537.01
	石方洞挖	m³	74300	75.89	563.86
	进水塔混凝土 C25（二级配）	m³	24118	398.13	960.21
	隧洞衬砌混凝土 C30（二级配）	m³	13868	467.19	647.90
	喷混凝土	m³	2748	648.71	178.27
	钢筋制安	t	2868	7607.47	2181.82
	锚杆 $\phi28$，$L=8m$	根	1876	341.49	64.06
	锚杆 $\phi25$，$L=5m$	根	2282	190.85	43.55
	固结灌浆	m	14813	172.32	255.26
	细部结构工程	m³	40734	14.99	61.06
三	引水工程				11466.24
1	进水口				7061.03
	土方开挖	m³	60840	11.23	68.32

续表

序号	工程或费用名称	单位	数量	单价（元）	合计（万元）
	石方明挖	m³	243360	31.09	756.61
	进水口混凝土 C20（二级配）	m³	68100	370.89	2525.76
	喷混凝土	m³	3921	624.03	244.68
	钢筋制安	t	3995	7607.47	3039.18
	锚杆 ϕ32，L＝8m	根	2856	409.03	116.82
	锚杆 ϕ28，L＝6m	根	4120	260.00	107.12
	锚桩 3ϕ28，L＝25m	根	100	6764.29	67.64
	细部结构工程	m³	72021	18.73	134.90
2	引水隧洞工程				4405.20
	石方斜洞开挖	m³	10500	136.78	143.62
	石方平洞开挖	m³	48500	103.51	502.02
	斜洞混凝土衬砌 C25（二级配）	m³	3763	487.59	183.48
	平洞混凝土衬砌 C25（二级配）	m³	22500	464.31	1044.70
	钢筋制安	t	2710	7607.47	2061.62
	回填灌浆	m²	10770	73.19	78.83
	固结灌浆	m	19725	172.32	339.90
	接缝灌浆	m²	1506	77.45	11.66
	细部结构工程	m³	26263	14.99	39.37
四	发电厂工程				13334.62
1	地面厂房工程				12706.90
	土方开挖	m³	75107	14.21	106.73
	石方明挖	m³	300428	38.72	1163.26
	石渣回填	m³	106860	7.72	82.50
	地面厂房混凝土	m³	110700	592.71	6561.30
	喷混凝土	m³	3220	624.03	200.94
	钢筋制安	t	4650	7607.47	3537.47
	钢桁架	t	60	15000.00	90.00
	固结灌浆	m	2100	245.78	51.61
	锚杆 ϕ32，L＝8m	根	4789	402.02	192.53
	锚桩 3ϕ28，L＝25m	根	145	6764.29	98.08
	砖砌体	m³	980	270.00	26.46
	混凝土预制屋面结构	m²	2998	600.00	179.88
	细部结构工程	m³	113920	36.53	416.15
2	尾水渠工程				627.72
	土方开挖	m³	4553	14.21	6.47

续表

序号	工程或费用名称	单位	数量	单价（元）	合计（万元）
	石方明挖	m³	18212	38.72	70.52
	混凝土 C15（二级配）	m³	16500	273.27	450.90
	钢筋制安	t	52	7607.47	39.56
	细部结构工程	m³	16500	36.53	60.27
五	升压变电站工程				564.71
1	升压变电站工程				564.71
	石渣填筑	m³	127240	7.72	98.23
	混凝土 C25（二级配）	m³	5500	526.29	289.46
	钢筋制安	t	209	7607.47	159.00
	细部结构工程	m³	5500	32.78	18.03
六	交通工程				950.00
1	公路工程				950.00
	1 号进厂混凝土道路（宽 9m）	km	0.4	3500000	140.00
	2 号左岸上坝泥结石道路（宽 7m）	km	1.5	2800000	420.00
	10 号右岸上坝泥结石道路（宽 9m）	km	1.3	3000000	390.00
七	房屋建筑工程				349.60
	辅助生产车间	m²	1200	400	48.00
	办公室	m²	1140	900	102.60
	生活及文化福利建筑	m²	1500	900	135.00
	室外工程	m²	1600	400	64.00
八	其他建筑工程				580.00
	动力线路工程	项	1	900000	90.00
	照明线路工程	项	1	100000	10.00
	厂坝区供水、排水工程	项	1	500000	50.00
	水文、水情监测工程	项	1	1300000	130.00
	地震监测站工程	项	1	1000000	100.00
	其他工程	项	1	2000000	200.00

机电设备及安装工程概算表　　　　　　　　　表 8-31

序号	名称及规格	单位	数量	单价（元）		合计（万元）	
				设备费	安装费	设备费	安装费
	第二部分　机电设备及安装工程					34126.82	2343.56
一	发电设备及安装工程					26984.05	1501.60
1	水轮机设备及安装工程					10328.05	282.43
	水轮机 700t	台	2	48750000	1309994.04	9750.00	262.00

续表

序号	名称及规格	单位	数量	单价（元）		合计（万元）	
				设备费	安装费	设备费	安装费
	调速器 PID 4.0MPa	台	2	1450000	60373.59	290.00	12.07
	油压装置 YS-12.5-4.0	台	2	600000	41785.77	120.00	8.36
	自动化元件	套	2	700000		140.00	0.00
	透平油	t	51	5500		28.05	0.00
2	发电机设备及安装					15420.00	468.08
	发电机 1425t	台	2	74100000	2340390.56	14820.00	468.08
	励磁装置（含励磁变压器）	套	2	2500000		500.00	0.00
	自动化元件	套	2	500000		100.00	0.00
3	起重设备及安装					700.20	71.27
	桥式起重机 2×3501/50t 250t	台	1	6750000	446689.67	675.00	44.67
	起吊平衡梁 2×350t 12t	套	1	252000		25.20	0.00
	轨道 QU120	双 10m	9.4		24416.98	0.00	22.95
	滑触线	三相 10m	9.4		3882.86	0.00	3.65
4	水力机械辅助设备及安装工程					535.80	679.82
	…	…	…		…	…	…
二	升压变电设备及安装工程					5002.80	192.80
1	主变压器及设备安装					4033.00	121.07
	单相双卷变压器 DFP-100000/220	台	6	2800000	97555.66	1680.00	58.53
	单相双卷变压器 DFP-300000/500	台	3	7800000	136280.03	2340.00	40.89
	中性点避雷器 Y1.5W-144/320W	台	2	20000		4.00	0.00
	中性点隔离开关 400A 单相	台	2	5000		1.00	0.00
	中性点电流互感器 110kV，400/5A	台	4	20000		8.00	0.00
	主变压器轨道 43kg/m	双 10m	20		10827.04	0.00	21.65
2	高压电气及设备安装工程					969.80	4.80
	…	…	…		…	…	…
3	一次拉线					0.00	66.93
	…	…	…		…	…	…
三	公用设备及安装工程					2139.97	649.16
1	通信设备及安装工程					265.00	242.48
（1）	光缆通信					80.00	234.31
	光纤通信设备	套	2	400000	3647.03	80.00	0.73
	OPGW 光缆 6 芯单模	km	20		33827.72	0.00	67.65
	OPGW 光缆 8 芯单模	km	45		36872.72	0.00	165.93
（2）	载波通信					90.00	1.50

续表

序号	名称及规格	单位	数量	单价（元）设备费	单价（元）安装费	合计（万元）设备费	合计（万元）安装费
	500kV 电力载波系统	套	2	450000	7514.29	90.00	1.50
（3）	生产调度通信					95.00	6.67
	数字式程控交换机 400 门	套	1	850000	66681.76	85.00	6.67
	通信设备测试仪器仪表	套	1	100000		10.00	0.00
2	通风供暖设备及安装工程					19.82	17.25
	…	…	…		…	…	…
3	机修设备及安装工程					56.27	0.00
	…	…	…		…	…	…
4	计算机监控系统					900.00	74.36
	计算机监控系统设备	套	1	9000000	743608.88	900.00	74.36
5	工业电视系统					200.00	0.00
	工业电视设备	套	1	2000000		200.00	0.00
6	全厂接地、保护网					0.00	42.48
	接地扁钢	t	3		13142.87	0.00	3.94
	接地处理	项	1		300000	0.00	30.00
	避雷针	t	6.5		13142.87	0.00	8.54
7	坝区馈电设备及安装工程					22.00	0.00
	坝顶变压器 SC10-400/10	台	2	110000		22.00	0.00
8	供水、排水设备及安装工程	项	1	300000		30.00	0.00
9	水文、水情、泥沙监测设备					150.00	30.00
	水情自动测报系统	套	1	1500000	300000	150.00	30.00
10	外部观测设备及安装工程					496.88	242.57
	监测设备及安装	项	1	4968805.28	2425749	496.88	242.57

金属结构设备及安装工程概算表　　　　表 8-32

序号	名称及规格	单位	数量	单价（元）设备费	单价（元）安装费	合计（万元）设备费	合计（万元）安装费
	第三部分　金属结构设备及安装工程					6502.14	2847.56
一	泄洪工程					3739.85	386.47
1	闸门设备及安装					2189.14	265.43
（1）	溢洪道					1795.10	221.66
	弧形工作门 300t/扇	t	900	14000.00	1676.73	1260.00	150.91
	埋件 15t/副	t	45	13500.00	2725.90	60.75	12.27
	平面叠梁检修门 240t/扇	t	240	12000.00	1626.56	288.00	39.03

序号	名称及规格	单位	数量	单价（元）		合计（万元）	
				设备费	安装费	设备费	安装费
	埋件 25t/副	t	75	11000.00	2593.82	82.50	19.45
	运杂费			6.14%		103.85	
（2）	泄洪洞					394.04	43.77
	弧形工作门 125t/扇	t	125	14000.00	1102.87	175.00	13.79
	埋件 35t/副	t	15	13500.00	2593.82	20.25	3.89
	平板检修门 110t/扇	t	110	12000.00	1428.49	132.00	15.71
	埋件 40t/副	t	40	11000.00	2593.82	44.00	10.38
	运杂费			6.14%		22.79	
2	启闭设备及安装					1550.71	121.04
（1）	溢洪道					1159.05	92.80
	液压启闭机 70t/台	台	3	2940000.00	187923.32	882.00	56.38
	单向门机 140t/台	台	1	2100000.00	154197.69	210.00	15.42
	轨道 QU120	双 10m	8.6		24416.98		21.00
	运杂费			6.14%		67.05	
（2）	泄洪洞					391.66	28.24
	卷扬式启闭机 100t/台	台	1	1800000.00	133840.23	180.00	13.38
	液压启闭机 45t/台	台	1	1890000.00	148643.30	189.00	14.86
	运杂费			6.14%		22.66	
二	引水工程					2320.75	2396.18
1	闸门设备及安装					558.30	80.87
	检修平板闸门 110t/扇	t	110	12000.00	1437.34	132.00	15.81
	埋件 30t/副	t	60	11000.00	2593.82	66.00	15.56
	工作平板闸门 100t/扇	t	200	12000.00	1437.34	240.00	28.75
	埋件 40t/副	t	80	11000.00	2593.82	88.00	20.75
	运杂费			6.14%		32.30	
2	启闭设备及安装					1384.06	120.03
	双向门机 500t/台	台	1	8000000.00	505333.97	800.00	50.53
	液压启闭机 60t/台	台	2	2520000.00	164364.48	504.00	32.87
	轨道 QU120	双 10m	15		24416.98		36.63
	运杂费			6.14%		80.06	
3	拦污设备及安装					378.39	44.96
	拦污栅	t	280	10000.00	882.06	280.00	24.70
	埋件	t	85	9000.00	2383.17	76.50	20.26
	运杂费			6.14%		21.89	

续表

序号	名称及规格	单位	数量	单价（元）		合计（万元）	
				设备费	安装费	设备费	安装费
4	钢管制作及安装						2150.32
	钢管制作及安装	t	1847		11642.25		2150.32
三	发电厂工程					441.54	64.91
1	闸门设备及安装					250.49	36.79
	检修门 40t/扇	t	160	11000.00	1277.59	176.00	20.44
	埋件 15t/副	t	60	10000.00	2725.90	60.00	16.35
	运杂费			6.14%		14.49	
2	启闭设备及安装					191.05	28.12
	单向门机 120t/台	台	1	1800000.00	124882.47	180.00	12.49
	轨道 QU120	双10m	6.4		24416.98		15.63
	运杂费			6.14%		11.05	

施工临时工程概算表　　　　　　　　　　　　表 8-33

序号	工程或费用名称	单位	数量	单价（元）	合计（万元）
	第四部分　施工临时工程				14248.09
一	导流工程				7277.22
1	导流洞工程				6215.49
	石方明挖	m³	149274	30.58	456.48
	石方洞挖	m³	160742	69.26	1113.30
	混凝土衬砌	m³	20856	423.42	883.08
	导流洞洞口混凝土	m³	12500	388.96	486.20
	混凝土喷护	m	2100	624.03	131.05
	钢筋制安	t	2200	7607.47	1673.64
	锚杆 φ28，L＝4.5m	根	6500	216.42	140.67
	回填灌浆	m	12120	80.16	97.15
	封堵混凝土	m³	8845	350	309.58
	浆砌石	m³	3200	163.63	52.36
	导流洞封堵闸门及埋件	t	360	11000	396.00
	导流洞封堵用固定卷扬式启闭机	t	100	18000	180.00
	其他	%	5.00	59195169.56	295.98
2	土石围堰工程				1061.73
（1）	上游围堰				668.63
	黏土填筑	m³	66190	18.68	123.64
	反滤料填筑	m³	5500	79.85	43.92

续表

序号	工程或费用名称	单位	数量	单价（元）	合计（万元）
	石渣填筑	m³	248100	10.56	261.99
	干砌块石	m³	6588	80.71	53.17
	旋喷防渗墙，厚0.8m	m²	2100	885.25	185.90
（2）	下游围堰				393.10
	黏土填筑	m³	11063	18.68	20.67
	反滤料填筑	m³	1800	79.85	14.37
	石渣填筑	m³	41000	10.56	43.30
	干砌块石	m³	3005	80.71	24.25
	旋喷防渗墙，厚0.8m	m²	2050	885.25	181.48
	钢筋石笼	m³	2200	154.68	34.03
	围堰拆除	m³	56868	13.19	75.01
二	施工交通工程				2650.00
	7号～9号右岸填筑道路，泥结碎石，宽9.0m	km	2	2500000	500.00
	13号料场采运道路，泥结碎石，宽9.0m	km	2	2500000	500.00
	3号左岸出渣道路，泥结碎石，宽7.0m	km	0.5	2000000	100.00
	4号～6号、11号右岸出渣道路，泥结碎石，宽7.0m	km	3	1700000	510.00
	12号砂石系统进料道路，泥结碎石，宽7.0m	km	1	1700000	170.00
	导流洞施工道路，宽7m	km	3	1200000	360.00
	其他施工道路，泥结碎石，宽7.0m	km	3	1700000	510.00
三	施工供电工程				608.00
	35kV供电线路	km	15	200000	300.00
	10kV供电线路	km	7	120000	84.00
	6.3kV供电线路	km	3	80000	24.00
	35kV施工变电站	座	1	2000000	200.00
四	施工房屋建筑工程				1433.42
1	场地平整				478.92
	土方开挖	m³	6780	8.62	5.84
	石方开挖	m³	15820	19.57	30.96
	土石方回填	m³	52200	3.08	16.08
	M7.5浆砌块石	m³	16130	163.63	263.94
	C15混凝土（地坪）	m³	5800	279.49	162.10
2	施工仓库及辅助加工厂				954.50
	施工仓库	m²	2800	300	84.00
	辅助加工厂	m²	3200	350	112.00
	办公、生活及文化福利建筑	万元			758.50
五	其他施工临时工程	3%	一至四部分建安工程量		2279.45

独立费用概算表　　　　　　　　　　　　表 8-34

序号	工程或费用名称	单位	数量	单价（元）	合计（万元）
	第五部分　独立费用				10024.68
一	建设管理费	%	3.5	一至四部分建安工程量×3.5%＋500	3239.14
二	工程建设监理费			《建设工程监理与相关服务收费管理规定》（发改价格〔2007〕670号）、内插法	1735.78
三	联合试运转费	台	2	44	88.00
四	生产准备费				995.08
1	生产及管理单位提前进场费	%	0.35	一至四部分建安工程量	273.91
2	生产职工培训费	%	0.55	一至四部分建安工程量	430.44
3	管理用具购置费	%	0.06	一至四部分建安工程量	46.96
4	备品备件购置费	%	0.50	设备费	203.14
5	工器具及生产家具购置费	%	0.10	设备费	40.63
五	科研勘测设计费				3331.68
1	工程科学研究试验费	%	0.70	一至四部分建安工程量	547.83
2	工程勘测设计费			《工程勘察设计收费管理规定》（计价格〔2002〕10号）、内插法	2783.85
六	其他				635.00
1	工程保险费	%	0.45	一至四部分投资合计	535.00
2	其他税费			按规定计取	100.00

分年度投资表　　　　　　　　　　　　表 8-35

单位：万元

序号	项目	合计	建设工期（年）				
			1	2	3	4	5
Ⅰ	工程部分投资						
一	建筑工程	73069.91	15051.97	19783.76	20587.64	14705.46	2941.09
1	建筑工程	58821.82	2941.09	17646.55	20587.64	14705.46	2941.09
2	施工临时工程	14248.09	12110.87	2137.21	0.00	0.00	0.00
二	安装工程	5191.12	0.00	778.67	2721.56	1456.54	234.36
1	机电设备安装工程	2343.56	0.00	351.53	585.89	1171.78	234.36
2	金属结构设备安装工程	2847.56	0.00	427.13	2135.67	284.76	0.00
三	设备购置费	40628.96	0.00	6094.34	13408.31	17713.62	3412.68
1	机电设备	34126.82	0.00	5119.02	8531.71	17063.41	3412.68
2	金属结构设备	6502.14	0.00	975.32	4876.61	650.21	
四	独立费用	10024.68	1503.70	2506.17	3508.64	2004.94	501.23

序号	项目	合计	建设工期（年）				
			1	2	3	4	5
	一至四项合计	128914.67	16555.67	29162.94	40226.15	35880.55	7089.36
	基本预备费	7734.88	993.34	1749.78	2413.57	2152.83	425.36
	静态投资	136649.55	17549.01	30912.72	42639.71	38033.38	7514.72
Ⅱ	建设征地移民补偿投资						
	静态投资	20096.93	10048.46	8038.77	2009.69	0.00	0.00
Ⅲ	环境保护工程投资						
	静态投资	4515.60	451.56	677.34	1128.90	1354.68	903.12
Ⅳ	水土保持工程投资						
	静态投资	5112.71	511.27	766.91	1278.18	1533.81	1022.54
Ⅴ	工程投资合计（Ⅰ～Ⅳ合计）						
	静态总投资	166374.78	28560.30	40395.73	47056.48	40921.88	9440.39
	价差预备费	9439.27	571.21	1631.99	2880.23	3373.28	982.56
	建设期融资利息	20109.73	582.63	2034.95	3975.98	6059.42	7456.75
	总投资	195923.78	29714.14	44062.67	53912.70	50354.57	17879.70

（二）概算附表与附件

略。

第九章

其他工程造价编制

第一节　投资估算

一、水利工程投资估算

（一）概述

投资估算是项目建议书和可行性研究报告的重要组成部分。

投资估算与设计概算在组成内容、项目划分和费用构成上基本相同，但两者设计深度不同，投资估算可根据《水利工程设计概（估）算编制规定》、《水利水电工程项目建议书编制规程》SL/T 617—2021 或《水利水电工程可行性研究报告编制规程》SL/T 618—2021 等有关规定，对设计概算编制规定中的部分内容进行适当简化、合并或调整。

设计阶段和设计深度决定了两者编制方法及计算标准有所不同。

（二）工程部分的编制方法及计算标准

1. 基础单价

基础单价编制与设计概算相同。

2. 建筑安装工程单价

主要建筑安装工程单价编制与设计概算相同，一般采用概算定额，但考虑投资估算工作深度和精度，应乘以扩大系数。扩大系数见表 9-1。

建筑安装工程单价扩大系数表　　　　　　表 9-1

序号	工程类别	单价扩大系数（%）
一	建筑工程	
1	土方工程	10

序号	工程类别	单价扩大系数（%）
2	石方工程	10
3	砂石备料工程（自采）	0
4	模板工程	5
5	混凝土浇筑工程	10
6	钢筋制安工程	5
7	钻孔灌浆及锚固工程	10
8	疏浚工程	10
9	掘进机施工隧洞工程	10
10	其他工程	10
二	机电、金属结构设备安装工程	
1	水力机械设备、通信设备、起重设备及闸门等设备安装工程	10
2	电气设备、变电站设备安装工程及钢管制作安装工程	10

3. 分部工程估算

（1）建筑工程。主体建筑工程、交通工程、房屋建筑工程编制方法与设计概算基本相同。其他建筑工程可视工程具体情况和规模按主体建筑工程投资的 3%～5% 计算。

（2）机电设备及安装工程。主要机电设备及安装工程编制方法基本与设计概算相同。其他机电设备及安装工程原则上根据工程项目计算投资，若设计深度不满足要求，可根据装机规模按占主要机电设备费的百分率或单位千瓦指标计算。

（3）金属结构设备及安装工程。编制方法基本与设计概算相同。

（4）施工临时工程。编制方法及计算标准与设计概算相同。

（5）独立费用。编制方法及计算标准与设计概算相同。

4. 分年度投资及资金流量

投资估算由于工作深度仅计算分年度投资而不计算资金流量。

5. 预备费、建设期融资利息、静态总投资、总投资

可行性研究投资估算基本预备费费率取 10%～12%；项目建议书阶段基本预备费费率取 15%～18%。价差预备费费率同设计概算。

（三）建设征地移民补偿估算

1. 项目划分

可行性研究报告阶段和项目建议书阶段投资估算的项目组成，一级、二级项目按编制规定执行，三级、四级、五级项目可适当简化合并。

2. 单价分析

（1）可行性研究报告阶段对土地、房屋等主要实物应进行单价分析；采用水利工程概（估）算编制办法和定额计算农村居民点、集镇的场地平整及新址挡护投资；城镇部分的基础设施，采用市政和相应行业概（估）算编制办法及定额，按迁建规划设计成果计列投资；对重要或投资较大的专业项目采用相应行业的（估）算编制办法及定额，按典型设计估算单位造价，其他项目可采用同类工程的造价扩大指标估算投资；防护工程，采用水利行业的概（估）算编制办法和定额估算投资；库底清理按清理技术要求分项计算投资或按平方千米单价估算。

（2）项目建议书阶段应参照可行性研究报告阶段的要求，分析确定主要类别的土地和主要结构房屋补偿单价；参考同地区在建水利工程分析确定农村居民点基础设施和城（集）镇基础设施单价，专业项目、防护工程和库底清理等项目可采用同类工程的造价扩大指标估算投资。

3. 预备费、分年度投资

（1）基本预备费。根据费率计算，计算公式为：

$$基本预备费 = [农村部分 + 城（集）镇部分 + 库底清理 + 其他费用] \times$$
$$H_1 + (工业企业 + 专业项目 + 防护工程) \times H_2 \qquad (9\text{-}1)$$

项目建议书阶段 $H_1 = 20\%$、$H_2 = 10\%$，可行性研究报告阶段 $H_1 = 16\%$、$H_2 = 8\%$。

如果城（集）镇部分和库底清理投资中单独计算了基本预备费，则相应投资的基本预备费费率按 H_2 计算。

（2）价差预备费。应以分年度的静态投资（包括分年度支付的有关税费）为计算基数，按照枢纽工程概算编制所采用的价差预备费费率计算，其计算公式与概算相同。

（3）分年度投资。应根据工程征收、征用土地计划和施工进度安排，编制移民搬迁安置总进度及其分年实施计划，确定各年度完成工作量，制定征地移民分期和分年度投资计划。

（四）估算表格及其他

参照概算格式。

二、水电工程投资估算

（一）概述

水电工程投资估算是按预可行性研究阶段设计成果、国家有关政策规定以及行业标准编制的投资文件，是水电工程预可行性研究设计报告的重要组成部分。

水电工程投资估算是进行项目国民经济初步评价及财务初步评价的依据，是国家为选定近期开发项目作出科学决策和批准进行可行性研究设计的重要依据。

水电工程预可行性投资估算与可行性研究设计概算在项目划分和费用构成上基

本相同。鉴于两者设计深度上的不同，投资估算可根据《水电工程投资估算编制规定》NB/T 35034—2014，对设计概算的编制办法和计算标准中的部分内容及计算方法进行适当简化、合并或调整。

（二）枢纽工程估算

1. 基础价格

编制方法同设计概算。

2. 建筑及安装工程单价

主要建筑及安装工程估算单价编制与设计概算单价相同。采用水电工程概算定额编制投资估算工程单价（包括砂石料工序单价）时，定额人工和机械消耗量乘以1.05的阶段扩大系数。

3. 设备单价

设备估算单价编制与设计概算单价相同。

4. 分部工程估算

（1）施工辅助工程。施工交通工程、施工通航工程、施工供电工程、导流工程、施工及建设管理用房屋建筑工程等项目编制与设计概算基本相同，其他施工辅助工程，按建筑及安装工程投资（不含本身）的百分率计算。

（2）建筑工程。主体建筑工程、交通工程和房屋建筑工程编制与设计概算基本相同，其他建筑工程按主体建筑工程投资的百分率计算。

（3）环境保护与水土保持专项工程。按环境保护和水土保持分别编制投资。具体编制时可参照相关专项投资编制细则进行简化计算。

（4）机电设备及安装工程。主要机电设备及安装工程，应按设备数量乘以设备单价及安装单价计算。其他机电设备及安装工程，应按电站装机容量及单位千瓦造价指标计算。

（5）金属结构设备及安装工程。应按设备数量乘以设备单价及安装单价计算。

（三）建设征地移民安置补偿费用估算

建设征地移民安置补偿费用应分农村部分、城市集镇部分、专业项目、库底清理、环境保护和水土保持专项五部分编制，具体执行《水电工程建设征地移民安置补偿费用概（估）算编制规范》NB/T 10877—2021 的有关规定。

（四）独立费用估算

编制方法与设计概算相同。

（五）分年度投资及资金流量

编制方法与设计概算相同。

（六）预备费

编制方法与设计概算相同。基本预备费应根据预可行性研究阶段设计深度合理估算；价差预备费应从编制估算所采用的价格水平年的次年开始计算。

（七）建设期利息

编制方法与设计概算相同。资金来源按资本金和银行贷款考虑。建设期利息应从工程筹建期开始，以分年度资金流量、基本预备费及价差预备费之和扣除资本金后的现金流量为基数，按估算编制期中国人民银行发布的 5 年期及以上贷款利率逐年计算。

水电工程资本金比例应符合国家规定的固定资产投资项目资本金制度的有关规定。资本金的投入方式按各年资金流量的固定比例考虑。

（八）总估算

编制方法与设计概算基本相同。

第二节　施工图预算与施工预算

一、施工图预算

施工图预算是依据施工图设计文件、施工组织设计、现行法定的工程预算定额及费用标准等文件编制的。

施工图预算与设计概算的项目划分、编制程序、费用构成、计算方法基本相同。施工图是工程实施的蓝图，建筑物的细部结构构造、尺寸，设备及装置性材料的型号、规格都已明确，据此编制的施工图预算，较概算编制要精细。

（一）施工图预算的组成

施工图预算又称设计预算，由编制说明、总预算和项目预算表、其他计算书及预算文件附件组成。

1. 编制说明

（1）工程概况

简述工程河系和兴建地点，对外交通条件，工程规模，工程效益，枢纽布置形式，资金比例，资金来源比例，主体工程主要工程量，主要材料量，主体工程施工总工时，施工高峰人数，建设总工期，开工建设至发挥效益工期，工程静态总投资，工程总投资，价差预备费，价格指数，建设期利息，融资利率，其他主要技术经济指标。

（2）施工图预算与设计概算的主要变动说明

说明工程量变动，单位、分部工程投资变动，工效变动，费率、标准变动，预留风险费用情况，以及其他应说明的内容。

（3）编制依据

具体说明编制施工图预算所依据的主要文件和规定。

2. 总预算表和项目预算表

（1）总预算表。

（2）建安工程采购项目预算表。

（3）设备采购项目预算表。

（4）专项工程采购项目预算表。

（5）技术服务采购项目预算表。

（6）地方政府包干项目预算表。

（7）项目法人管理费用项目预算表。

（8）预留风险费预算表。

3. 其他计算书表

（1）分年度投资表。

（2）分年度资金流量表。

（3）建筑工程单价汇总表。

（4）安装工程单价汇总表。

（5）主要材料预算价格汇总表。

（6）施工机械台时费用汇总表。

（7）主要费率、费用标准汇总表。

（8）主体工程主要工程量汇总表。

（9）主要材料、工时量汇总表。

（10）分类工程权数汇总表。

（11）施工图预算与设计概算投资对照表。

（12）施工图预算与设计概算工程量对照表。

4. 预算文件附件

（1）单价计算表。

（2）分类工程权数计算表。

（3）有关协议、文件。

（4）施工图预算表（可参见概算表）。

（二）施工图预算与设计概算的不同之处

1. 主体工程

施工图预算与设计概算都采用工程量乘以单价的方法计算投资，但深度不同。

概算根据概算定额和初步设计工程量编制，其三级项目经综合扩大，概括性强，而预算则依据预算定额和施工图设计工程量编制，其三级项目较为详细。如概算的闸、坝工程，一般只需套用定额中的综合项目计算其综合单价；施工图预算须根据预算定额中各部位划分为更详细的三级项目或四级项目，分别计算单价。

2. 非主体工程

概算中的非主体工程以及主体工程中的细部结构采用综合指标（如铁路单价以元/km计、遥测水位站单价以元/座计等）或百分率乘以二级项目工程量的方法估算投资；预算则要求按三级项目或四级项目乘以工程单价的方法计算投资。

3. 造价文件的结构

概算是初步设计报告的组成部分，于初步设计阶段一次完成，概算完整地反映整个建设项目所需的投资。由于施工图的设计工作量大，历时长，故施工图设计大多以满足施工为前提，陆续出图。因此，施工图预算通常以单项工程为单位，陆续编制，各单项工程单独成册，最后汇总成总预算。

二、施工预算

编制施工预算的主要依据包括施工图纸、施工定额及补充定额、施工组织设计和实施方案、有关的手册资料等。编制方法主要是实物法与实物金额法。

编制施工预算和编制施工图预算的步骤相似。首先应熟悉设计图纸及施工定额，对施工单位的人员、劳力、施工技术等有大致的了解；对工程的现场情况、施工方式方法要比较清楚；对施工定额的内容、所包括的范围应了解。为了便于与施工图预算相比较，编制施工预算时，应尽可能与施工图预算的分部分项工程相对应。在计算工程量时所采用的计算单位要与定额的计量单位相适应。具备施工预算所需的资料，在已熟悉基础资料和施工定额后，按以下步骤编制施工预算：

（1）计算工程量。工程实物量的计算是编制施工预算的基本工作，要细致准确，不得错算、漏算和重算。凡是能够利用施工图预算的工程量，就不必再算，但工程项目、名称和单位一定要符合施工定额。工程量计算应仔细核对无误后，再根据施工定额的内容和要求，按工程项目的划分逐项汇总。

（2）按施工图纸内容进行分项工程计算。套用的施工定额必须与施工图纸的内容相一致。分项工程的名称、规格、记录单位必须与施工定额所列的内容相一致，逐项计算分部分项工程所需的人工、材料、机械台时使用量。

（3）工料分析和汇总。计算工程量后，按照工程的分项名称顺序，套用施工定额的单位人工、材料和机械台时消耗量，逐一计算各个工程项目的人工、材料和机械台时的用工用料量，最后同类项目工料相加予以汇总，便成为一个完整的分部分项工料汇总表。

（4）编写编制说明。包括编制依据、遗留项目或暂估项目的原因和存在的问题以及处理的办法等内容。

三、施工预算与施工图预算对比

将施工预算与施工图预算对比，有其必要性。

施工预算与施工图预算对比是建筑企业加强经营管理的手段。通过对比分析，找出节约、超支的原因，研究解决措施，防止人工、材料和机械使用费的超支，避免发生计划成本亏损。

施工预算与施工图预算对比是将施工预算计算的工程量，套用施工定额中的人工定额、材料定额，分析出人工和主要材料数量，然后按施工图预算计算的工程量套用预算定额中的人工、材料定额，得出人工和主要材料数量，对两者人工和主要材料数量进行对比，对机械台时数量也应进行对比，这种对比称为实物对比法。将施工预算的人工和主要材料、机械台时数量分别乘以单价，汇总成人工、材料和机械使用费，与施工图预算相应的人工、材料和机械使用费进行对比，这种对比法则称为实物金额对比法。

由于施工预算与施工图预算的定额水平不一样，施工预算的人工、材料、机械使用量及其相应的费用，一般应低于施工图预算。当出现相反情况时，要调查分析原因，必要时要改变施工方案。

第三节　工程标底与投标价

工程招标是由建设单位通过招标公告、招标文件，吸引有能力承建该工程的施工企业参加投标竞争，从中择优选择施工单位，直至签订工程承包合同的发包过程。工程投标是施工企业获知招标信息后，根据招标文件结合本企业能力，提出承包该工程的措施、条件和造价，供建设单位选择，以求获得施工任务的竞争过程。工程建设单位（业主）招标要编制标底，施工企业投标要编制报价（标价）。工程量清单计价方式适用于实行招标投标项目。工程量清单计价活动遵循客观、公平、公正的原则。通过推行工程量清单计价，有利于公平竞争、合理使用资金。

一、工程量清单计价

（一）工程量清单概述

1. 工程量清单的概念

工程量清单是载明建设工程分部分项工程项目、措施项目、其他项目的名称和相应数量等的明细清单。工程量清单是工程量清单计价的基础，可作为编制招标控制价、招标标底、投标报价、合同计量支付、合同价款调整、办理合同竣工结算以及合同索赔等的依据之一。工程量清单应由具有编制能力的招标人，和（或）受其托付具有相应资质的工程造价咨询企业、招标代理机构进行编制。采用工程量清单方式招标，工程量清单必须作为招标文件的组成部分，其准确性和完整性由招标人负责。

2. 工程量清单编制依据

为规范工程造价计价行为，统一水利水电工程工程量清单的编制和计价方法，我国先后制定了《水利工程工程量清单计价规范》GB 50501—2007、《水电工程工程量清单计价规范（2010年版）》（以下简称计价规范）。前者适用于水利枢纽、水力发电、引（调）水、供水、灌溉、河湖整治、堤防等新建、扩建、改建、加固工程的招标投标工程量清单编制和计价活动；后者适用于大中型水电工程设计工程量计算、工程量清单计价以及招标投标和合同治理工作。除计价规范外，水利水电工程工程量清单的编制依据还包括：

（1）国家或省级、行业建设主管部门颁发的计价依据和办法，如《建设工程工程量清单计价规范》GB 50500—2013。

（2）工程设计文件。

（3）与工程项目有关的标准、规范、技术资料。

（4）招标文件及其补充通知、澄清文件。

（5）施工现场情形、工程特点。

（6）其他相关资料。

3. 工程量清单的内容

工程量清单应根据招标项目内容按分部分项工程项目、措施项目和其他项目等进行分组编制。水利工程还可能包括零星工作项目清单。

（1）分部分项工程量清单

分部分项工程量清单包括项目编号、项目编码、项目名称、项目特点、计量单位和工程量。

分部分项工程量清单应根据计价规范附录规定的统一项目编码、项目名称、项目特点、计量单位和工程量运算规则进行编制。

分部分项工程量清单的项目编码采用12位数字及字母表示。前9位按计价规范附录的规定设置，后3位根据拟建工程的工程量清单项目名称设置。同一标段工程量清单中不得有重码。

分部分项工程量清单的项目名称按计价规范附录的项目名称并结合拟建工程的实际确定。

分部分项工程量清单所列工程量按计价规范附录中规定的工程量运算规则运算。

分部分项工程量清单的计量单位按计价规范附录中规定的计量单位确定。

分部分项工程量清单项目特点按计价规范附录中规定的项目特点，结合拟建工程项目的实际情形予以描述。

编制工程量清单显现附录中未包括的项目，编制人可作相应补充，并应报行业工程造价治理机构备案。

（2）措施项目清单

措施项目是指为完成工程项目施工，发生于该工程施工准备和施工过程中的技术、生活、安全、卫生、环境保护等方面的非工程实体的项目。

措施项目清单应根据招标工程的实际情形列项。根据水利水电工程施工特点，计价规范中"措施项目一览表"包括的内容有：承包人进退场费、保险费、联合试运转费、施工辅助设施、安全文明施工措施、施工期环境保护和水土保持工程、施工导流、料场清理等。若显现计价规范未列的项目，可根据工程实际情形补充。

各项措施项目应明确其在招标工程总的具体内容。措施项目清单中可以运算工程量的项目清单宜按分解表形式采用分部分项工程量清单的方式编制，列出项目编码、项目名称、项目特点、计量单位和工程量；不能运算工程量的项目清单，宜以"项"为计量单位编制。

（3）其他项目清单

其他项目清单宜按照暂列金额（计日工、备用金）、暂估价、总承包服务费等列项。其中暂列金额是指招标人在工程量清单中暂定并包括在合同价款中的一笔款项，用于签订合同时尚未确定或不可预见项目，施工中可能发生的工程变更、合同约定调整因素显现时的工程价款调整以及发生的索赔、现场签证确认等的备用金额；暂估价是招标人在工程量清单中提供的用于支付必然发生但暂时不能确定价格的项目或专业工程的金额；计日工是指对零星工程采取的一种计价方式。

为显现计价规范中未列的项目，可根据招标工程实际情形补充。

（4）工程量清单项目分组

分部分项工程量清单按单位工程分组或按专业工程分组；措施项目工程量清单可根据招标项目具体情形进行分组。暂估价项目宜按招标工程情形进入工程量清单分组。

（二）工程量清单计价概述

1. 工程量清单计价的概念

工程量清单计价是指在建设工程招标时由招标人计算出工程量，并作为招标文件内容提供给投标人，再由投标人根据招标人提供的工程量自主报价的一种计价行为。就投标单位而言，工程量清单计价可称为工程量清单报价。

2. 工程量清单计价的基本要求

（1）采用工程量清单计价，项目工程造价由分部分项工程费、措施项目费和其他项目费组成。工程量清单中的单价和合价包括应由承包人承担的直接费（人工费、材料费、机械使用费和其他直接费）、间接费、其他费用（合同明示或暗示的风险、责任和义务等），以及利润和税金等全部费用。

（2）招标文件中的工程量清单标明的工程量是投标人投标报价的共同基础，竣工结算的工程量按发、承包双方在合同中约定应予计量且实际完成的工程量确定。

（3）分类分项工程量清单应采用综合单价计价。

（4）措施项目清单计价应根据招标工程的实际情形，可以运算工程量的措施项目，应采用分解表形式按分部分项工程量清单的方式和综合单价运算；不能运算工程量的措施项目可以"项"为计量单位，按总价方式计价。必要时需附总价项目分解表，总价中包括应由承包人承担的直接费、间接费、其他费用以及利润和税金等。

（5）措施项目清单中的安全文明施工措施费应按国家或省级、行业建设主管部门规定以及合同约定计价，不得作为竞争性费用。

（6）其他项目清单应根据招标工程特点和规范中有关规定计价。

（7）招标人在工程量清单中提供的暂估价项目属于依法必须招标的，由承包人和招标人共同通过招标方式确定分包价。承包人可在招标价基础上收取适当的总承包服务费用，总承包服务费应根据招标文件列出的内容和要求估算，总承包服务费应计入其他项目清单。若暂估价项目不属于依法必须招标的，经发包人、承包人与分包人按有关计价依据经协商确认后计价。

（8）规费和税金应按国家或省级、行业主管部门的有关规定运算，不得作为竞争性费用。

（9）采用工程量清单计价的工程，应在招标文件或合同中明确风险内容及其范畴（幅度），不得采用无限风险、所有风险或类似语句规定风险内容及其范畴（幅度）。

3. 工程量清单计价的编制原则

（1）标底

1）严格按招标文件中所列工程量清单编制。

2）应以有能力承担招标项目的可能投标人的平均先进施工水平为原则。

3）应充分估量合同文件中由承包人承担的风险，合理确定风险费用并计入标底价中。

4）招标人标底应在开标时公布，公布后不应上调或下浮。

（2）投标价

1）投标人应按照招标人提供的工程量清单填报价格，但不得低于成本。填写的项目编号、项目编码、项目名称、项目特点、计量单位、工程量必须与招标人提供的一致。

2）分部分项工程费应根据计价规范中综合单价的组成内容，按招标文件中工程量清单项目特点描述和技术条款确定综合单价运算。其中：综合单价中应考虑招标文件中要求投标人承担的风险费用；招标文件中规定由发包人定价供应的材料，应按招标文件规定计入综合单价；招标文件中规定了暂估价的，按招标文件规定计列。

3）措施项目费应根据招标文件中的措施项目清单及投标人拟定的施工组织设计或施工方案按规范规定自主确定。其中安全文明施工措施费应按照规范规定确定。

4）其他项目按下列规定报价：暂列金额应按招标人在其他项目清单中列出的金额或招标文件规定填写；计日工按招标人在其他项目清单中列出的项目和数量，自主确定综合单价并运算计日工费用；总承包服务费应根据招标文件中列出的内容和提出的要求自主确定。

5）税金和规费按规范规定执行，并计入综合单价中，不单独列项。

6）投标总价应当与分部分项工程费、措施项目费、其他项目费的合计金额一致。

《建设工程工程量清单计价规范》GB 50500—2013规定：使用国有资金投资的建设工程发承包，必须采用工程量清单计价。但定额计价模式是清单计价的基础，尤其是政府投资涉及的小工程、小项目较多，在施工任务紧、来不及编制工程量清单的情况下，一些施工合同直接约定按定额模式计价执行。

清单计价模式与定额计价模式的比较详见表9-2。

清单计价模式与定额计价模式的比较　　　　　　　表 9-2

序号	对比内容	定额计价	工程量清单计价
1	计价依据	国家、省、有关专业部门制定的各种定额，其性质为指导性	清单计价规范，其性质是含有强制性条文的国家标准；投标价的主要依据是企业定额，但有企业定额的施工企业较少，基本上参照计价定额调整成适合企业自身需要的报价
2	工程量计算规则	定额项目主要是以施工过程为对象划分的，每个工序项目工作内容较为单一；工程量是按实物加上人为规定的预留量或操作难度等因素；计量单位一般采用扩大物理计量单位或自然计量单位；工程量由招标人和投标人分别按图计算	以最终产品为对象，按实际完成一个综合实体项目所需工程内容项；工程量按工程实体尺寸净量计算，不考虑施工方法和施工时需要增加的余量；清单项目一般按基本单位计量；工程量由招标人统一计算或委托有关工程造价咨询资质单位统一计算
3	适用阶段	主要适用于在项目建设前期各个阶段对于建设投资的预测和估计	主要适用于合同价格形成以及后续的合同价格管理阶段
4	费用组成	由直接费（基本直接费、其他直接费）、间接费、利润、材料补差、税金构成	由分部分项工程费、措施项目费、其他项目费等构成
5	计价方式	量价合一（定额"量""价"合一，是整个投资主体造成的，以往的投资主体基本上是国家，而且施工单位大部分也是国家的，量价合一可以更好地控制和计算投资的费用。合一的好处就是反映成本，以便于更好地控制成本）	量价分离［量是指预算定额中的实物消耗量标准，这个标准是相对稳定的。价是指人工、材料和机械的预算价格（这个是随市场而变化的），以及根据预算价格和实物消耗量标准计算得出的定额直接费单价，其单价也随市场变化而变动］

续表

序号	对比内容	定额计价	工程量清单计价
6	计价方法	采用工料单价法，工料单价是指以分部分项工程量的单价为基本直接费，基本直接费以人工、材料、机械的消耗量及其相应的价格确定，其他直接费、间接费、利润、材料补差和税金按照有关规定另行计算	采用综合单价法，综合单价是指完成规定计量单位项目所需的直接费（人工费、材料费、机械使用费、其他直接费）、间接费、其他费用（风险、责任和义务因素等），以及利润和税金等全费用单价
7	竞争方面	执行定额和相关配套文件，价格都是一个标准，基本不存在竞争问题	在项目编码、项目名称、项目特点、计量单位、工程量计算规则统一的前提下，进行价格竞争、施工方案竞争
8	反映的成本价	反映社会平均成本	反映个别成本，结算时按合同中事先约定的综合单价的规定执行
9	工程施工造价风险	全部由发包人承担	分别承担各自风险，发包人承担招标的工程量风险和部分市场风险；承包人承担自身技术和管理风险，并有限地承担市场风险

4. 工程量清单计价程序

工程量清单计价的基本过程如图 9-1 所示。不难看出，工程量清单计价过程可以分为两个阶段：工程量清单编制和工程量清单报价。

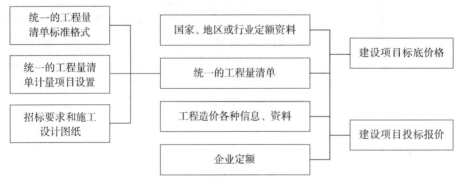

图 9-1　工程量清单计价过程

（1）工程量清单编制

在统一的工程量计算规则的基础上，制定工程量清单项目的设置规则，根据具体工程的施工图纸及合同条款计算出各个清单项目的工程量，并按统一格式完成工程量清单编制。

（2）工程量清单报价

依据工程量清单，国家、地区或行业的定额资料，市场信息，招标人或者招标委托人可以制定项目的标底价格，而投标单位则依据招标人提供的工程量清单、合同技术条款，根据企业定额和从各种渠道获得的工程造价信息及经验数据计算得到投标报价。

二、工程标底

在编制招标文件中，最重要的工作内容是确定标底。标底是业主（项目法人或建设单位）自行编制或委托具有相应资质的工程造价咨询单位编制完成招标项目所需的全部费用，是按规定程序审定的招标工程的预期价格，主要以施工图预算或设计概算为基础编制。工程标底是业主对招标项目工程造价"内部控制"的预算，一般应控制在批准的总概算及投资包干限额内。标底是评价投标人所投单价和总价合理性的重要参考依据，也是核算成本价的依据，还是合同管理中确定合同变更、价格调整、索赔和额外工程的费率和价格的依据。

根据国家统一工程项目划分、计量单位、工程量计算规则及设计图纸、招标文件，并参照国家、行业或地方批准发布的定额和国家、行业、地方规定的技术标准规范及市场价格确定工程量和编制标底。标底编制步骤如下：

1. 准备工作

首先，熟悉施工图设计及说明，如发现图纸中的问题或不明确之处，可要求设计单位进行交底、补充，并做好记录，在招标文件中加以说明。其次，勘察现场，实地了解现场情况及周围环境，作为确定施工方案、包干系数和技术措施费等有关费用计算的依据。再次，了解招标文件中规定的招标范围，材料、半成品和设备的加工订货情况、工程质量和工期要求、物资供应方式，还要进行市场调查，掌握材料、设备的市场价格。

2. 收集编制资料

需要收集的资料包括：建设行政主管部门制定的有关工程造价的文件、规定；设计文件、图纸、技术说明及招标时的设计交底，按设计图纸确定的或招标人提供的工程量清单等相关基础资料；施工组织设计、施工方案、施工技术措施等；工程定额、现场环境和条件，市场价格信息等。总之，凡是在工程建设实施过程中可能影响工程费用的各种因素，在编制标底价格前都必须予以考虑。

3. 计算标底价格

计算标底价格的程序：① 以工程量清单确定划分的计价项目及其工程量，计算整个工程的人工、材料、机械台班需用量；② 确定人工、材料、设备、机械台班的市场价格，结合前面的需用量确定整个工程的人工、材料、设备、机械台班等直接费用；③ 确定工程施工中的措施费用和特殊费用，编制工程现场因素、施工技术措施、赶工措施费用表及其他特殊费用表；④ 采用固定合同价格的，预测和测算工程施工周期内的人工、材料、设备、机械台班价格波动的风险系数；⑤ 根据招标文件的要求，按工料单价计算基本直接费，然后计算其他直接费、间接费、利润、税金等，编制工程标底价格计算书和标底价格汇总表；或者根据招标文件的要求，通过综合计算完成分部分项工程所发生的直接费、间接费、其他费用、利润、税金等，形成综合单价，按综合单价法编制工程标底价格计算书和标底价格汇总表。标底编制的主要工作是编制基础价格和工程单价。

（1）基础价格

1）人工费单价

若招标文件没有特别规定，人工费单价可以参照本书第五章介绍的方法计算。

2）材料预算价格

一般材料的供应方式有两种：一种是由承包商自行采购运输；另一种是由业主采购运输材料到指定的地点，发包方按规定的价格供应给承包商，再提货运输到用料地点。因此，在编制标底时，应严格按照招标文件规定的条件计算材料价格。对于前一种供应方式，材料价格可采用本书第五章介绍的方法计算；对于后一种情况，应以招标文件规定的发包方供货价为原价，加上供货地至用料点的运输费，再酌情考虑适当的采购保管费。

3）施工用电、水、风及砂石料预算价格

① 施工用电价格。一般招标文件都明确规定了承包商的接线起点和计量电表的位置，并提供了基本电价。因此，编制标底时应按照招标文件的规定确定损耗范围，据以确定损耗率和供电设施维护摊销费，计算出电网供电电价。

自备柴油机发电的比例，应根据电网供电的可靠程度以及本工程的特性确定，电网电价及自备柴油机发电电价可参照本书第五章介绍的方法计算。最后按比例计算出综合电价。

② 施工用水价格。招标文件中常见的供水方式有两种：一是业主指定水源点，由承包商自行提取使用；二是由业主提水，按指定价格在指定接口（一般为水池出水口）向承包商供水。对于前一种情况，可参照本书第五章介绍的方法计算；对于后一种情况，应以业主供应价格作为原价，再加上指定接口以后的水量损耗和管网维护摊销费。

③ 施工用风价格。一般承包商自行生产、使用施工用风，故风价可参照本书第五章介绍的方法计算。

④ 砂石料单价。一般砂石料的供应方式有两种：一种是业主指定料场，由承包商自行生产、运输、使用；另一种是由业主指定地点，按规定价格向承包商供货。承包商自行采备的砂石料单价应根据料源情况、开采条件和生产工艺流程按照本书第五章介绍的方法计算。如果由业主在指定地点提供砂石料，则应按招标文件中提供的供应单价加计自供料点到工地拌合楼堆料场的运杂费用和有关损耗。

4）施工机械台时费

可参照本书第五章介绍的方法进行计算。如果业主提供某些大型施工设备，则台时费的组成及价格标准应按招标文件规定，业主免费提供的设备就不应计算基本折旧费。如业主提供的是新设备，招标项目使用这些设备的时间不长，则不计入或少计入大修理费。

（2）工程单价计算

工程单价由直接费、间接费、其他费用、利润和税金组成。直接费计算方法主要有工序法、定额法和直接填入法。间接费可参照概算编制的方法计算，但费率不能生搬硬套，应根据招标文件中材料供应、付款、进退场费用等有关条款作调整。利润和税金按照相关部门对施工招标投标的有关规定进行计算，不应压低施工企业的利润、降低标底，从而引导承包商降低投标报价。

4. 施工临时工程费用

有些业主在招标文件中，把大型临时工程单独在工程量报价表中列项。标底应计算这些项目的工程量和单价；招标文件中没有单独开列的大型临时设施应按施工组织设计确定的项目和数量计算其费用，并摊入各有关项目内。

5. 审核标底价格

计算得到标底价格后，应再依据工程设计图纸、特殊施工方法、工程定额等对填有单价与合价的工程量清单、标底价格计算书、标底价格汇总表、采用固定价格的风险系数测算明细，以及现场因素、各种施工措施测算明细、材料设备清单等标底价格编制表格进行复查与审核。

6. 编制标底文件

在工程单价计算完毕后，应按招标文件要求的格式填写有关表格，计算汇总有关数据，编写编制说明，提出分析报表，形成全套工程标底文件。

除了以上编制标底的方法外，还可以用对照统计指标的办法来确定标底。对于中小型工程，若本地区已修建过类似的项目，可对其造价进行统计分析，得出综合单价的统计指标，以这种统计指标作为编制标底的依据，再考虑材料价格涨落、劳动工资及各种津贴等费用的变动，加以调整后得出标底。

一般水利水电工程的国内招标常以工程预算书的格式，依据综合预算定额编制标底，即不计算综合单价，而是计算直接费、间接费、利润、税金直至预算造价，再考虑一个包干系数作为标底，从形式上它的编制方法与施工图预算的编制方法一样。

三、投标报价

投标价是投标人投标时报出的工程造价。报价若超出标底的某一范围，则难以中标；若低于标底太多，虽然中标的可能性大，但风险也很大。编制报价的主要依据有：招标文件及有关图纸、企业定额（若无企业定额，可参照国家颁布的行业定额和有关参考定额及资料）、工程所在地的主要材料价格和次要材料价格、施工组织设计和施工方案、以往类似工程报价或实际完成价格的参考资料。

编制投标报价的主要程序和方法与编制标底基本相同，但是由于立场不同、作用不同，方法有所差异。

（一）人工费单价

人工费单价的计算不但要参照现行概算编制规定的人工费组成，还要合理结合本企业的具体情况。如果按以上方法算出的人工费单价偏高，为提高投标的竞争力，可适当降低。

（二）施工机械台时费

施工机械台时费与机械设备来源密切相关，机械设备可以是施工企业已有的和新增的，新增的包括购置的或是租借的。

（1）购置的施工机械。其台时费包括购置费和运行费用，即包括折旧费、修理及替换设备费、机上人工和动力燃料费、车船使用税、养路费和车辆保险费等，可视招标文件的要求计入施工机械台时费或间接费内。施工机械台时费的计算可参照行业有关定额和规定进行，缺项时可补充编制施工机械台时费。

（2）租借的施工机械。根据工程项目的施工特点，为保证工程的顺利实施，业主有时提供某些大型专用施工机械供承包商租用，或承包商根据自己的设备状况而租借其他部门的施工机械。此时，施工机械台时费应按照业主在招标文件中给出的条件或租赁协议的规定进行计算。对于租借的施工机械，其基本费用是支付给设备租赁公司的租金。编制投标报价时，往往要加上操作人员的工资、燃料费、润滑油费、其他消耗性材料费等。

（三）直接费单价

按照工程量报价单中各个项目的具体情况，可采用编制标底的几种方法，即定额法、工序法、直接填入法。采用定额法应根据所选用的施工方法，确定适用的定额或补充定额进行单价计算。定额最好采用本企业自己的定额。因为企业定额充分反映了本企业的实际水平。其他编制方法还有包含法、条目总价包干法、暂定金额法等。

（四）间接费计算

计算间接费时要按施工规划、施工进度和施工要求确定下列数据或资料：

（1）管理机构设置及人员配备数量。

（2）管理人员工作时间和工资标准。

（3）合理确定人均每年办公、差旅、通信等费用指标。

（4）工地交通管理车辆数量、工作时间及费用指标。

（5）其他，如固定资产折旧、职工教育经费、财务费用等归入间接费项目的费用估算。

间接费的计算既要结合本企业的具体情况，更要注意投标竞争情况。过高的间接费费率，不仅会削弱竞争能力，也表示本企业管理水平低。间接费费率的取值一般不能大于主管部门规定的间接费费率标准。

（五）利润和税金

投标人应根据企业状况、施工水平、竞争情况、工作饱满程度等确定利润率，并按国家规定的税率计算税金。

（六）确定报价

在投标报价工作基本完成后，相关专业人员应向投标决策人员汇报工作成果，供讨论修改和决策。

（七）填写投标报价书

投标总报价确定后，有关费用（主要指待摊费用，包括投标费用、保函手续费、保险费、不可预见费用等）在工程量报价单中的分配，并不一定按平均比例进行。即在保持总价不变的前提下，有些单价可以高一些，有些单价则可以低一些。

单价调整完成后，填入工程单价表，并进行汇总计算和详细校核。最后将填好的工程量报价表以及全部附表与正式的投标文件一起报送采购人或代理机构。

第四节　竣工结算与竣工决算

一、竣工结算

工程竣工结算是指工程项目或单项工程竣工验收后，施工单位向建设单位结算工程价款的过程，通常通过编制竣工结算书来办理。

竣工结算资料包括：① 工程竣工报告及工程竣工验收单；② 施工单位与建设单位签订的工程合同或双方协议书；③ 施工图纸、设计变更通知书、现场变更签证及现场记录；④ 预算定额、材料价格、基础单价及其他费用标准；⑤ 施工图预算、施工预算；⑥ 其他有关资料。

竣工结算书的编制内容、项目划分与施工图预算基本相同。其编制步骤为：

（1）以单位工程为基础，根据现场施工情况，对施工图预算的主要内容逐项检查和核对。包括：① 施工图预算所列工程量与实际完成工作量不符合时应作调整。如设计修改和增漏项而需要增减的工作量，应根据设计修改通知单进行调整；现场工程的更改，例如基础开挖后遇到古墓、施工方法发生某些变更等，应根据现场记录按合同规定调整；施工图预算发生的某些错误，应作调整。② 材料预算价格与实际价格不符时应作调整。如因材料供应或其他原因，发生材料短缺时，需以大代小、以优代劣，这部分代用材料应根据工程材料代用通知单计算材料代用价差进行调整；材料价格发生较大变动而与预算价格不符时，应根据当地规定，对允许调整的进行调整。③ 间接费和其他费用，应根据工程量的变化作相应的调整。由于管理不善或其他原因造成窝工、浪费等所发生的费用，应根据有关规定，由承担责任的一方负担，一般不由工程费开支。

（2）对单位工程增减预算查对核实后按单位工程归口。

（3）对各单位工程结算分别按单项工程汇总，编制单项工程综合结算书。

（4）将各单项工程综合结算书汇编成整个建设项目的竣工结算书。

（5）编写竣工结算说明，其中包括编制依据、编制范围及其他情况。

工程竣工结算书编好之后，送业主（或主管部门）、建设单位等审查批准，并与建设单位办理工程价款的结算。

二、竣工决算

竣工决算是综合反映竣工项目建设成果和财务情况的总结性文件，也是办理交付使用的依据。基本建设项目完建后，在竣工验收前应该及时办理竣工决算，大中型项目必须在 6 个月内、小型项目必须在 3 个月内编制完毕并上报。

水利工程竣工决算报告依据《水利基本建设项目竣工财务决算编制规程》SL 19—2014 编制。水电工程依据《水电工程竣工决算报告编制规定》NB/T 10145—2019 编制。

竣工决算编制内容应全面反映项目概（预）算及执行、支出及资产形成情况，包括项目从筹建到竣工验收的全部费用。竣工决算应由封面及目录、竣工工程平面示意图及主体工程照片、竣工决算说明书、竣工财务决算报表、工程造价比较分析等部分组成。

竣工决算说明书是总体反映竣工工程建设成果、全面考核分析工程投资与造价的书面文件，是竣工财务决算报告的重要组成部分。其主要内容包括：

（1）项目基本情况。包括项目立项、建设内容和建设过程、建设管理组织体制等。

（2）财务管理情况。反映财务机构设置与财会人员配备情况、财经法规执行情况、内部财务管理制度建立与执行情况，竣工决算编制阶段完成的主要财务事项等。

（3）年度投资计划、预算（资金）下达及资金到位情况。

（4）概（预）算执行情况。反映概（预）算安排情况、概（预）算执行结果及存在的偏差、概（预）算执行差异的因素分析等。

（5）招（投）标、政府采购及合同（协议）执行情况。说明主要标段的招标投标过程及其合同（协议）履行过程中的重要事项。实行政府采购的项目，应说明政府采购计划、采购方式、采购内容等事项。

（6）征地补偿和移民安置情况。说明征地补偿和移民安置的组织与实施、征迁范围与补偿标准、资金使用管理等情况。

（7）重大设计变更及预备费动用情况。说明重大设计变更及预备费动用的原因、内容和报批等情况。

（8）未完工程投资及预留费用情况。反映计列的原因和内容、计算方法和计算过程、占总投资比重等。

（9）审计、稽查、财务检查等发现的问题及整改落实情况。说明项目实施过程中接受的审计、稽查、财务检查等外部检查下达的结论以及对结论中相关问题的整改落实情况。

（10）其他需说明的事项。

（11）报表编制说明。应对填列的报表及具体指标进行分析解释，清晰反映报表的重要信息。

水利水电工程的实际造价是由竣工决算确定的。竣工决算由项目法人或项目责任单位组织编制。设计、监理、施工和移民安置实施等单位应给予配合，项目法人可通过合同（协议）明确配合的具体内容。

竣工决算是确认投资支出、资产价值和结余资金、办理资产移交和投资核销的最终依据，应按国家相关要求整理归档，永久保存。

第五节　水利水电工程造价电算

水利水电工程造价编制是一项连贯性强、计算工作量大且非常烦琐的工作，涉及技术、经济、管理、政策与法规等多个方面。传统的手工编制不但速度慢、效率低，而且灵活性差，容易造成误差，数据管理困难。随着我国经济体制改革和工程造价管理改革的深入以及计算机应用的普及，手工编制方法已难以满足建设管理部门、设计和施工单位高质量发展的需要，主要体现在以下两个方面：一是竞争激烈的水利水电工程设计市场要求设计单位必须及时、准确地编制设计成果，而且能对工程造价进行优化、比选；二是水利水电建设工程的招标投标制要求建设管理和施工单位迅速、准确地编制工程标底和投标价，为决策提供及时可靠的依据。因此，利用水利水电工程造价软件提高编制效率，使编制结果更加准确、规范和全面是十分必要的，这不仅是工程建设的需要，也是数智时代的要求。

我国已研发了许多水利水电工程造价软件，如青山系列软件、凯云系列软件、广联达系列软件、智多星系列软件、超算系列软件等，并广泛应用于工程建设中，为水利水电事业的可持续发展做出了贡献。由于水利水电工程是一个复杂的系统工程，工程造价涉及面广，工作量大，不确定因素多，需经常对造价的内容及表示进行调整与修改。一些软件缺乏灵活性，需要软件开发者进行定期维护和调整，导致其推广应用受到一定的限制；一些软件由于其所含计算机专业知识成分偏多，使用者的操作难度较大，也影响了其推广使用；还有一些软件，由于给用户设定的条条框框太多，不易被造价编制人员接受。今后企业还需要进一步研发功能更完善、操作更便捷、通用性更强的工程造价软件。

第十章

水利水电工程经济评价

第一节　财务评价

一、财务评价的概念

1. 财务评价的含义

财务评价又称为财务分析，是根据国家现行的财税制度和价格体系，分析计算项目直接发生的财务效益和费用，编制财务报表，计算相应的评价指标，考察项目的盈利能力、偿债能力、生存能力等，判断项目的财务可行性，明确项目对财务主体和投资者贡献的价值，为投资决策、融资决策以及银行信贷提供依据。财务评价应在初步确定的建设方案、投资估算和融资方案的基础上进行，评价结果可以反馈到方案设计中，用于方案比选，优化方案设计。

2. 财务评价的特点

水利水电工程具有防洪、治涝、发电、航运、供水、灌溉、养殖和旅游等多种功能。因此，水利水电工程的财务评价，应根据不同功能的财务收益特点区别对待。

（1）对水力发电、供水等盈利性的项目，应根据国家现行的财税制度和价格体系，在计算项目财务费用和财务效益的基础上，全面分析项目的清偿能力和盈利能力。

（2）对灌溉等保本型的项目，应重点核算项目的灌溉供水成本和水费标准，对使用贷款或部分贷款建设的项目还需做项目清偿能力的分析，主要是计算和分析项目的借款偿还期。

（3）对防洪、治涝等社会公益性项目，主要是研究提出维持项目正常运行需由国家补贴的资金数额和需采取的经济优惠措施及有关政策。

（4）对具有综合利用功能的项目，应该把项目作为一个整体进行财务评价。

3. 财务评价的作用

项目的财务评价，无论是对项目投资主体，还是对为项目建设和生产提供资金的其他机构或个人，均具有十分重要的作用。

（1）通过财务评价，可以考察项目的财务盈利能力。项目的财务盈利水平如何，能否达到国家规定的基准收益率，项目投资的主体能否取得预期的投资效益，项目的清偿能力如何，是否低于国家规定的投资回收期，项目债权人权益是否有保障等，是项目投资主体、债权人，以及国家、地方各级决策部门、财政部门共同关心的问题。因此，一个项目是否值得兴建，首先要考察项目的财务盈利能力等各项经济指标，进行财务评价。

（2）通过财务评价，为项目制定适宜的资金规划。确定项目实施所需资金的数额，根据资金的可能来源及资金的使用效益，安排恰当的用款计划及选择适宜的筹资方案，都是财务评价要解决的问题。项目资金的提供者据此安排各自的出资计划，以保证项目所需资金能及时到位。

（3）为协调企业利益和国家利益提供依据。有些投资项目是国计民生所亟须的，其对国家、社会有利，但财务评价不可行。为了使这些项目具有财务生存能力，国家需要用经济手段予以调节。财务分析可以通过考察有关经济参数（如价格、税收、利率等）变动对分析结果的影响，寻找经济调节的方式和幅度，使企业利益与国家利益趋于一致。

（4）在项目方案比选中起着重要作用。项目经济评价的重要内容之一就是方案比选，无论是在规模，还是在技术和工程等方面都必须通过方案比选予以优化，使项目整体趋于合理，此时项目财务数据和财务指标往往是重要的比选依据。在投资机会不止一个的情况下，如何从多个备选方案中择优，往往是项目发起人、投资者，甚至是政府有关部门关心的话题，财务评价的结果在项目方案比选中所起的重要作用是不言而喻的。

二、财务评价的内容

1. 财务预测

财务预测是在对投资项目总体了解和对市场、环境及技术方案充分调查与掌握的基础上，收集和测算进行财务分析的各项基础数据。这些基础数据主要包括：① 投资估算，包括固定资产投资和流动资金投资的估算；② 预计的产品产量和销量；③ 预计的产品价格，包括近期价格和未来价格的变动幅度；④ 预计的经营收入；⑤ 预计的成本支出，包括经营成本与税金。

2. 资金规划

资金规划的主要内容是资金筹措与资金的使用安排。资金筹措包括资金来源的开拓和对来源、数量的选择；资金的使用包括资金的投入、贷款偿还和项目运营计划。一个优秀的资金规划方案，会使项目获得最佳的经济效益；否则，资金规划方案选择不当，就会错失一个原本很有前途的投资项目。

在进行资金规划时，主要应对以下内容展开分析论证：

（1）分析资金来源。分析各种可能的资金来源渠道是否可行、可靠；是否正当、稳妥、合法，符合国家有关规定；是否满足项目的基本要求；除传统渠道外，有无可能开辟新的资金渠道等。

（2）分析筹资结构。对各种可能获得的资金来源，深入分析其各自的利弊和对项目的影响，并组成若干个由各种不同资金来源比例的组合方案，论证各组合方案的优劣及其可行性，筛选出最佳的筹资方案。其中应重点考虑的因素是自有资金（即权益资金和保留盈余资金）与债务资金的比例关系。

（3）分析筹资的数量和资金投放的时间。筹集资金固然要广开渠道，但绝非"多多益善"，而是要根据项目实际情况，寻求一个合理的规模数量。筹资不足，会影响项目建设；筹资过多，会导致资金闲置，从而影响投资效益。由于在建设期的不同阶段对资金的需求量不尽相同，因此需要测定各个时间段的资金投放量，以达到"既保证建设的供给又不至于造成资金闲置"的目的。

3. 财务效果分析

财务效果分析是根据财务预测和资金规划，编制各项财务报表，计算财务评价指标，将财务指标与评价标准进行比较，对项目的盈利能力、清偿能力及外汇平衡等财务状况做出评价，判别项目的财务可行性。通常财务效果分析应该与资金规划交叉进行，即利用财务效果分析进一步调整和优化资金规划。

财务效果分析应包括两部分内容：一部分是排除财务条件的影响，将全部投资作为计算基础，在整个项目范围内考察项目的财务效益；另一部分是分析包括财务条件在内的全部因素影响的结果，以投资者的出资额为计算基础，考察自有投资的获利性，寻求最佳财务条件和资金规划方案。

三、财务评价的步骤和原则

1. 财务评价的步骤

（1）基础数据准备。根据项目市场研究和技术研究的结果、现行价格体系及财税制度进行财务预测，获得项目投资、销售收入、生产成本、利润、税金及计算期（包括建设期与运营期）等一系列财务基础数据，并将所得数据编制成辅助财务报表。

（2）编制财务报表。分析项目盈利能力需要编制的主要报表有：现金流量表、损益表及相应的辅助报表；分析项目清偿能力需要编制的主要报表有：资产负债表、资金来源与运用表及相应的辅助报表；为考察项目的外汇平衡情况，应对涉及外贸、外资及影响外汇流量的项目进行分析，并编制项目财务外汇平衡表。

（3）财务评价指标分析。根据前面编制的财务报表，可以计算出各项财务评价指标，将计算的财务指标与对应的评价标准（基准值）进行对比，对项目的盈利能力、清偿能力、财务生存能力以及外汇平衡等财务状况做出评价，判别项目在财务上的可行性。盈利能力分析需要计算财务内部收益率、净现值和投资回收期等主要评价指标，根据实际需要也可以计算投资利润率、投资利税率和资本金利润率等指标。清偿能力分析需要计算资产负债率、流动比率和速动比率等指标。

（4）不确定性分析与风险分析。项目投资决策涉及的时间较长，因而对未来收益和成本都很难进行准确预测，即存在不同程度的不确定性或风险性。风险是客观存在的。进行不确定性或风险分析有两类基本方法：第一类方法称为风险调整法，即对项目的风险因素进行调整，主要包括按风险调整折现率法、按风险调整现金流量法（如肯定当量法、概率分析）；第二类方法是对项目基础状态的不确定性进行分析，主要包括敏感性分析、盈亏平衡分析等。通过分析各种不确定因素的变动对投资效果的影响，以及项目的抗风险能力，做出项目在不确定情况下的决策结论或建议。多方案的风险决策方法主要有矩阵法和决策树法。

（5）做出财务评价结论。综合考虑财务指标的评价结果、不确定性分析或风险分析的结果，做出项目财务评价的结论，综合评价项目在财务上的可行性。

2. 财务评价的原则

（1）效益与费用计算口径一致。只计算项目的内部效果，即项目本身的内部效益和内部费用，不考虑因项目产生的外部效益和外部费用，避免因人为地扩大效益和费用范围，使得效益和费用缺乏可比性，从而造成财务效益评估失误。

（2）动态分析为主、静态分析为辅。静态分析是一种不考虑资金时间价值和项目寿命期，只根据一年或几年的财务数据判断项目的盈利能力和清偿能力的方法。它具有计算简便、指标直观、容易理解等优点，但是计算不够准确，不能全面反映项目财务可行性。动态分析则强调考虑资金的时间价值对投资效果的影响，根据项目全生命周期各年的现金流入和流出状况判断项目的财务状况。其优点是计算出来的指标能较为准确地反映项目的财务状况。

（3）以预测价格计算费用和效益。项目计算期一般较长，受市场供求变化等因素影响较大，投入物与产出物的价格在计算期内波动比较大，以现行价格为衡量尺度，显然不合理，因此应该以现行市场价格为基础预测计算期内投入物和产出物的价格，且正确识别和估算"有项目""无项目"状态的财务效益与财务费用，从而对项目的可行性做出客观的评价。

（4）定量分析为主、定性分析为辅。经济评价的本质要求是通过效益和费用的计算，对项目建设和生产过程中的诸多经济因素给出明确、综合的数量概念，从而进行经济分析和比较。但是对于复杂的项目，总会有一些经济因素不能量化，对此应进行实事求是、准确的定性描述，与定量分析结合起来进行评价。

四、项目现金流量的构成

（一）现金流量的分类

在投资决策中，资金无论是投向公司内部形成各种资产，还是投向公司外部形成联营投资，都需要用特定指标对投资的可行性进行分析，这些指标的计算都是以投资项目的现金流量为基础的。因此，现金流量是评价投资方案是否可行时必须事先计算的一个基础性数据。

按照现金流动的方向，可以将投资活动的现金流量分为现金流入量、现金流出量和净现金流量。净现金流量是指一定时间内现金流入量与现金流出量的差额。项目现金流入包括：营业收入、回收固定资产余值、回收流动资金等，现金流出包括总投资、经营成本、税金及附加、所得税、维持运营投资等。通常采用现金流量图或现金流量表的形式，比较直观地表示投资项目在各个时间点的净现金流量。

按照现金流量的发生时间，投资活动的现金流量又可以分为初始现金流量、营业现金流量和终结现金流量。要客观地评价投资项目的效果，不仅要考察现金流入、流出的数额，还必须考察现金流量的发生时间。资金具有双重价值——它本身的价值和它的时间价值。资金时间价值是指货币随着时间的推移而发生的增值，是资金周转使用后的增值额，也称为货币时间价值。

（二）项目的收益——现金流入项

1. 营业收入

营业收入指销售产品或者提供服务所获得的收入。它一般是由产品和服务的价格和数量两个因素确定的。在项目运营期内，它有可能是变化的。

2. 资产回收

资产回收指在项目的寿命期末，可回收的固定资产余值（固定资产的残值收入或变价收入）和应回收的全部流动资金。

3. 补贴

补贴指国家为鼓励或扶持某些项目的开发所给予的与收益相关的补贴，但不包括价格、汇率、税收上的优惠，因为它们已经体现在收入、成本等的增减中。此外，对项目的捐赠资金和先征后返的增值税也可以列在这里。

（三）项目的费用——现金流出项

1. 总投资

项目总投资（原始投资）包括建设投资（含建设期利息）、为保证项目正常运行而投入的早期营运资金或流动资金投资。建设投资主要包括固定资产投资（又称为工程造价）、无形资产投资和其他资产投资等。流动资金指项目建成投产前预先垫付，为投产后维持正常生产，用于购买原材料（包括备品备件）、燃料、动力，支付工资和其他费用，以及被产品、半成品、产成品和其他存货占用的经常性的周转资金。这部分垫支的营运资本一般到项目寿命终结时才能收回。

2. 税金及附加

税金及附加是指企业经营活动应负担的相关税费，包括消费税、城市维护建设税、资源税和教育费附加等。

3. 经营成本

（1）总成本的组成

总成本是项目在运营期（包括投产期与达产期）一年内为生产产品或提供服务所发生的全部费用。总成本费用的构成和估算通常采用以下两种方法：

1）生产成本加期间费用估算法

$$总成本 = 生产成本 + 期间费用 \tag{10-1}$$

$$期间费用 = 管理费用 + 财务费用 + 营业费用 \tag{10-2}$$

① 生产成本包括材料、燃料、工资等直接支出和制造费用。

② 管理费用是企业为管理和组织生产经营活动所发生的各项费用，

③ 财务费用是企业为筹集资金而发生的费用，包括利息支出和汇兑损失、手续费等。

④ 营业费用是企业为销售商品和提供服（劳）务而发生的费用。

2）生产要素估算法

$$总成本 = 外购原材料、燃料及动力 + 工资及福利费 + 修理费 +$$
$$其他费用 + 折旧费 + 摊销费 + 利息支出 \tag{10-3}$$

该方法从各种生产要素的费用入手，汇总得到总成本。其他费用由其他制造费用、其他管理费用和其他营业费用组成。它们是由制造费、管理费和营业费中扣除相应的工资与福利、折旧、摊销及修理费后的剩余部分。

（2）经营成本的构成

经营成本是财务分析的现金流量分析中所使用的特定概念，作为项目现金流量表中运营期现金流出的主体部分，应得到充分重视。经营成本与融资方案无关。因此，在完成建设投资和营业收入估算以后，即可以估算经营成本，为项目融资前分析提供数据。

经营成本的构成可表示为：

$$经营成本 = 外购原材料、燃料及动力 + 工资及福利费 + 修理费 + 其他费用 \tag{10-4}$$

$$经营成本 = 总成本 - 折旧和摊销 - 利息支出 \tag{10-5}$$

经营成本与营业收入、总成本的关系如图10-1所示。

与经营成本有关的部分内容说明：

1）固定资产折旧费

折旧指固定资产在使用过程中，由于逐渐发生损耗（包括有形和无形磨损）而贬值，人们将其价值逐年转移到产品成本中，并在产品销售收入中得到补偿，转化为货币资金。这种伴随着固定资产的损耗而发生的价值转移，称为固定资产折旧。

每年转移的价值以折旧费的形式计入产品成本中，通过产品的销售，包含在销售收入中回到企业，企业又从中把折旧费提取出来。一般折旧费应首先用于偿还借款的本金，然后才可作为更新固定资产的资金予以使用。

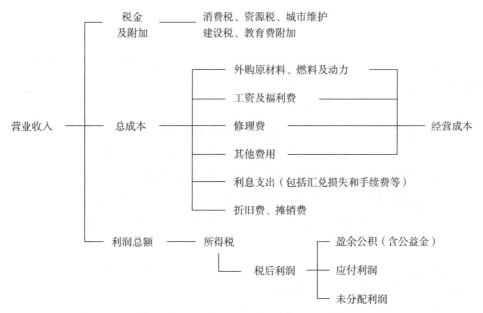

图 10-1　营业收入、总成本以及经营成本的关系

折旧费是一笔具有独立经济意义的资金，它不是真正的现金流出，属于非付现成本，但可以起到抵减所得税的作用。它是被人为地计入总成本中的（仅是一种会计手段）。而且，因为在购置固定资产时，固定资产投资已经流出，没有必要也不应该再一次流出，否则会发生重复计算。在投资项目评价中，所谓的现金流入和流出，应当是真正从所分析的系统中流入和流出的资金。因此，在经营成本中，不包括折旧费，即必须从总成本中将其剔除。

2）摊销费

摊销费包括无形资产摊销费和其他资产摊销费两部分。与固定资产类似，无形资产和其他资产以摊销的方式进行补偿和回收。

无形资产的价值也要在其有效服务期内，逐年转移到产品价值中。故需要从其使用日起，根据有关的合同、协议，在其有效期（或受益期）内平均摊销。没有受益期的需要按相应税法要求，一般不少于 10 年的期限平均摊销，没有残值。同样，其他资产也应自项目投产起，按税法要求，一般不少于 5 年的期限平均摊销，没有残值。

上述两种摊销费也具有独立的经济意义。与固定资产折旧费的性质一样，它们均计入产品成本中，并从销售收入中提取，它们同折旧费一样，不属于真正的现金流出，故在经济评价使用的经营成本中也不应包含摊销费，应从总成本中剔除。摊销费也应首先作为偿还借款本金之用。

3）利息支出

利息支出包括长期借款利息（包括债券利息）、流动资金借款利息以及必要的短期贷款利息。利息支付时作为财务费用计入总成本中，是真正的现金流出。

经营成本中并不包括利息。这是因为财务评价的融资前评价（即息税前评价）中，不考虑借款，也就不考虑还本付息的问题，故现金流出或财务费中没有利息这一项；而在融资后评价中，必须考虑借款和还本付息的问题，此时，虽然两种评价使用的是同一个经营成本，即其中并不包含利息，但在融资后评价中，借款利息是单独列出的。因此，在两种评价中，使用同一个不包含借款利息的经营成本是很方便的。与借款还本付息有关的外币借款汇兑损失，也应与借款利息一样处理。

（3）固定成本与可变成本

为进行盈亏平衡分析和不确定性分析，需将总成本费用分解为固定成本和可变成本。固定成本指成本总额不随产品产量变化的各项成本费用，主要包括薪酬（计件工资除外）、折旧费、摊销费、修理费和其他费用等。可变成本指成本总额随产品产量变化而发生同方向变化的各项费用，主要包括原材料、燃料、动力消耗和计件工资等。

（四）所得税

以单位（法人）或个人（自然人）在一定时期内的纯所得额为征税对象的税种。

（五）维持运营投资

指某些项目在运营期，为维持正常运营需要投入的固定资产投资，如设备更新。该费用应作为现金流出。

五、资金筹措

（一）项目资本金的筹措

资金是建设项目的基础，资金筹措是指根据工程建设的需要，通过各种可利用的筹资渠道和资金市场，运用有效的筹资方式，为建设项目及时筹措和集中资金的一种行为过程，又被称为融资。

项目资本金是指在投资项目总投资中，由投资者认缴的出资额。对投资项目来说是非债务性资金，项目法人不承担这部分资金的任何利息。建设项目首先要有充足的法定最低资本金，包括自有流动资金。为了使项目保持合理的资产结构，应根据各投资方和项目的具体情况选择项目资本金的出资方式。项目资本金的来源和筹措方式如下：

（1）企业再投资资金。包括企业的盈余公积金、公益金和未分配的税后利润，还包括出售过剩资产所得资金、折旧费、摊销费等。这是企业自有资金的重要来源，其优点是不发生筹资费用。

（2）增发股票取得的股票融资。包括公募和私募两种形式。

（3）股东直接投资。指企业按照"共同投资、共同经营、共担风险、共享利润"的原则，吸收国家、法人、个人、外商投入资金的筹集自有资金的方式。吸收直接投资的出资方式主要有现金投资、实物（厂房、建筑物设备等固定资产和材料、燃料、商品等流动资产）投资、工业产权（专利权、专有技术、商标权等无形资产）投资、资源开采权投资、土地使用权投资、场地使用权投资等。

（4）项目接受捐赠。

（5）以资本金注入等方式投入的政府投资资金。

（二）债务资金的筹措

债务资金是指通过负债方式从金融机构、证券市场等取得的资金。负债融资是工程项目资金筹措的重要形式。

1. 渠道

国内可以通过各级政府、企业、集体、商业和政策性银行及个人等渠道；国外可通过外国政府、财团、国际金融机构、外国银行和外国企业等渠道。

2. 方式

债务筹资的方式有各类银行和金融机构贷款、发行债券（包括政府债券、企业债券、绿色债券、永续债券、可转换债券等）、商业信用（包括应付账款、应付票据、预收账款等）、融资租赁等。债务筹资的优缺点见表10-1。

债务筹资的优缺点　　　　　　　　　　　　　　表10-1

特点		说明
优点	（1）筹资速度较快	与股权筹资相比，债务筹资不需要经过复杂的审批手续和证券发行程序，如银行借款、租赁等，可以迅速获得资金
	（2）筹资弹性大	利用债务筹资，可以根据企业的经营情况和财务状态，灵活地筹集资金数量，商定债务条件，安排取得资金的时间
	（3）资本成本负担较轻	一般来说，债务筹资的资本成本要低于股权筹资。其一是取得资金的手续费用等筹资费用较低；其二是利息、租金等用资费用比股权资本要低；其三是利息等资本成本可以在税前支付
	（4）可以利用财务杠杆	债权人从企业那里只能获得固定的利息或租金，不能参加公司剩余收益的分配。当企业的资本报酬率高于债务利率时，会增加普通股股东的每股收益，提高净资产报酬率，提升企业价值
	（5）稳定公司的控制权	债权人无权参加企业的经营管理，利用债务筹资不会改变和分散股东对公司的控制权
缺点	（1）不能形成企业稳定的资本基础	债务资本有固定的到期日，到期需要偿还
	（2）财务风险较大	必须按期还本付息，以抵押、质押等担保方式取得的债务，资本使用上可能会有特别的限制
	（3）筹资数额有限	债务筹资的数额往往受到贷款机构资本实力的制约，不可能像发行股票那样一次筹集到大笔资本，无法满足大规模筹资的需要

（三）债务偿还

一般偿还借款本金的资金来源主要是项目生产期各年的未分配利润、折旧费、摊销费和其他可用来还款的资金。还款方式有：等额利息法、等额本金法、偿债基金法、等额摊还法、一次性偿付法等。由于不同的还款方式对项目的经济效益产生不同的影响，因此应根据债权人的要求，通过分析比较选择有利的还款方式。

（四）项目融资模式

项目融资是一种与公司融资方式相对应的融资方式，它以项目公司为融资主体，以项目未来收益和资产为融资基础，由项目参与各方共担风险，具有有限追索权性质的特定融资方式。典型的项目融资包括 BOT、TOT、PPP、ABS、REITs 等多种形式。

2022 年我国完成水利建设投资首次突破万亿元（10893 亿元），其中利用地方政府专项债券 2036 亿元、金融信贷和社会资本 3204 亿元。

六、财务基础数据测算表

依据《建设项目经济评价方法与参数（第三版）》，财务评价必须具备下列测算报表：① 建设投资估算表；② 建设期利息估算表；③ 流动资金估算表；④ 项目总投资使用计划与资金筹措表；⑤ 营业收入、税金及附加和增值税估算表；⑥ 总成本费用估算表（生产要素法或生产成本加期间费用法）。

对于采用生产要素法编制总成本费用估算表，应编制下列基础报表：① 外购原材料费估算表；② 外购燃料和动力费估算表；③ 固定资产折旧费估算表；④ 无形资产和其他资产摊销估算表；⑤ 工资及福利费估算表；⑥ 建设投资借款还本付息计划表；⑦ 利润与利润分配表。

上述估算表可归纳为三大类：

（1）预测项目建设期间的资金流动状况的报表，如投资使用计划与资金筹措表和建设投资估算表。

（2）预测项目投产后的资金流动状况的报表，如流动资金估算表、总成本费用估算表、营业收入、税金及附加和增值税估算表等。

（3）预测项目投产后用规定的资金来源归还建设投资借款本息情况的报表，即借款还本付息计划表。

七、财务评价的指标体系

在项目经济评价中，为帮助投资者合理地分配资源，使一定量的资源对目标的实现做出最大的贡献，必须使用各种评价指标从不同角度反映投资项目的效果，并用相应的评价标准判断其可否被接受，同时在多个方案中进行选优。

水利水电工程项目财务评价指标体系是按照财务评价的内容建立起来的，同时也与编制的财务评价表密切相关。财务评价指标体系见表 10-2。

财务评价指标体系　　　　　　　　　　　表 10-2

评价内容	基本报表		评价指标	
			静态指标	动态指标
盈利能力分析	融资前分析	项目投资现金流量表	项目静态投资回收期	项目动态投资回收期、项目财务净现值、项目财务内部收益率
	融资后分析	项目资本金现金流量表		项目资本金财务、内部收益率
		投资各方现金流量表		投资各方财务内部收益率
		利润与利润分配表	总投资收益率、项目资本金净利润率	
偿债能力分析	借款还本付息计划表		偿债备付率、利息备付率	
	资产负债表		资产负债率、流动比率、速动比率	
财务生存能力分析	财务计划现金流量表		累计盈余资金	
外汇平衡分析	财务外汇平衡表			
不确定性分析	盈亏平衡分析		盈亏平衡产量、盈亏平衡生产能力利用率	
	敏感性分析			不确定因素的临界值、敏感度系数
风险分析	调整折现率法			将项目风险报酬加入资本成本率或要求达到的报酬率，构成按风险调整的折现率，再进行投资决策分析
	肯定当量法			把不确定的各年现金流量按照一定的约当系数折算为大约相当于确定的现金流量，然后用无风险折现率来进行评价
	概率分析（概率树分析、蒙特卡罗模拟）			列出项目可能出现的各种状态及其发生的概率，计算净现值的期望值和标准差，给出项目净现值大于或等于 0 的概率

（一）绝对与相对效果评价指标

1. 绝对效果评价指标

用于判断投资项目或方案是否可行的一类指标。通过项目或方案本身的基础数据计算出来的绝对效果评价指标，要受其相应的判据——评价标准（指标参数）的检验：满足标准者，项目或方案在经济上可行，可被接受；不能满足者，则被认为在经济上不可行，被否决。

2. 相对效果评价指标

用于在多方案中进行选优的一类指标。在对投资方案进行评价时，一般分两步走：先使用绝对效果评价指标判断各个方案是否可行，然后在可行的多个方案中选出最优者。需要强调的是，第一步绝对不可省略，因为相对效果评价指标可以比较出方案的优劣，但并不一定能保证参加比选的方案都在经济上可行。即使两个经济上不可行的方案也有优劣之分，从中选出较好的方案，没有任何意义。

因此，通常在对具有多个方案的投资项目进行经济评价时，绝对和相对效果指标都要使用。

（二）静态和动态评价指标

1. 静态评价指标

这类指标不考虑资金的时间价值，因而计算简单、直观、使用方便，大多用于经济数据不完备或不够精确的机会研究或短期投资项目中。

2. 动态评价指标

资金时间价值的存在，使不同时点上的现金流量不能直接相加以比较方案的优劣。这类指标考虑了资金的时间价值（资金等值计算），因而更符合资金随时间的推移不断增值的实际情况。应用动态评价指标，对投资者和决策者树立资金周转观念、充分利用资金、提高投资经济效益具有重要意义。它在可行性研究阶段普遍应用，是主要的评价指标。

（三）价值型和效率型评价指标

1. 价值型评价指标

这是一类以货币为计量单位的评价指标，它反映投资的净盈利。在不考虑其他非经济目标的情况下，投资者追求的目标一般可以简化为同等风险条件下总体净收益的最大化。因此这种评价指标是最普遍应用的一类指标。

2. 效率型评价指标

这类指标是比率型的指标，它反映资金的利用效率。一般而言，投资者追求资金利用的高效率，可使有限的资金发挥更大的效益。但是，效率型评价指标只能作为绝对效果评价指标（即判断项目是否可行），如果不使用其相应的增量（差额）指标，而直接作为相对效果评价指标对项目比选，其结论有可能与价值型评价指标的结论不一致。这是因为净盈利最大的项目或方案，不一定资金利用率最高，由于大多数投资者追求的目标可以简化为净收益最大，因此最终的决策一般以净收益最大为准则。

在投资项目的经济评价中，应尽量选用价值型和效率型两种指标对项目或方案进行评价，以便从净收益和资金利用效率两个方面考察投资效果。

八、财务分析方法

（一）盈利能力分析

1. 财务净现值（FNPV）

财务净现值是对投资项目进行动态评价的最重要的指标之一，是指把项目计算期内各年的财务净现金流量，按照一个设定的标准折现率（基准收益率）折算到建设期初（项目计算期第一年年初）的现值累积之和。财务净现值是考察项目在其计算期内盈利能力的主要动态评价指标。其计算公式为：

$$FNPV = \sum_{t=0}^{n} (CI_t - CO_t)(1+i_c)^{-t} \qquad (10\text{-}6)$$

式中　$FNPV$——财务净现值；

　　　　CI_t——第 t 年的现金流入额；

　　　　CO_t——第 t 年的现金流出额；

　　　　n——项目的计算期；

　　　　i_c——基准收益率或设定的折现率。

项目财务净现值是考察项目盈利能力的绝对量指标，它反映项目在满足按设定折现率 i_c 要求的盈利之外所能获得的超额盈利的现值。如果 $FNPV \geqslant 0$，表明项目的盈利能力达到或超过所要求的盈利水平，项目或方案财务上可行，则该项目在经济上可以接受；否则应予以否决。在有资本限额的情况下，应该选择使净现值达到最大的投资组合。

基准收益率 i_c 是计算投资项目净现值的重要参数，也是判断内部收益率指标是否达到标准的判据。理论上，它应当是资金随时间增值的增值率。但是该增值率受投资收益率、风险和通货膨胀等因素的影响，准确合理地确定 i_c 是十分困难的。从行业的角度看，行业的财务基准收益率代表行业内投资资金应当获得的最低财务收益或盈利水平；从投资者的角度看，它反映投资者从事投资活动可接受的最低收益率。或者说，它是投资者投资的机会成本。机会成本的概念从投资的角度来看，是指在资源有限的情况下，由于将筹集到的具有多种用途的资源用于特定投资项目，而不得不放弃的其他投资机会中的最佳收益。如果项目盈利能力达不到投资者机会成本的要求，投资者当然不会对该项目进行投资。在《建设项目经济评价方法与参数（第三版）》中规定，财务基准收益率测定的基本思路是：对于产出物由政府定价的项目，其财务基准收益率根据政府政策导向确定；对于产出物由市场定价的项目，其财务基准收益率根据资金成本和风险收益自行确定；在缺乏经验时，可参考使用国家统一测定并发布的行业财务基准收益率。在取值上，在充分考虑行业风险的基础上，应主要考虑项目特有的风险、机会成本和投资者的收益期望。

财务净现值是反映项目投资盈利能力的一个重要的动态评价指标，它广泛应用于项目指标经济评价中。其优点是：考虑了资金的时间价值因素，并全面考察投资项目在整个生命周期内的经营情况，全面反映项目的经济效益，既能反映项目的绝对经济效果，也能比较方案间的相对经济效果，可兼作绝对效果评价指标和相对效果评价指标。其缺点是：在计算财务净现值指标时，必须事先给定一个基准折现率，而基准折现率的确定往往是一个比较复杂的问题，其数值的高低直接影响净现值指标的大小，进而影响对项目优劣的判断；净现值是出自追求净盈利最大目标的价值型指标，不直接反映投资的利用效率；净现值不能对寿命期不同的互斥投资方案进行直接决策，但可以采用净年值（NAV）比选。

费用现值（PC）与费用年值（AC）是净现值和净年值的特例，与净现值和净年值的关系一样，费用年值由费用现值得来。PC 与 AC 只能用于多方案的比选——相对效果评价，评价的标准是：PC 与 AC 最小者优。费用年值更适合对生命周期不同方案的比选。

2. 财务内部收益率（$FIRR$）

财务内部收益率是指项目在整个计算期内各年财务净现金流量的现值之和等于0时的折现率，即使项目的财务净现值等于0时的折现率，其计算公式为：

$$\sum_{t=0}^{n}(CI_t - CO_t)(1+FIRR)^{-t} = 0 \qquad (10\text{-}7)$$

财务内部收益率是反映项目实际收益率的一个动态指标，该指标越大越好。一般情况下，财务内部收益率大于或等于基准收益率时，项目可行。若基准折现率为 i_c，当 $FIRR \geqslant i_c$ 时，该投资项目在经济上是可以接受的；反之，当 $FIRR < i_c$ 时，在经济上应该拒绝该项目。

关于 $FIRR$ 的高次方程的求解较为复杂，可以采用试算内插法求解 $FIRR$。其基本思想是：经过多次测试，寻找出两个折现率 i_1 和 i_2，使得其对应的净现值 $FNPV_1 > 0$、$FNPV_2 < 0$，再利用下面的公式可近似计算出投资项目的财务内部收益率：

$$FIRR = i_1 + (i_2 - i_1)\frac{|FNPV_1|}{|FNPV_1| + |FNPV_2|} \qquad (10\text{-}8)$$

虽然 $FIRR$ 的计算稍繁，但因为它的概念清晰、明确，是项目的盈利率，反映投资的使用效率。因此，在选用价值型指标 $FNPV$ 的同时，一般也选用效率型指标 $FIRR$，从两个不同的角度全面评价项目的经济性。$FIRR$ 是具有重要地位的用于判断方案可行性的效率型绝对效果评价指标。

$FIRR$ 的另一个优点是计算时不直接使用基准收益率 i_c。因为具体给定 i_c 是比较困难的，当 i_c 数值不易确定，仅能估算出其位于某一范围内时，只要 $FIRR$ 不落在该区间内，仍可判断方案是否可行，从而进行取舍。

对于常规投资项目，$FIRR$ 一般只有唯一的正数解；对于非常规投资项目，方

程 $FNPV=0$ 的折现率可能存在多个正根，且都不是项目的内部收益率，此时不能使用 $FIRR$ 指标进行评价。如果方程只有一个正根，则它肯定就是项目的 $FIRR$。

需要说明的是，若使用 $FIRR$ 对多方案进行选优，$FIRR$ 大者优准则不能保证与 $FNPV$ 的评价结论总是一致。目前最终决策一般以净收益最大的项目（或方案）为优。为弥补 $FIRR$ 指标在相对评价上的缺憾，引出用于方案相对效果评价的指标 $\Delta FIRR$——增量（差额）内部收益率。如果 $\Delta FIRR > i_c$，则投资大的方案优；如果 $\Delta FIRR < i_c$，则投资小的方案优。采用 $\Delta FIRR$ 指标能保证与 $FNPV$ 指标的选优结论一致，具有正确性与可靠性。

在实际财务评价中，主要使用净现值法和内部收益率法，可以运用 Excel 表计算 $FNPV$ 与 $FIRR$。

3. 投资回收期

投资回收期也称返本期，是指从投资项目建设之日起，用项目各年的现金净流量将全部投资收回所需的时间。投资回收期按照是否考虑资金时间价值可以分为静态投资回收期和动态投资回收期。

（1）静态投资回收期（P_t）。指投资引起的未来现金净流量累计到与原始投资额相等所需要的时间。它代表收回投资所需要的年限。回收年限越短，项目越有利。静态投资回收期 P_t 考察项目财务上投资的回收能力，是一个广泛应用的辅助性的静态绝对效果评价指标。

静态投资回收期的计算公式如下：

$$\sum_{t=0}^{P_t}(CI_t-CO_t)=0 \tag{10-9}$$

其更为实用的计算公式为：

$$P_t=(T-1)+\frac{第（T-1）年的累计净现金流量的绝对值}{第T年的净现金流量} \tag{10-10}$$

式中　T——累计净现金流量首次为正值或零的年份。

其他符号含义同前文。

在投资项目评价中，求出的 P_t 应与部门或行业的基准投资回收期 P_c 进行比较。当 $P_t \leqslant P_c$ 时，表示项目或方案能满足行业项目投资盈利性和一定风险性要求，项目的投资能在规定的时间内收回，则认为项目可行；反之则不可行。

静态回收期法的优点是：计算简便；容易为决策人正确理解；可以大体上衡量项目的流动性和风险。其缺点是：忽视了时间价值，把不同时间点的货币收支看成是等效的；没有考虑静态回收期以后的现金流，也就是没有衡量盈利性；促使公司接受短期项目，放弃有战略意义的长期项目。

（2）动态投资回收期（P_t'）。为了克服静态回收期法不考虑货币时间价值的缺点，提出了动态回收期法。动态回收期也被称为折现回收期，是指在考虑资金时间价值的情况下，投资引起的未来现金流量累计到与原始投资额相等所需要的时间。

动态投资回收期的计算公式如下：

$$\sum_{t=0}^{P_t'}(CI_t-CO_t)(1+i_c)^{-t}=0 \qquad (10\text{-}11)$$

其更为实用的计算公式为：

$$P_t'=(T-1)+\dfrac{\text{第}(T-1)\text{年的累计净现金流量现值的绝对值}}{\text{第}T\text{年的净现金流量现值}} \qquad (10\text{-}12)$$

式中 T——累计净现金流量现值首次出现正值的年份。

其他符号含义同前文。

P_t'为累计净现金流量现值为 0 的年限。或者说，以净收益的现值回收项目投资的现值所需的时间。

当 $P_t' \leqslant P_c'$ 时，项目可以接受，否则应予以拒绝。

P_c'是由同类项目的历史数据得来的，或投资者确定的基准动态投资回收期。

P_t'与 P_t 的区别仅在于 P_t'考虑了资金的时间价值，其他特点包括缺点都与 P_t 相同。因此，P_t'同样是一个辅助绝对效果评价指标。

4. 总投资收益率（ROI）与项目资本金利润率（ROE）

（1）总投资收益率。指项目达到设计能力后正常年份的年息税前利润或营运期内年平均息税前利润（EBIT）与项目总投资（TI）的比率。其计算公式为：

$$ROI=\dfrac{EBIT}{TI}\times100\% \qquad (10\text{-}13)$$

（2）项目资本金利润率。指项目达到设计能力后正常年份的年净利润（税后利润）或运营期内平均净利润（NP）与项目资本金（EC）的比率。其计算公式为：

$$ROE=\dfrac{NP}{EC}\times100\% \qquad (10\text{-}14)$$

对于生产或经营期内各年上述数据变动幅度比较大的项目，可取各年数据的平均值。

ROI 和 ROE 都是静态、效率型绝对效果评价指标，其判据参数应当是一个合理区间。可以通过多种方法进行测算，将结果互相验证，经协调后确定。一般是在统计的基础上，取各企业样本的平均值，再取两个边界值，组成一个合理区间。只要项目的 ROI 和 ROE 的计算值位于区间内，项目即可行。

ROI 和 ROE 一般可用于经济数据尚不完整的机会研究的初步估算中，判断项目的初步可行性。但二者没有考虑资金的时间价值；数据取值比较粗糙；舍弃了寿命期（计算期）内其他经济数据，如投资发生的年份、建设期和运营期的年数等。

作为效率型指标，ROI 或 ROE 最大，可反映资金的利用效率较高，不能反映净收益最大，故不能直接用于方案比选。但是，可以使用它们的增量指标进行方案间的比较。以 ROI 为例，其公式为：

$$\Delta ROI = \frac{\Delta EBIT}{\Delta TI} \times 100\% \qquad (10-15)$$

如果 ΔROI 达到可行标准，则说明增量投资产生的增量息税前利润是经济合理的，则投资大的方案为优；反之，如果 ΔROI 没有达到可行标准，则投资小的方案为优。

（二）清偿能力分析

投资项目的资金构成一般分为借入资金和自有资金。自有资金可长期使用，而借入资金必须按期偿还。项目的投资者自然要关心项目的偿债能力，同时借出资金的所有者——债权人也非常关心贷出资金能否按期收回本息。因此，偿债分析是财务分析中的一项重要内容。

1. 利息备付率（ICR）

利息备付率是指项目在借款偿还期内的息税前利润（$EBIT$）与应付利息（PI）的比值，它从付息资金来源的充裕性角度反映项目偿付债务利息的保障程度。利息备付率的含义和计算公式均与财政部对企业绩效评价的"已获利息倍数"指标相同，用于支付利息的息税前利润等于利润总额和当期应付利息之和，当期应付利息是指计入总成本费用的全部利息。利息备付率应按下式计算：

$$ICR = \frac{EBIT}{PI} \qquad (10-16)$$

利息备付率应分年计算。一般情况下，利息备付率不宜低于 2，并结合债权人的要求确定。利息备付率高，表明利息偿付的保障程度高，偿债风险小。

2. 偿债备付率（DSCR）

偿债备付率是指项目在借款偿还期内，各年可用于还本付息的资金（$EBITDA - TAX$）与当期应还本付息金额（PD）的比值，应按下式计算：

$$DSCR = \frac{EBITDA - TAX}{PD} \qquad (10-17)$$

式中　$EBITDA$——息税前利润加折旧和摊销；

　　　　TAX——项目所得税。

偿债备付率应分年计算。偿债备付率表示可用于还本付息的资金偿还借款本息的保证倍率，一般情况不宜低于 1.3，并结合债权人的要求确定。

3. 资产负债率

资产负债率是反映项目各年所面临的财务风险程度及长期偿债能力的指标，其计算公式为：

$$资产负债率 = \frac{负债合计}{资产合计} \times 100\% \qquad (10-18)$$

资产负债率表示项目某年的资产总额中有多大比例是通过举债得到的，反映债权人发放贷款的安全程度。这个比率越高，企业偿还债务的能力越差，财务风险越大；反之，偿还债务的能力越强。适度的资产负债率既能表明企业投资人、债权人的风险较小，又能表明企业经营安全、稳健、有效，具有较强的融资能力。一般认为资产负债率的合理区间为40%~60%。过高的资产负债率表明企业财务风险过大，过低的资产负债率则表明企业对财务杠杆利用不够。不同行业、不同类型的企业资产负债率会存在较大的差异。实际分析时应结合国家总体经济运行状况、行业发展趋势、企业所处竞争环境等具体条件进行判定。

4. 流动比率

流动比率是反映项目各年利用流动资产偿付流动负债能力的指标，其计算公式为：

$$流动比率 = \frac{流动资产总额}{流动负债总额} \times 100\% \tag{10-19}$$

流动比率是衡量资金流动性大小的指标，该指标越高，说明偿还流动负债的能力越强，流动负债得到偿还的保障越大。但是，过高的流动比率也并非好现象，因为流动比率过高，可能是企业滞留在流动资产上的资金过多，未能有效地加以利用，可能会影响企业的盈利能力。

根据国际经验，流动比率在2左右比较合适。但行业间流动比率会有较大差异，一般而言，若行业生产周期较长，流动比率就应该相应提高；反之，就可以相对降低。

5. 速动比率

速动比率是反映项目各年快速偿付流动负债能力的指标，计算公式为：

$$速动比率 = \frac{速动资产总额}{速动负债总额} \times 100\% \tag{10-20}$$

速动比率指标是对流动比率指标的补充，是将流动比率指标计算公式的分子剔除了流动资产中变现能力最差的存货后，计算企业实际的短期债务偿还能力，较流动比率更为准确，该指标体现的是企业迅速偿还债务的能力。该指标越高，说明偿还流动负债的能力越强。与流动比率一样，该指标过高，说明企业资金利用效率低，对企业运营也不利。根据国际经验，一般认为速动比率为1时比较合适。同样，该指标在行业间差异较大，实际应用时应结合行业特点进行分析。

（三）项目生存能力分析

由于在 $FNPV \geq 0$ 的情况下，项目某些年份的资金运转仍然可能发生入不敷出的情况，因此必须通过编制财务计划现金流量表，考察和分析项目的生存能力，即项目能够创造足够的净现金流量，以维持项目正常运营的能力。

1. 财务计划现金流量表的编制

财务计划现金流量表能够反映项目各年资金运行的全貌。它综合考察项目计算期内各年的投资活动、融资活动和经营活动所产生的各项现金流入和流出，计算出净现金流量和累计盈余资金，分析是否有足够的净现金流量维持项目正常运营，以实现财务的可持续性。

2. 短期融资补足资金短缺

如果净现金流量和累计盈余资金在某年出现负值，说明该年会出现资金短缺，使生产或经营无法正常进行。对于出现的这种情况，营利性项目一般需要通过短期融资实现资金平衡，维持正常运营。短期借款一般在借款的次年连本带利归还，其借款、还本和付息额应当记入资金计划现金流量表、成本估算表和资产负债表。因此，财务计划现金流量表除了能够反映项目的生存能力外，同时还用于制定短期借款筹措和还款计划。

3. 非营利性项目分析

没有营业收入的项目，无须进行盈利能力分析，主要考察其财务生存能力。此类项目通常需要得到政府长期补贴才能维持运营，需要合理估算项目运营期各年所需的政府补贴数额，并分析政府补贴的可能性和支付能力。虽然有营业收入，但一定时期内收入不足以补偿全部成本费用的项目，在运营前期一般需要政府补贴维持运营。因此，同样需要通过生存能力分析和制表估算所需补贴额，为实施政府补贴提供依据。

在以上确定性分析完成后，应当进行不确定性分析和风险分析，判断项目或方案的风险状况。经过上述全面分析和综合考虑，才能作出放心和比较满意的决策。

九、不确定性分析及风险分析

投资项目评价建立在评价人员对未来事件的预测、估算和判断的基础上。那些基础数据如投资、成本、产量、价格等不可避免地存在误差，进而使得方案的经济效果产生不确定性，即其实际值极可能偏离预期的目标。数据存在不确定性的原因可能有以下几点：① 世界是永恒变化和发展的，充满偶然与随机性。未来不是过去或现在的简单延伸，社会、政治、文化、经济、技术、市场、自然条件和资源条件是不断变化的，它们本身具有不确定性。② 人的有限理性。人的能力、经验等主观因素的限制、预测方法和工作条件的制约，以及掌握信息的不完全性、不充分性，导致预测和估算的结果会出现偏差，即具有不确定性。

综上所述，项目实施后的实际结果可能在一定程度上偏离预测的基本方案，导致出现不利后果和严重影响。因此，必须进行不确定性和风险分析，发现潜在的不确定因素和风险因素，以加强对风险的规避和控制，提高项目的经济效益和社会效益。

（一）基本概念

1. 不确定性与风险的概念

狭义的风险只反映风险的一个方面，即风险是有害的和不利的，将给项目带来威胁。在管理术语中，风险被视为变化或不确定性。广义的风险是中性的概念，它是未来变化偏离预期的可能性以及对目标产生影响的大小。

不确定性是与确定性相对的一个概念，指某一事件、活动在未来可能发生，也可能不发生，其发生状况、时间及其结果的可能性或概率是未知的。

风险是能够量化的，可以被认为是介于确定和不确定性之间的一种状态，其发生的概念是可知的，或是可以测定的，而不确定性发生的概率未知。

2. 不确定性分析与风险分析的异同

由于不确定性与风险的区别，出现基于概率的风险分析和未知概率的不确定性分析两种决策方法。

（1）共同点。两者的目的都是识别、分析、评价影响项目的主要因素，防范不利影响，提高项目的成功率。

（2）主要区别。两者的主要区别是分析方法不同。不确定性分析是对影响项目的不确定性因素进行分析，测算它们的增减变化对项目效益的影响，并粗略了解项目的抗风险能力。主要方法是盈亏平衡分析（只用于财务评价）和敏感性分析。风险分析则是识别风险因素、估计风险概率、评价风险影响并制定风险对策的过程。主要方法有风险调整法、概率分析等。

在投资项目的评估工作中，不确定性分析与风险分析经常被混用。但严格来说，两者还是有所区别的。

（二）主要分析方法

1. 盈亏平衡分析

盈亏平衡分析是通过盈亏平衡点分析项目成本与收益平衡关系的一种方法。各种不确定因素（如项目投资、生产成本、产品价格、销售量等）的变化，会影响方案的经济效果。当这些因素的变化达到某一临界值（即处于盈亏平衡点）时，就会影响方案的取舍。盈亏平衡分析的目的，就在于找到这些盈亏平衡点。

在进行盈亏平衡分析时，将产品总成本划分为固定成本和变动成本，假定产量等于销量，根据产量（销量）、成本、售价和利润四者之间的函数关系，找出各因素的盈亏平衡点。对于产量而言，盈亏平衡点就是当达到一定的产量时，销售收入正好等于成本，项目不盈不亏（盈利为0）的那一点。盈亏平衡产量越小，说明项目的抗风险能力越大，即项目达到较低的年产量就能保本。必要时还可以求出盈亏平衡生产能力利用率（盈亏平衡点产量÷设计生产能力），其值越低，说明项目抗风险的能力越强。

盈亏平衡分析可以对项目进行定性的风险分析，考察项目承受风险的能力，可用于互斥方案的比较和选择。但它只分析一些因素对项目盈亏的影响，无法对项目的盈利能力进行判断，且不考虑资金的时间价值和项目寿命期内的现金流量的变化，因而分析是比较粗糙的。由于计算简单，它仍然是财务评价中重要的不确定性分析方法，但需要与其他方法结合使用，以提高分析的效果。

2. 敏感性分析

敏感性分析是通过分析预测项目主要因素发生变化时对项目经济评价指标的影响，从中找出敏感因素，并确定其影响程度的一种方法。

一般可选择投资总额、营业收入、经营成本、寿命期、借款利率等不确定因素作为变量进行敏感性分析。若某变量的小幅度变化能导致经济效果指标的较大变化，则称此因素为敏感因素，反之则称其为非敏感因素。

敏感性分析是一项有广泛用途的分析技术。投资项目的敏感性分析，通常是在假定其他变量不变的情况下，测定某一个变量发生特定变化时对评价指标（净现值、内部收益率、投资回收期等）的影响。敏感性分析主要包括最大最小法和敏感程度法两种分析方法。以净现值为例介绍主要步骤。

（1）最大最小法。① 预测每个变量的预期值。计算净现值时需要使用预期的原始投资、现金流入、现金流出等变量。这些变量都是最可能发生的数值，称为预期值。② 根据变量的预期值计算净现值，由此得出的净现值称为基准净现值。③ 选择一个变量并假设其他变量不变，令净现值等于 0，计算选定变量的临界值。如此往复，测试每个变量的临界值。通过上述步骤，可以得出使项目净现值由正值变为 0 的各变量最大（或最小）值。不确定因素允许变动的范围越大，项目的风险越小；反之，则风险越大。

（2）敏感程度法。① 计算项目的基准净现值（方法与最大最小法相同）。② 选定一个变量，如投资额，假设其发生一定幅度的变化，而其他因素不变，重新计算净现值。③ 计算选定变量的敏感度系数：敏感度系数＝目标值变动百分比÷选定变量变动百分比，它表示选定变量变化 1% 时导致目标值变动的百分数。④ 根据上述分析结果，对项目的敏感性作出判断。敏感度系数为正，表示二者同向变化；敏感度系数为负，表示二者反向变化。敏感度系数的绝对值较大者，说明该变量的变化对项目指标的影响比较大。

实际上，各因素间存在相关性，往往多个因素都会发生变动。对于单因素敏感性分析的局限性，改进方法是进行多因素敏感性分析（如双因素敏感性分析、三因素敏感性分析），即考察多个不确定因素同时变动对项目经济效果的影响，但计算量十分烦琐。

敏感性分析可以从不确定因素中识别项目经济评价指标敏感的因素，以及在项目可行的前提下敏感因素允许变动的范围，从而考察项目的风险程度，也提供在决策前重点对项目的敏感因素进一步进行精确预测、估算和研究的机会，减少敏感因素的不确定性，尽量降低敏感因素可能引起的项目风险，还便于在未来项目实施中，采取有力措施控制敏感因素的变动，降低项目风险，以保证项目获得预期的经济效果。但敏感性分析不能预测各种不确定因素在未来发生变动的可能性大小，因而在一定程度上影响分析结论的准确性。

3. 风险调整法

风险调整法是对项目的风险因素进行调整，主要包括调整折现率和调整现金流量两个方面的内容。

（1）按风险调整折现率法。将与特定投资项目有关的风险报酬加入资本成本率或公司要求达到的报酬率中，构成按风险调整的折现率，并据此进行投资决策分析的方法，叫作按风险调整折现率法。按风险调整折现率具体有以下两种方法。

1）用资本资产定价模型调整折现率。在进行项目投资时，可以引入与证券总风险模型大致相同的模型——企业总资产风险模型，用公式表示为：

$$总资产风险 = 不可分散风险 + 可分散风险 \tag{10-21}$$

其中可分散风险可通过企业的多元化经营来消除，值得注意的风险只有不可分散风险（又称为市场风险或系统风险）。市场风险的程度通常用 β 系数来衡量。此时，投资项目按风险调整的折现率可按下式计算：

$$K_j = R_F + \beta_j \times (R_m - R_F) \tag{10-22}$$

式中　　K_j——项目 j 按风险调整的折现率或项目的必要报酬率；

　　　　R_F——无风险折现率；

　　　　β_j——项目 j 不可分散风险的 β 系数；

　　　　R_m——所有项目平均折现率或必要报酬率。

　　$R_m - R_F$——市场风险溢价；

$\beta_j \times (R_m - R_F)$——项目 j 的风险收益率。

2）按投资项目的风险等级调整折现率。这种方法是对影响投资项目风险的各因素进行评分，根据评分确定风险等级，再根据风险等级调整折现率。

（2）按风险调整现金流量法。由于风险的存在，使各年的现金流量变得不确定，就需要按风险情况对各年的现金流量进行调整。这种先按风险调整现金流量，然后进行投资决策的评价方法，称为按风险调整现金流量法。其具体调整办法有很多，这里仅介绍最常用的肯定当量法。

在风险投资决策中，由于各年的现金流量具有不确定性，因此必须进行调整。肯定当量法就是把不确定的各年现金流流量，按照一定的系数（通常称为约当系数）折算为大约相当于确定的现金流量的数量，然后利用无风险折现率来评价投资项目的决策分析方法。约当系数是肯定的现金流量对与之相当的、不肯定的期望现金流量的比值，用 d 来表示，即：

$$肯定的现金流量 = 期望现金流量 \times 约当系数 \tag{10-23}$$

在进行评价时，可根据各年现金流量风险的大小，选取不同的约当系数。当现金流量确定时，可取 $d = 1.00$；当现金流量风险很小时，可取 $0.80 \leqslant d < 1.00$；当风险一般时，可取 $0.40 \leqslant d < 0.80$；当现金流量风险很大时，可取 $0 < d < 0.40$。

为了防止因决策者的偏好不同而造成决策失误，可以根据标准离差率（也称变异系数、离散系数）确定约当系数，因为标准离差率是衡量风险大小的一个较好的指标，用它来确定约当系数是比较合理的。有时，也可以对不同的分析人员各自给出的约当系数进行加权平均，用这个加权平均约当系数对未来不确定的现金流量进行折算。

采用肯定当量法调整现金流量，克服了调整折现率法夸大远期风险的缺点，但如何准确、合理地确定约当系数是一个难度很大的问题。

4. 概率分析

概率分析是通过研究各种不确定性因素发生不同变动幅度的概率分布及其对项目经济评价指标的影响，对项目可行性和风险性以及方案优劣做出判断的一种方法。

从严格意义上说，决定项目经济效果的绝大多数因素（如投资额、经营成本、销售价格、建设期等）都是随机变量，只能大致预测其取值的范围，而不能知道其具体数值。因此，项目的现金流量是独立的随机变量，净现值必然也是一个随机变量——随机净现值。概率分析的步骤如下：

（1）给出不确定因素可能出现的各种状态及其发生的概率，在概率分析中，可以分成客观概率分析和主观概率分析。客观概率分析指根据历史统计资料估算项目寿命期内的基础数据——不确定因素各种状态的取值及其发生的概率。对于一些项目，通过历史统计资料估算的基础数据及发生的概率，在未来的项目寿命期内会以同样的规律出现。水利工程就是一个典型案例，因为历史洪水水位、径流量等的规律同样会出现在未来。而对另一些项目来说，未来和历史的情况无法相同。此时，基础数据的各种状态及其发生概率的确定，只能凭主观预测、分析和估算，即主观概率分析。各概率之和应为1。

（2）完成多种不确定因素不同状态的组合。可以借助概率树完成对各种因素不同状态的组合，并求出方案所有可能出现的净现金流量序列及其发生的概率，以便求出方案所有可能出现的净现值及其发生的概率。

（3）计算项目或方案净现值的期望值和标准差。

（4）求出项目净现值大于或等于0的累计概率。该概率值越高，说明项目的风险越小；反之，则风险越大。

概率分析的主要优点是可以给出项目净现值小于0的概率，从而定量地测定项目不可行的风险有多大，对于投资者来说，这是进行投资决策的重要信息。但仍然难以提供一个决定项目取舍的标准或依据，这并不是概率分析本身的不足，而是因为任何风险决策问题，项目的取舍可能取决于两个方面：一是风险的大小；二是投资者对风险的态度和承受能力。另外，基础数据的取值及其发生概率的估算对分析的准确程度有很大的影响。此时，工作人员的经验和能力显得尤为重要。

例 10-1 某发电站是新建项目，建设期1年，运营期25年。工程固定资产投资为1285.16万元，折旧按直线法计算，残值率取5%，折旧年限取15年。该项目运营的第1~3年免征企业所得税，第4~6年减半征收，所得税税率为25%。行业税前财务基准收益率取5%。该项目投资现金流量情况见表10-3。试对项目进行财务评价。

项目投资现金流量表

表 10-3

单位：万元

序号	项目	第1年	第2年	第3年	第4年	第5年	第6年	第7年	第8年	第9年	第10年	第11年	第12年	第13年
1	现金流入	0.00	154.04	152.81	151.58	150.35	149.11	147.88	146.65	145.42	144.18	142.95	141.72	140.49
1.1	营业收入	0.00	154.04	152.81	151.58	150.35	149.11	147.88	146.65	145.42	144.18	142.95	141.72	140.49
1.2	回收固定资产余值	0.00	0.00	0.00	0.00	0.00	0.00	0.00	0.00	0.00	0.00	0.00	0.00	0.00
1.3	回收流动资金	0.00	0.00	0.00	0.00	0.00	0.00	0.00	0.00	0.00	0.00	0.00	0.00	0.00
2	现金流出	1305.16	33.10	33.08	33.06	37.53	37.35	37.18	41.04	40.72	40.39	40.07	42.16	41.83
2.1	建设投资	1285.16	0.00	0.00	0.00	0.00	0.00	0.00	0.00	0.00	0.00	0.00	0.00	0.00
2.2	流动资金	20.00	0.00	0.00	0.00	0.00	0.00	0.00	0.00	0.00	0.00	0.00	0.00	0.00
2.3	经营成本（付现成本）	0.00	30.48	30.48	30.48	30.48	30.48	30.48	30.48	30.48	30.48	30.48	33.69	33.69
2.4	税金及附加	0.00	2.62	2.60	2.58	2.56	2.53	2.51	2.49	2.47	2.45	2.43	2.41	2.39
2.5	所得税	0.00	0.00	0.00	0.00	4.49	4.34	4.19	8.07	7.77	7.46	7.16	6.06	5.75
3	净现金流量	-1305.16	120.94	119.73	118.52	112.82	111.76	110.70	105.61	104.70	103.79	102.88	99.56	98.66

序号	项目	第14年	第15年	第16年	第17年	第18年	第19年	第20年	第21年	第22年	第23年	第24年	第25年	第26年
1	现金流入	139.25	138.02	136.79	135.56	134.33	133.09	131.86	130.63	129.40	128.16	126.93	125.70	208.73
1.1	营业收入	139.25	138.02	136.79	135.56	134.33	133.09	131.86	130.63	129.40	128.16	126.93	125.70	124.47
1.2	回收固定资产余值	0.00	0.00	0.00	0.00	0.00	0.00	0.00	0.00	0.00	0.00	0.00	0.00	64.26
1.3	回收流动资金	0.00	0.00	0.00	0.00	0.00	0.00	0.00	0.00	0.00	0.00	0.00	0.00	20.00
2	现金流出	41.51	41.19	40.86	60.88	60.56	60.24	59.91	59.59	59.27	58.94	58.62	58.30	57.98
2.1	建设投资	0.00	0.00	0.00	0.00	0.00	0.00	0.00	0.00	0.00	0.00	0.00	0.00	0.00
2.2	流动资金	0.00	0.00	0.00	0.00	0.00	0.00	0.00	0.00	0.00	0.00	0.00	0.00	0.00
2.3	经营成本（付现成本）	33.69	33.69	33.69	33.69	33.69	33.69	33.69	33.69	33.69	33.69	33.69	33.69	33.69
2.4	税金及附加	2.37	2.35	2.33	2.30	2.28	2.26	2.24	2.22	2.20	2.18	2.16	2.14	2.12
2.5	所得税	5.45	5.15	4.84	24.89	24.59	24.29	23.98	23.68	23.38	23.07	22.77	22.47	22.17
3	税后净现金流量	97.74	96.83	95.93	74.68	73.77	72.86	71.95	71.04	70.13	69.22	68.31	67.40	150.75

计算期

解：依据表 10-3，可以计算出工程的各项财务评价指标。

（1）利润总额 = 1391.19 万元，净利润 = 1085.17 万元。

（2）动态投资回收期（P_t'）：

所得税前 = 12.43 年；所得税后 = 12.95 年。

（3）财务内部收益率（FIRR）：

所得税前 = 6.85%；所得税后 = 5.90%。

（4）财务净现值（FNPV）：

所得税前 = 229.79 万元；所得税后 = 103.29 万元。

进一步测算投资、发电量、电价、经营成本等单独变化时，对相关财务指标的影响。敏感性分析结果见表 10-4。不难看出，该工程的抗风险能力不强，项目对电价与发电量因素比较敏感，需要在生产经营中加以关注。

敏感性分析表　　　　　　　　　　　　　　表 10-4

变动因素	变化幅度	投资回收期（税前，年）	投资回收期（税后，年）	财务内部收益率（税前）	财务内部收益率（税后）	财务净现值（税前，万元）	财务净现值（税后，万元）
投资	−10%	11.21	11.65	8.08%	7.14%	352.19	225.68
	−5%	11.81	12.30	7.44%	6.49%	290.99	164.49
	0%	12.43	12.95	6.85%	5.90%	229.79	103.29
	5%	13.04	13.61	6.31%	5.35%	168.60	42.09
	10%	13.67	14.27	5.80%	4.85%	107.40	−19.11
发电量	−10%	14.28	14.63	5.35%	4.54%	42.03	−51.39
	−5%	13.28	13.74	6.11%	5.23%	135.91	25.95
	0%	12.43	12.95	6.85%	5.90%	229.79	103.29
	5%	11.69	12.25	7.57%	6.56%	323.68	180.62
	10%	11.04	11.61	8.28%	7.20%	417.56	257.96
电价	−10%	14.28	14.63	5.35%	4.54%	42.03	−51.39
	−5%	13.28	13.74	6.11%	5.23%	135.91	25.95
	0%	12.43	12.95	6.85%	5.90%	229.79	103.29
	5%	11.69	12.25	7.57%	6.56%	323.68	180.62
	10%	11.04	11.61	8.28%	7.20%	417.56	257.96
经营成本	−10%	12.10	12.59	7.18%	6.26%	272.65	146.14
	−5%	12.26	12.77	7.01%	6.08%	251.22	124.72
	0%	12.43	12.95	6.85%	5.90%	229.79	103.29
	5%	12.60	13.15	6.68%	5.72%	208.37	81.86
	10%	12.78	13.35	6.52%	5.53%	186.94	60.43

综上所述，该项目在财务上是可行的，但其盈利能力与抗风险能力尚不强。若要实施，可能需要争取政策支持，如适度给予财政补贴或提高电价，促进项目在财

务上可持续发展。

第二节　经济费用效益评价

一、经济费用效益评价的概念

1. 经济费用效益评价的含义

经济费用效益评价（也称经济费用效益分析，即国民经济评价）是从社会资源合理配置的角度，采用影子价格、影子汇率和社会折现率等经济参数，分析项目投资的经济效率和对社会福利所作的贡献，从而判断项目的经济合理性。它是项目经济评价的第二个层次。经济费用效益分析的主要目标是优化经济资源的配置，它研究项目投资的经济效率和项目对国家经济资源的贡献或耗费，关心项目涉及的所有成员和群众的利益，有助于设计和选择能够对一个国家的福利作出贡献的项目。

2. 经济费用效益评价的项目分类

（1）政府预算内投资（包括国债基金）的用于关系国家安全、国土开发和不能有效配置资源的公益性项目和公共基础设施建设项目、保护和改善生态环境、重大战略性资源开发项目。

（2）政府各类专项建设基金投资的用于交通运输、农林水利等基础设施、基础产业建设项目。

（3）利用国际金融组织和外国政府贷款，需要政府主权信用担保的建设项目。

（4）法律、法规规定的其他政府性投资的建设项目。

（5）企业投资建设的涉及国家经济安全、影响环境资源、影响公共利益、可能出现垄断、涉及整体布局等公共性问题，需要政府核准的建设项目。

3. 经济费用效益评价的内容

（1）效益和费用的识别。识别遵循有无对比、分析增量原则（项目实施后效果与无项目时的情况对比），着眼于项目投入和产出所引起社会资源的变动。不限于项目自身的直接费用和效益（投资项目建设和运营过程中直接发生的、在财务账面上直接显现的费用和效益），还要从全社会的利益出发，考察项目的间接（外部）费用和效益，对项目涉及的社会成员、组织或利益群体因项目而付出的代价（费用或负面影响），以及项目为其作出的贡献（效益或正面影响）进行综合考虑。对这些效益和费用需要逐一识别、归类。

（2）影子价格的确定与基础数据的调整。影子价格是指社会处于某种最优状态下，能够反映社会劳动消耗、资源稀缺程度和最终产品需求状况的价格。正确拟定项目投入物和产出物的影子价格，是保障经济费用效益评价科学性的关键。在进行评价时，应选择既能够反映资源的真实经济价值，又能够反映市场供求关系，并且符合国家经济政策的影子价格，在此前提条件下，将项目的各项经济基础数据按照影子价格进行调整，计算各项经济效益和费用。

（3）国民经济效果分析。根据以上各项经济效益和费用，编制项目的经济费用效益流量表，结合社会折现率等经济参数，计算项目的各项经济费用效益评价指标，并进行不确定性分析，最终对投资项目的经济合理性进行综合评价。

二、经济费用效益评价步骤

经济费用效益评价可以直接进行，也可以在财务分析的基础上，将财务现金流量经过调整转换为反映真正资源变动状况的经济费用效益流量后再进行。

（一）直接进行经济费用效益评价

1. 进行费用效益的识别和计算

可将投入物和产出物分为：具有市场价格的货物（包括外贸货物和非外贸货物）；不具有市场价格的货物；特殊投入物（人力资源、土地、资产资源）。按影子价格的测算方法与原则（表10-5），分别计算其经济价值。

我国当前影子价格测算方法和原则 表10-5

分类	细目		测算原则或方法
1. 具有市场价格的投入、产出	外贸品		以实际发生的口岸价格为基础确定
	非外贸品		以竞争性市场环境下的市场价格为依据
2. 不具有市场价格或市场价格难以反映经济价值的产出或服务	按照消费者支付意愿的原则，显示偏好的方法		
	根据意愿调查法，按照陈述偏好的方法		
3. 特殊投入物	人力资源		机会成本＋新增资源消耗
	土地	生产性用地	土地的机会成本＋新增资源消耗
		非生产性用地	该土地出售者支付意愿或市场交易价格
	资源资产		不可再生的按机会成本
			可再生的按资源再生费

对于难以货币化的效果，应尽可能采用其他量纲予以量化。难以或不能量化的，应进行定性描述，以全面反映项目正负两个方面的效果。

2. 估算投资费用和经营费用

（1）编制投资费用估算表。需注意：① 由于采用影子价格，不考虑涨价因素，故预备费中不包括价差预备费；② 由于不考虑融资问题，投资费用中不含建设期利息；③ 固定资产其他费用中的土地费用，应当根据实际情况按生产性用地或非生产性用地的测算原则估算；④ 流动资金部分，应当按投入物的影子价格计算，并且不包含现金、应收账款、应付账款、预收账款、预付账款等不反映实际资源耗费的部分。

（2）编制经营费用估算表。在经营费用估算中，除投入物必须使用影子价格并且不考虑流转税，工资须按影子工资，在其他费用一栏中，不包含各种税费。

3. 编制经济费用效益流量表

将尽可能货币化的效益和费用填入表内。注意：产出物（非外贸货物）的影子价格含流转税。计算出经济内部收益率和经济净现值。对以其他量纲计量的，以及完全无法计量的间接费用和效益，分别进行定量和定性的描述。

4. 进行不确定性分析和风险分析

在经济费用效益分析中，虽然采用影子价格体系，但是估算和预测出来的数据不可避免地存在不确定性。因此，同财务评价一样，必须通过敏感性分析、概率分析判断项目的抗风险能力，为决策提供依据。

5. 做出评价结论

综合考虑评价指标的评价结果和不确定性分析的结果，做出项目经济费用效益评价的结论，综合评价投资项目在经济上的合理性。

（二）在财务评价基础上进行经济费用效益评价

1. 用影子价格对原财务价格予以调整

项目投入物和产出物的原财务价格，需要逐一甄别，按相关原则采用影子价格。使用外汇的部分，用影子价格换算系数予以调整。

2. 剔除转移支付因素

（1）在总投资中剔除：建设期利息；进口设备、材料的关税和增值税；流动资金投资中不反映实际资源耗费的现金和应收账款、应付账款、预收账款、预付账款也应剔除。

（2）在原财务经营成本中剔除：其他费用中的车船税、土地使用税等税项；进口材料、备品备件的关税和增值税。

3. 剔除总投资中的价差预备费

由于影子价格与涨价因素无关，故应将财务评价项目总投资中的价差预备费剔除。

4. 调整外汇价值

涉及外汇收入和支出时均需要用影子汇率计算外汇价值，即将外汇价格乘以影子汇率，转换成人民币。

5. 按各相关原则对间接费用和效益进行估算

在原来的财务评价中，仅包括项目的直接费用和效益，因此应当按有关原则，对有形（可货币化的）间接费用和效益进行测算。无形间接效果则尽可能予以量化或定性说明。

6. 编制经济费用效益流量表

表中必须包含货币化的间接费用和效益。计算出经济内部收益率和经济净现值。对以其他量纲计量的，以及完全无法计量的间接费用和效益，分别进行定量和定性的描述。

7. 进行不确定性分析和风险分析

8. 做出经济费用效益评价结论

三、经济费用效益评价指标

1. 经济净现值（ENPV）

项目按照社会折现率将计算期内各年的经济净效益流量折现到建设期初的现值之和，是经济费用效益评价的主要评价指标。其计算公式为：

$$ENPV = \sum_{t=1}^{n} (B-C)_t (1+i_s)^{-t} \qquad (10\text{-}24)$$

式中　B——经济效益流量；

　　　C——经济费用流量；

　　　n——项目计算期；

　　　t——第 t 期；

　　　i_s——社会折现率。

社会折现率是基于全社会的角度，对政策、公共投资项目或其他相关方面进行费用效益分析的适用（或参考）折现率。社会折现率是用以衡量资金时间经济价值的重要参数，代表社会投资的机会成本，并且用作不同年份之间资金价值换算的折现率。在经济费用效益分析中，若 $ENPV \geqslant 0$，说明项目达到或超过社会折现率要求的效率水平，认为该项目从经济资源配置的角度可以被接受。

2. 经济内部收益率（EIRR）

项目在计算期内经济净效益流量的现值累计等于 0（$ENPV=0$）时的折现率，是经济费用效益分析的辅助评价指标。计算公式为：

$$\sum_{t=1}^{n} (B-C)_t (1+EIRR)^{-t} = 0 \qquad (10\text{-}25)$$

式中符号含义同前文。

如果 $EIRR \geqslant i_s$，表明项目资源配置的经济效益达到可以被接受的水平。

3. 效益费用比（R_{BC}）

项目在计算期内效益流量的现值与费用流量的现值的比率，是经济费用效益分析的辅助评价指标。计算公式为：

$$R_{BC} = \sum_{t=1}^{n} B_t (1+i_s)^{-t} / \sum_{t=1}^{n} C_t (1+i_s)^{-t} \qquad (10\text{-}26)$$

式中　B_t——第 t 期的经济效益流量；

　　　C_t——第 t 期的经济费用流量。

其他符号含义同前文。

若 $R_{\mathrm{BC}} > 1$，表明项目资源配置的经济效益达到可以被接受的水平。

4. 经济净年值（ENAV）

通过资金的等值计算将投资项目的经济净现值分摊到寿命期内各年（从第 1 年到第 n 年）的等额年值。其计算公式为：

$$ENAV = ENPV \times (A/P, i_{\mathrm{s}}, n) = ENPV \times \frac{i_{\mathrm{s}}(1+i_{\mathrm{s}})^{n}}{(1+i_{\mathrm{s}})^{n}-1} \qquad （10\text{-}27）$$

式中　$(A/P, i_{\mathrm{s}}, n)$——投资回收系数；

$\qquad\quad A$——年金；

$\qquad\quad P$——现值。

其他符号含义同前文。

若 $ENAV \geqslant 0$，说明该项目在经济上可以接受；反之，则应该拒绝该项目。

经济净年值与经济净现值是两个等效的指标，只不过经济净现值是项目在寿命期内获得的总收益的现值，而经济净年值则是项目在寿命期内每年获得的等额收益。与经济净现值不同的是，对于寿命期不同的方案比选，使用经济净年值法可以使方案之间更具可比性。

四、经济费用效益评价与财务评价的区别

投资项目经济评价主要包括财务评价与经济费用效益评价两个层次，二者各有其任务和作用。它们的主要区别如表 10-6 所示。

财务评价与经济费用效益评价的主要区别　　　　　　　　　表 10-6

项目	财务评价	经济费用效益评价
评价角度	项目财务核算单位（企业）	国家和全社会
评价目的	以项目净收益最大化为目标。考察项目的盈利能力、清偿能力、生存能力、利润和分配情况、各投资方的盈利能力、外汇效果等	以实现社会资源的最优配置和有效利用为目的，考察分析项目投资的经济效益和对社会福利所作出的贡献，以及整个社会为项目付出的代价，评价项目的经济合理性
效益与费用的含义	着眼于货币的流入与流出。凡是增加项目收入的即为财务收益；凡是减少项目收入的即为财务费用。因此，补贴、税金、各种利息均属财务收益	着眼于项目引起的社会资源的变动。凡是增加社会资源的项目产出即为效益；凡是减少社会资源的项目投入即为费用。因此，补贴、税金（部分）和国内借款利息作为转移支付剔除
效益与费用的范围	将项目作为独立的经济系统进行分析，因此仅包括发生在项目范围内上述流入、流出项目的货币金额（直接效益和费用）	将整个国家作为独立的经济系统进行分析，包括项目产生的直接效益和费用、间接（外部）费用和效益。不仅包括有形外部效益和费用，还包括无形外部效益和费用
采用的价格	采用国内现行市场价格	采用更能反映货物真实经济价值、更有利于合理配置社会资源的影子价格
使用的参数和判据	采用行业基准收益率或投资者所能接受的最低收益率、国家统一发布的外汇汇率	采用社会折现率、影子汇率、影子价格及其换算系数

续表

项目	财务评价	经济费用效益评价
项目性质	对于不涉及进出口平衡等一般项目，其产出品的市场价格基本上能够反映其真实价格，财务评价的结论能满足投资决策需要的项目	对于关系公共利益、国家安全、国家控制的战略性资源和市场不能有效配置的资源的开发等具有明显外部效果（一般为政府审批或核准）的项目

对于特别重大的投资建设项目（建设周期长、投资巨大、影响广泛等），经济评价还需要进行区域经济或宏观经济影响分析。此外，从经济与社会协调发展的角度，对于社会因素复杂、社会影响久远、社会风险较大的发展项目（如涉及大规模移民征地的项目等），应当进行全面的社会评价。为促进科学决策、民主决策、依法决策，预防和化解社会矛盾，国家发展和改革委员会于 2012 年颁布了《国家发展改革委重大固定资产投资项目社会稳定风险评估暂行办法》等。

通过上述不同角度对项目进行微观和宏观评价后，需要综合不同层次的评价效果，提出意见和建议，为最终的投资决策提供全面、系统、客观的依据。

限于篇幅，仅对财务评价、经济费用效益评价后的最终决策问题予以简略介绍。

（1）在上述两类评价结论一致的情况下，即如果分析结论都认为项目可行（或都认为不可行），最终的决策应当予以通过（或予以否定）。

（2）在上述两类评价结论发生不一致的情况下：

1）财务评价效果好，而经济费用效益评价效果不好，或者区域经济与宏观经济影响分析效果不好的情况，最终决策依据需要以国家利益为重，以宏观的分析结论为最终依据，判定项目不可行。

2）财务评价经济效果不理想，即项目在财务上难以生存，达不到企业或投资者可以接受的经济效果，但经济费用效益评价效果良好，或者区域经济与宏观经济影响分析效果良好，说明该项目是有利于社会资源配置，或符合国家产业政策、技术政策，以及对国家的区域和宏观经济有较大贡献的项目。此时，从宏观大局利益出发，应当判定项目可行。

3）在宏观效果好，而微观效果不理想的情况下，考虑到企业是独立的经营单位，是投资后果的直接承担者，需要重新进行财务评价。可考虑：① 通过对项目的进一步财务分析，对项目予以"再设计"，提出改进项目经济效益的建议；② 通过考察有关经济参数变动对财务评价结果的影响，寻找经济调节的方式和幅度，向国家提出采取经济优惠措施的建议（如在价格、税收、利率上给予企业以适当优惠等），使项目（企业）获得财务上的生存能力和一个好的发展前景。如此，才能取得微观和宏观投资效果的统一，企业利益与国家利益、社会利益的统一。

第三节　工程经济评价案例

一、工程简况

某长江干堤整险加固工程属于改建、扩建性质的水利建设项目。该干堤位于长江中下游左岸的某省某市境内，全长104.88km，堤顶高程一般位于23.91～29.10m，有32%的堤段的堤顶高程满足设计要求，堤身高度为5～7m，堤顶宽度为6～9m，堤内及堤外坡比为1：3。干堤范围内长江总体流向为北西至南东，蜿蜒曲折，江面宽一般为1～2km。该干堤与举水、巴河、浠水等支堤共同保护该市的5个县（市、区），保护区面积为1520km²，人口108万。保护区内有一些重要的工商业城镇，也是该省重要的粮棉生产基地，沪蓉高速公路和106、318等国道及京九铁路穿越保护区。保护区内水陆运输十分发达，工农业生产水平较高，其经济发展水平在该地区占有非常重要的地位。

二、经济评价内容和方法

根据国家标准规范规定，按有无整险加固工程对比，以增量投资和增量效益为基础进行经济评价。此工程属于社会公益性水利建设项目，仅进行经济费用效益评价。

根据工程具体情况，要使保护区的防渗标准达到设计要求，不仅要实施长江干堤的整险加固工程，还必须对长江支堤进行整险加固。因此，本案例的经济费用效益评价中，将对长江干堤和支堤整险加固工程作整体评价，即以整险加固工程的投资费用作为增量费用，以实施整险加固工程后的减灾效益作为增量效益，分析计算其经济净现值（$ENPV$）、经济内部收益率（$EIRR$）、效益费用比（R_{BC}）等指标，并对不确定因素进行敏感性分析，分析工程的经济合理性。同时对该工程的不同方案采用$ENAV$指标进行比选，评出最优方案。

三、主要参数

1. 社会折现率

按照国家标准规范规定，该项目的社会折现率取12%。

2. 价格

计算期内均使用同一价格水平。除按国家标准规范对工程投资进行调整外，影子价格换算系数都采用1.0。

3. 计算期

（1）方案1。计算期取54年，其中建设期为3年（4个年度），运行期为50年。工程开工后第4年开始发挥部分效益，第5年发挥全部效益。

（2）方案2。计算期取64年，其中建设期为3年（4个年度），运行期为60年。

工程开工后第 4 年开始发挥部分效益，第 5 年发挥全部效益。

（3）方案 3。计算期取 84 年，其中建设期为 3 年（4 个年度），运行期为 80 年。工程开工后第 4 年开始发挥部分效益，第 5 年发挥全部效益。

4. 基准年与基准点

以建设期的第一年为基准年，并以该年年初作为折现计算的基准点，各项费用和效益均按年末发生和结算。

四、工程费用分析

工程费用主要包括加固工程固定资产投资、年运行费和流动资金等。

1. 固定资产投资

根据初步投资估算，该长江干堤、支堤整险加固工程的静态总投资见表 10-7。

工程投资表 表 10-7

年份	第 1 年（万元）	第 2 年（万元）	第 3 年（万元）	第 4 年（万元）	合计（万元）
方案 1	46509	45435	42493	12590	147027
方案 2	47649	46594	43578	12968	150789
方案 3	50283	49169	45986	13684	159122

2. 年运行费

按国家标准规范规定，年运行费应包括材料、燃料及动力费、职工工资及福利费、工程维护费、管理费和其他直接费用。按固定资产投资的 2.5% 进行估算。各方案年运行费分别为：方案 1，$147027 \times 2.5\% \approx 3676$（万元）；方案 2，$150789 \times 2.5\% \approx 3770$（万元）；方案 3，$159122 \times 2.5\% \approx 3978$（万元）。

3. 流动资金

按年运行费的 10% 计算，各方案流动资金分别为：方案 1，$3676 \times 10\% \approx 368$（万元）；方案 2，$3770 \times 10\% = 377$（万元）；方案 3，$3978 \times 10\% \approx 398$（万元）。

五、工程效益分析

投资项目不仅产生可以定量描述的经济效果，也可能产生可以定性说明的非经济性效果；投资项目不仅对项目或企业产生微观效果，而且对国家和社会产生宏观效果。以一个水利枢纽开发项目为例，对它的投资效果进行简要分析。

1. 直接效果

指由项目的投入物、产出物产生的、发生在项目范围内计算的经济效果（一般为企业的经济效果）。

（1）直接收益。项目发电、灌溉、供水、过往航船收费、养鱼、游览服务等方面的收益。

（2）直接费用。项目投资建设、日常运行及维护修理费用等。

2. 间接（外部）效果

指由项目引起的，在直接效果中没有得到反映的效果，也称为社会效果。

（1）外部效益。

1）有形外部效益（可用货币计量）。包括：① 灌溉农田，使受益农田的农作物增产增收；② 项目的防洪、排涝作用，防止或减少灾害损失而产生的效益；③ 由于项目具有旅游价值，以及带动周边地区商业发展所创造的经济收益；④ 项目使航运公司的运量增加、成本节省而产生的经济效益等。

2）无形外部效益（难以赋予货币价值的效益）。包括：① 可以用非货币单位计量的，如项目在增加就业人数、减少贫困人口上的贡献；② 不能量化的，如项目在促进库区经济发展、保护生态环境、加强民族团结、推动共同富裕等方面发挥的积极作用和影响等。无法量化的效益需要予以定性说明。

（2）外部成本（费用）。

1）有形成本（可用货币计量）。包括：① 工程占用和淹没土地的损失；② 航运量的增加，减少了公路、铁路等运输的需求量，导致相关部门收入的减少；③ 水库周围土壤的盐碱化，造成该部分土地的农作物减产等。

2）无形成本。包括：① 由于工程的建设，原有自然或人文景观可能遭到一定程度的破坏；② 因工程建设带来的移民搬迁安置问题等。

对于无形成本，同样需要予以定性说明。

由此可见，投资项目可能产生各种复杂的效果，微观投资效果与宏观投资效果不一致的情况也可能出现。当然，大多数投资项目效果相对来说可能没有那么复杂，或者基本不涉及外部效果。投资者应当具有高度的认识，在权衡投资效果的利弊时，须兼顾企业、国家和社会的利益，即微观与宏观分析相结合、定量与定性分析相结合，实现资源的最佳配置，以达到投资预期的、良好的经济效益或社会效益，这对我国社会和谐发展，经济持续健康、高质量发展具有极为重要的意义。

本案例中干堤整险加固工程的主要效益为防洪效益。防洪效益构成复杂，涉及因素较多，除经济效益外，还有难以用经济指标衡量的社会效益和环境效益。为简化计算，本案例仅对堤防工程减少的洪水淹没损失进行计算，即按有防洪工程与无防洪工程相比所减少的淹没损失作为该工程的防洪经济效益。

1. 减淹耕地面积分析计算

按有、无整险加固工程情况下同一洪水造成淹没面积的差值计算。

该市因其地理位置及气候条件，历来洪涝灾害频繁。1949～1998 年间发生了1954 年、1983 年、1995 年、1996 年和 1998 年等数次大洪水。1954 年长江大洪水，该长江干堤溃口几十处，长约 10km，堤内一片汪洋，淹没面积达 5.01 万 hm²。1998年长江发生了仅次于 1954 年的大洪水，堤防各类险情不断出现，虽未溃口，但防汛抢险投入达 1.5 亿元，付出了巨大的经济代价。按 1949～1998 年洪水系列分析，干堤整险加固工程实施以后，若仅考虑减少 1954 年洪水淹没的耕地 5.01 万 hm^2，折合多年平均可减淹耕地 $1001hm^2$。

2. 洪灾综合经济损失指标分析计算

（1）洪灾直接经济损失。按照 1998 年生产和价格水平，对长江干堤 1998 年洪水影响范围内的财产进行调查，并考虑 1998 年长江洪水超警戒水位 80d 以上各类财产的损失情况。影响区内财产直接损失分析计算结果见表 10-8。

保护范围内直接经济损失计算表　　　　　　　　　　　表 10-8

项目	保护财产（亿元）	财产损失率（%）	财产淹没损失（亿元）
1. 农业财产	57.29	30	17.19
2. 工业财产	100.23	20	20.05
3. 商业财产	9.38	30	2.81
4. 公共财产	15.26	10	1.53
5. 私人财产	66.05	15	9.91
合计	248.21		51.48

按 1998 年洪水影响区内 4.58 万 hm^2 耕地考虑，洪灾直接经济损失综合指标为 51.48 亿元 /4.58 万 $hm^2 \approx 11.24$（万元 /hm^2）。

（2）洪灾间接经济损失。指因洪灾造成的直接经济损失给洪灾区内外带来影响而间接造成的经济损失。按直接经济损失的 25% 计算。

（3）洪灾综合经济损失指标。经过上述计算，该工程保护范围内洪灾综合经济损失指标为：$11.24 \times（1 + 25\%）= 14.05$（万元 /$hm^2$）。综合考虑 1998～2001 年间的洪灾增长率（按 3% 计）和物价变化（按 7% 计），该工程洪灾综合经济损失指标采用 $14.05 \times（1 + 3\%）^3 \times（1 + 7\%）^3 \approx 18.81$（万元 /$hm^2$）。

3. 防洪效益

按前面分析的多年平均减淹面积和洪灾综合经济损失指标计算，该长江干堤整险加固工程实施后多年平均可减免洪灾经济损失为：18.81 万元 /$hm^2 \times 1001hm^2 \approx$ 18829（万元），即该工程的多年平均防洪经济效益为 18829 万元。在计算期内，防洪效益年平均递增率按 5% 考虑（综合考虑计算期内洪灾增长率和物价变化）。

六、经济费用效益分析

经济费用效益分析是按资源合理配置的原则，从国家整体角度考虑项目的效益和费用，计算该整险加固工程对国民经济的净贡献，评价项目的经济合理性。

1. 经济费用的计算

（1）固定资产投资。结合该工程具体情况，固定资产投资调整主要以静态投资为基础，扣除属于国民经济内部转移支出的税金、计划利润、贷款利息等费用，调整后各方案的影子投资分别为：方案 1，135265 万元；方案 2，138726 万元；方案 3，146392 万元。

（2）年运行费。按调整后影子投资的 2.5% 计算，各方案年运行费分别为：方案 1，135265×2.5%≈3382（万元）；方案 2，138726×2.5%≈3468（万元）；方案 3，146392×2.5%≈3660（万元）。

（3）流动资金。按年运行费的 10% 计算，各方案流动资金分别为：方案 1，3382×10%≈338（万元）；方案 2，3468×10%≈347（万元）；方案 3，3660×10%＝366（万元）。

2. 经济效益计算

按前述计算的结果，将多年平均防洪效益 18825 万元作为该工程第 1 年年初的防洪效益估计值，并预计逐年递增 5%。工程开工后第 4 年开始发挥效益（按 30% 效益估算），第 5 年及以后充分发挥效益（按 100% 效益估算）。

3. 经济费用效益分析基本报表及评价指标

根据上述费用与效益计算，编制各方案的经济费用效益流量表，分别见表 10-9～表 10-11。进而可计算经济费用效益评价指标，计算结果如表 10-12 所示。

不难看出，该工程的 3 个方案的各项评价指标均优于国家标准规定的评价标准（注：对于堤防防洪标准经济评价来说，内部收益率为 15.0%～25.0%、效益费用比为 1.1～5.0 及其相应的净现值大于 0 为较优良），说明该项目经济效益是可行的。

4. 敏感性分析

上述评价采用的数据大部分来自预测和估算，具有一定的不确定性。为了检验其中某些数据变化对成果的影响，按下列两项主要因素变化进行敏感性分析：① 投资增减 10%、20%；② 效益增减 10%、20%。各方案计算结果见表 10-13。

结果表明：在投资变动 10%、20% 或效益变动 10%、20% 的情况下，各项指标虽有变化，但均优于国家标准规定的评价标准，即内部收益率大于社会折现率 12%，净现值大于 0，效益费用比大于 1，不影响经济评价结论。说明该工程具有较强的抗风险能力。

5. 风险分析

假设风险收益率取 2%，则按风险调整的折现率 $K＝12\%＋2\%＝14\%$，再次计算经济费用效益评价指标，结果如表 10-14 所示。

可以看出，在考虑风险的情况下，该工程的各项指标虽有变化，但仍优于国家标准规定的评价标准，即净现值大于 0，效益费用比大于 1，不影响经济评论结论。说明该工程具有较强的抗风险能力，项目在经济效益上是可行的。

经济费用效益流量表（方案1）

表 10-9

单位：万元

项目	1	2	3	4	5	6	7	8	9	10	11	12	...	53	54	合计
	建设期					运行期										
1 效益流量				6865	24026	25227	26489	27813	29204	30664	32197	33807	...	249901	262734	5036998
1.1 项目效益				6865	24026	25227	26489	27813	29204	30664	32197	33807	...	249901	262396	5036660
1.2 回收固定资产余值																
1.3 回收流动资金															338	338
1.4 项目间接效益																
2 费用流量	42788	41800	39094	12823	3607	3382	3382	3382	3382	3382	3382	3382	...	3382	3382	305830
2.1 固定资产投资	42788	41800	39094	11583												135265
2.2 流动资金				113	225											338
2.3 经营费用				1127	3382	3382	3382	3382	3382	3382	3382	3382	...	3382	3382	170227
2.4 更新改造费																
2.5 项目间接费用																
3 净效益流量	-42788	-41800	-39094	-5958	20419	21845	23107	24413	25822	27282	28815	30425	...	246519	259352	4731168

经济费用效益流量表（方案 2）

表 10-10

单位：万元

项目		建设期				运行期										合计
年序	1	2	3	4	5	6	7	8	9	10	11	12	…	63	64	
1 效益流量				6865	24026	25227	26489	27813	29204	30664	32197	33807	…	407062	427762	8502414
1.1 项目效益				6865	24026	25227	26489	27813	29204	30664	32197	33807	…	407062	427415	8502067
1.2 回收固定资产余值																
1.3 回收流动资金													…		347	347
1.4 项目间接效益																
2 费用流量	43837	42866	40092	13203	3699	3468	3468	3468	3468	3468	3468	3468	…	3468	3468	348309
2.1 固定资产投资	43837	42866	40092	11931												138726
2.2 流动资金				116	231											347
2.3 经营费用				1156	3468	3468	3468	3468	3468	3468	3468	3468	…	3468	3468	209236
2.4 更新改造费																
2.5 项目间接费用																
3 净效益流量	−43837	−42866	−40092	−6338	20327	21759	23021	24345	25736	27196	28729	30339	…	403594	424294	8154105

287

经济费用效益流量表（方案3）

表 10-11

单位：万元

年序 项目	建设期				运行期								...	83	84	合计
	1	2	3	4	5	6	7	8	9	10	11	12	...	83	84	
1 效益流量				6865	24026	25227	26489	27813	29204	30664	32197	33807	...	1080057	1134426	23341975
1.1 项目效益				6865	24026	25227	26489	27813	29204	30664	32197	33807	...	1080057	1134060	23341609
1.2 回收固定资产余值																
1.3 回收流动资金															366	366
1.4 项目间接效益																
2 费用流量	46260	45235	42307	13932	3904	3660	3660	3660	3660	3660	3660	3660	...	3660	3660	440778
2.1 固定资产投资	46260	45235	42307	12590												146392
2.2 流动资金				122	244											366
2.3 经营费用				1220	3660	3660	3660	3660	3660	3660	3660	3660	...	3660	3660	294020
2.4 更新改造费																
2.5 项目间接费用																
3 净效益流量	−46260	−45235	−42307	−7067	20122	21567	22829	24153	25544	27004	28537	30147	...	1076397	1130766	22901197

各方案评价指标计算结果　　　　　　　　表 10-12

评价指标	ENPV（万元）	EIRR（%）	R_{BC}
方案 1	88357.80	17.10	1.70
方案 2	89234.53	16.85	1.69
方案 3	85390.77	16.28	1.63

敏感性分析结果　　　　　　　　表 10-13

项目	指标		ENPV（万元）	EIRR（%）	R_{BC}
方案 1	基本方案		88357.80	17.10	1.70
	投资变动	减少 20%	113453.37	19.85	2.13
		减少 10%	100905.58	18.34	1.89
		增加 10%	75810.02	16.05	1.55
		增加 20%	63262.24	15.15	1.42
	效益变动	减少 20%	45590.67	14.74	1.36
		减少 10%	66974.24	15.94	1.53
		增加 10%	109741.36	18.22	1.87
		增加 20%	131124.93	19.31	2.04
方案 2	基本方案		89234.53	16.85	1.69
	投资变动	减少 20%	114977.93	19.53	2.12
		减少 10%	102106.23	18.06	1.88
		增加 10%	76362.84	15.83	1.54
		增加 20%	63491.14	14.96	1.41
	效益变动	减少 20%	45644.23	14.57	1.35
		减少 10%	67439.38	15.73	1.52
		增加 10%	111029.68	17.94	1.86
		增加 20%	132824.83	19.01	2.03
方案 3	基本方案		85390.77	16.28	1.63
	投资变动	减少 20%	112561.06	18.85	2.04
		减少 10%	98975.92	17.44	1.81
		增加 10%	71805.63	15.31	1.48
		增加 20%	58220.48	14.49	1.36
	效益变动	减少 20%	41142.33	14.12	1.30
		减少 10%	63266.55	15.21	1.47
		增加 10%	107515.00	17.33	1.79
		增加 20%	129639.22	18.35	1.95

风险分析结果

表 10-14

评价指标	$ENPV$（万元）	R_{BC}
方案 1	41459.52	1.35
方案 2	39889.80	1.33
方案 3	34108.53	1.27

6. 方案比选

通过对比表 10-12 中数据可知：采用 $ENPV$ 指标评价时，方案 2 是最优的；采用 $EIRR$ 指标评价时，方案 1 是最优的；采用 R_{BC} 指标评价时，方案 1 是最优的。

然而，上述 3 个方案的寿命期不同。此时，通常应该采用净年值（$ENAV$）指标进行评价。

方案 1：$ENAV = 88357.80 \times \dfrac{12\% \times (1 + 12\%)^{54}}{(1 + 12\%)^{54} - 1} \approx 10626.30$（万元）

方案 2：$ENAV = 89234.53 \times \dfrac{12\% \times (1 + 12\%)^{64}}{(1 + 12\%)^{64} - 1} \approx 10715.73$（万元）

方案 3：$ENAV = 85390.77 \times \dfrac{12\% \times (1 + 12\%)^{84}}{(1 + 12\%)^{84} - 1} \approx 10247.64$（万元）

由于方案 2 的 $ENAV$ 在各备选方案中最大，因此该方案为最优方案。

参 考 文 献

［1］中华人民共和国水利部. 水利工程设计概（估）算编制规定［M］. 北京：中国水利水电出版社，2015.

［2］中华人民共和国水利部. 水利建筑工程概算定额［M］. 郑州：黄河水利出版社，2002.

［3］ 王化成，刘俊彦，荆新. 财务管理学（第 9 版）［M］. 北京：中国人民大学出版社，2021.

［4］中华人民共和国水利部. 水利工程施工机械台时费定额［M］. 郑州：黄河水利出版社，2002.

［5］中华人民共和国水利部. 水利水电设备安装工程概算定额［M］. 郑州：黄河水利出版社，2002.

［6］ 成其谦. 投资项目评价（第 6 版）［M］. 北京：中国人民大学出版社，2021.

［7］中华人民共和国水利部. 水利工程概预算补充定额［M］. 郑州：黄河水利出版社，2005.

［8］水电水利规划设计总院，可再生能源定额站. 水电工程设计概算编制规定（2013年版）［M］. 北京：中国电力出版社，2014.

［9］水电水利规划设计总院，可再生能源定额站. 水电工程费用构成及概（估）算费用标准（2013 年版）［M］. 北京：中国电力出版社，2014.

［10］水电水利规划设计总院. 水电建筑工程预算定额［M］. 北京：中国电力出版社，2004.

［11］中华人民共和国国家发展和改革委员会. 水电建筑工程概算定额［M］. 北京：中国电力出版社，2007.

［12］中华人民共和国国家经济贸易委员会. 水电设备安装工程概算定额［M］. 北京：中国电力出版社，2003.

［13］水电水利规划设计总院. 水电工程施工机械台时费定额［M］. 北京：中国电力出版社，2004.

［14］方国华，朱成立. 水利水电工程概预算（第 2 版）［M］. 郑州：黄河水利出版社，2020.

［15］李春生. 水利水电工程造价［M］. 北京：中国水利水电出版社，2013.

［16］水电水利规划设计总院，可再生能源定额站. 水电工程造价指南［M］. 北京：中国

水利水电出版社，2016.

［17］岳春芳，周峰. 水利水电工程概预算（第 2 版）［M］. 北京：中国水利水电出版社，2018.

［18］陈志鼎，陈新桃，郭琦. 水电工程造价预测［M］. 北京：中国水利水电出版社，2019.

［19］何俊，王勇，姚兴贵. 水利水电工程概预算［M］. 北京：中国水利水电出版社，2020.

［20］中共水利部党组. 党领导新中国水利事业的历史经验与启示［J］. 中国水能及电气化，2021（9）：1-5.

［21］中华人民共和国建设部. 水利工程工程量清单计价规范 GB 50501—2007［S］. 北京：中国标准出版社，2007.

［22］国家能源局. 水电工程工程量清单计价规范（2010 年版）［M］. 北京：中国电力出版社，2010.